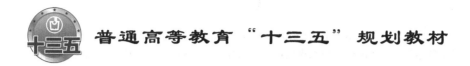

普通高等教育"十三五"规划教材

常用有色金属冶炼方法概论

方 钊　杜金晶　主编

北 京

冶 金 工 业 出 版 社

2023

内 容 提 要

本书共7章，介绍了常用有色金属的冶炼原理、工艺流程及生成实践，包括铜的造锍熔炼、铜锍吹炼、粗铜火法精炼、阳极铜电解精炼、铜的湿法冶金、硫化铅精矿焙烧、铅的鼓风炉熔炼、粗铅的火法精炼、铅的电解精炼、硫化锌精矿焙烧、湿法炼锌、火法炼锌、再生锌工艺、镍的造锍熔炼、镍锍吹炼、硫化镍电解、钛铁矿还原、四氯化钛制备、镁热还原钛、钛的精炼、铝电解原料、铝电解槽、电解法炼镁、热还原法炼镁等内容。

本书可作为高等院校冶金及相关专业的教材，也可作为行业职业技能培训教材或供工程技术人员和管理人员参考。

图书在版编目（CIP）数据

常用有色金属冶炼方法概论/方钊，杜金晶主编 . —北京：冶金工业出版社，2016.10（2023.8 重印）

普通高等教育"十三五"规划教材

ISBN 978-7-5024-7402-7

Ⅰ . ①常… Ⅱ . ①方… ②杜… Ⅲ . ①有色金属冶金—高等学校—教材 Ⅳ . ①TF8

中国版本图书馆 CIP 数据核字（2016）第 260856 号

常用有色金属冶炼方法概论

出版发行	冶金工业出版社	电　话	(010)64027926
地　址	北京市东城区嵩祝院北巷 39 号	邮　编	100009
网　址	www. mip1953. com	电子信箱	service@ mip1953. com

责任编辑　张熙莹　美术编辑　吕欣童　版式设计　彭子赫
责任校对　李　娜　责任印制　窦　唯
北京建宏印刷有限公司印刷
2016 年 10 月第 1 版，2023 年 8 月第 2 次印刷
787mm×1092mm　1/16；14.75 印张；355 千字；225 页
定价 42.00 元

投稿电话　(010)64027932　投稿信箱　tougao@cnmip. com. cn
营销中心电话　(010)64044283
冶金工业出版社天猫旗舰店　yjgycbs. tmall. com
（本书如有印装质量问题，本社营销中心负责退换）

前　言

　　有色金属是国民经济发展的基础材料，航空、航天、汽车、机械制造、电力、通信、建筑、家电等绝大部分行业都以有色金属材料为生产基础。随着现代科学技术的迅猛发展，有色金属在人类社会发展中的地位越来越重要。我国是有色金属大国，发展我国有色金属产业，科研和生产一线高技能人才的培养是关键。对于高等院校冶金技术专业学生而言，了解并掌握常用有色金属冶炼工艺方法非常重要。

　　编者从高等院校冶金技术专业人才培养计划着手，结合有色金属冶金基础知识、企业的生产实际和岗位技能要求，参阅大量资料，较为系统地阐述了铜、铅、锌、镍、钛、铝和镁等常用有色金属冶炼方法和生产工艺过程。在阐述冶炼方法的基本原理、设备结构特点以及冶炼工艺的基础上，还介绍了金属的性质、特点及应用领域，并列举了部分典型生产环节的生产实践，将理论和实践有机地结合起来。为便于读者自学，加深理解和学用结合，各章均配有复习思考题。

　　本书可作为高等院校冶金及相关专业的教材，也可作为行业职业技能培训教材或供工程技术人员和管理人员参考。

　　本书在编写过程中，参考了国内外公开出版的有关文献和相关著作，在此谨对诸位作者致以深深的谢意。全书共7章，其中第1~3章由杜金晶编写，第4章由李倩编写，第5章由王斌编写，第6章由方钊编写，第7章由方钊和武小雷编写。全书由方钊、杜金晶负责统稿，方钊主审。

　　由于编者水平所限，书中不足之处，敬请读者批评指正。

编　者

2016 年 9 月

目　　录

1 铜 冶 炼

学习目标：

（1）了解铜的冶炼方法和火法工艺流程，掌握造锍熔炼的基本原理。

（2）掌握铜锍吹炼原理和粗铜火法精炼原理，了解吹炼和火法精炼的工艺过程。

（3）熟悉铜的电解精炼工艺流程，掌握电极反应过程，了解铜电解精炼设备。

（4）了解铜的湿法冶金工序及各工序的目的，熟悉常见的浸出方法。

1.1 概 述

1.1.1 铜的物理化学性质

铜（Cu），在元素周期表中位于第四周期 I_B 族元素，原子序数29，相对原子质量为 63.546。纯铜磨光时呈红色，有金属光泽，质地较软，强度和塑性的比值范围大，可锻性非常好。铜的纯度越高，强度值越低，温度升高时，强度降低，塑性增加。

铜是电和热的良好导体。其导电性仅次于银，随温度升高，铜的电阻会逐渐增加，合金元素或杂质元素的引入也会增加铜的电阻。铜的导热性也会因为其他元素的引入而降低，纯铜的导热性仅次于金和银。

铜在其熔点温度（1083℃）的蒸气压仅为 1.5996Pa，因此在冶炼时，基本不挥发。

铜在干燥的空气中不发生反应，但在含有 CO_2 的潮湿空气中会发生反应，在其表面会生成碱式碳酸铜膜层，俗称铜绿，其反应式为：

$$2Cu + O_2 + CO_2 + H_2O \Longrightarrow CuCO_3 \cdot Cu(OH)_2$$

铜在空气中加热到185℃以上时便开始氧化，表面生出一层暗红色的铜氧化物，继续升温到350℃时，铜的颜色逐渐由玫瑰色变为黄铜色，最后变成黑色（CuO）外层。铜能与锌、锡、铝、铍、镍、铁、锰等多种元素形成合金，根据成分不同，可分为青铜、白铜和黄铜。各合金性能不同，用途也不一样。

1.1.2 铜的用途

铜是人类最早发现的有色金属之一，在国民经济的发展中起着举足轻重的作用。由于铜及其合金具有高韧性、耐磨损、抗腐蚀及高延展性等优良特性，在电力、电子电气、建筑工业、机械制造业和国防工业等各个领域得到了广泛应用。

铜的导电和导热性能好，因此常用来制造电器、电子设备、电动机、加热器、冷凝器和热交换器等。铜的延展性很好，易于成型和加工，因此在飞机、船舶、汽车等制造业中常用来制造各种零部件。铜的耐蚀性强，盐酸和稀硫酸对它不起作用，因此常用来制造阀门、管道、轴承、蒸汽设备等。铜的一些化合物是电镀、电池、农药、燃料等工农业生产的重要原料。

1.1.3　铜的资源

铜在自然界中分布十分广泛，在组成地壳的全部元素中，储量居第 22 位。它存在于多种矿物中，已发现的就有 200 多种，其中重要的有 20 余种。除少见的自然铜外，铜资源主要存在于硫化铜矿物中，其次是次生的氧化铜矿物。

世界铜矿工业类型分为 9 类，即斑岩型、砂页岩型、铜镍硫化物型、黄铁矿型、铜-铀-金型、自然铜型、脉型、碳酸岩型、硅卡岩型。最重要的是前四类，占世界铜总储量的 96%，其中，斑岩型和砂页岩型铜矿各占 55% 和 29%。斑岩型铜矿是一种储量大、品位低、可用大规模机械化露采的铜矿床，矿石储量往往几亿吨，而品位通常小于 1%。砂页岩型铜矿泛指不同时代沉积岩中的层控铜矿，矿床在沉积岩或沉积变质岩中，是世界上铜矿的主要工业类型之一，具有矿床规模大、品位高、伴生组分丰富的特点，因而经济价值巨大。

我国可供开采的铜矿资源很少，目前大的铜矿主要有江西德兴铜矿、西藏驱龙铜矿和玉龙铜矿以及新疆阿舍勒铜矿。硅卡岩型铜矿占我国铜总储量的 28%。

1.1.4　铜的冶炼方法

目前世界上原生铜产量中约 80% 用火法冶炼生产，20% 用湿法冶炼生产。火法炼铜主要用于处理硫化铜的各种铜精矿、废杂铜。湿法炼铜主要用于处理氧化铜矿、低品位废矿、坑内残矿和难选复合矿。图 1-1 和图 1-2 所示分别为火法炼铜和湿法炼铜的工艺流程图。

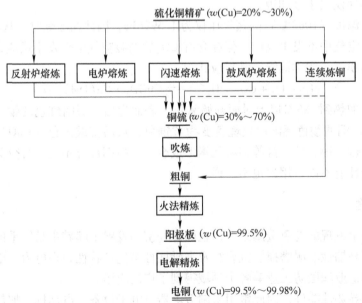

图 1-1　火法炼铜工艺流程图

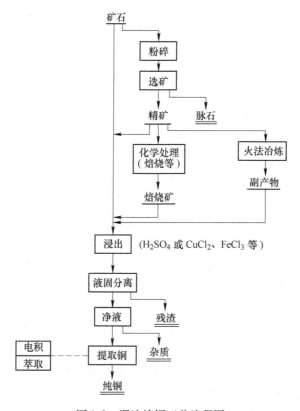

图 1-2　湿法炼铜工艺流程图

1.2　铜的火法冶金

1.2.1　造锍熔炼

1.2.1.1　基本原理

硫化铜精矿含铜一般为 10%~30%，除脉石外，常伴生有大量铁的硫化物，其量超过主金属铜，所以用火法由精矿直接炼出粗金属，在技术上存在一定困难，在冶炼时金属回收率和金属产品质量不容易达到要求。因此，世界上普遍采用造锍熔炼 + 铜锍吹炼的工艺来处理硫化铜精矿。这种工艺的原理是：利用铜对硫的亲和力大于铁和一些杂质金属，而铁对氧的亲和力大于铜的特性，在高温及控制氧化气氛条件下，使铁等杂质金属逐步氧化后进入炉渣或烟尘而被除去，而金属铜则富集在各种中间产物中，并逐步得到提纯。

在铜的冶炼富集过程中，造锍熔炼是一个重要的单元过程，即将硫化铜精矿、部分氧化物焙砂、返料和适量的熔剂等炉料，在 1423~1523K 的高温下进行熔炼，产出两种互不相溶的液相（熔锍和熔渣）的过程。所谓熔锍是指硫化亚铁与重金属硫化物互熔在一起形成的硫化物熔体；熔渣是指矿石中的脉石、炉料中的熔剂和其他造渣组分在熔炼过程中形成的金属硅酸盐、铁酸盐和铝酸盐等混合物的熔体。造锍熔炼主要包括两个过程，即造渣和造锍过程，其主要反应如下：

$$2FeS(l) + 3O_2(g) \Longrightarrow 2FeO(l) + 2SO_2(g) \tag{1-1}$$

$$2FeO(l) + SiO_2(s) \Longrightarrow 2FeO \cdot SiO_2 \tag{1-2}$$

$$xFeS(l) + yCu_2S(l) \Longrightarrow yCu_2S \cdot xFeS(l) \tag{1-3}$$

反应式（1-1）为 FeS 的氧化反应，可以使炉料脱除部分硫；反应式（1-2）为造渣反应，可以使炉料脱除部分铁，并使 SiO_2、Al_2O_3、CaO 等成分和杂质通过造渣除去；反应式（1-3）为造锍反应，可以使炉料中的硫化亚铜与未氧化的硫化亚铁相互熔解，产出含铜较高的液态铜锍（又称冰铜）。铜锍中铜、铁、硫的总量约占 85%~95%，炉料中的贵金属几乎全部进入铜锍。

因为炉渣是离子型硅酸盐熔体，而铜锍是共价型硫化物熔体，所以二者互不相溶，又因为两者密度存在差异，铜锍的密度要大于熔渣密度，所以可以实现相互分离。但对炉渣性质的研究表明，当没有二氧化硅时，液体氧化物和硫化物是高度混溶的。实验表明，当体系中不存在 SiO_2 时，硫化物-氧化物体系基本上是单一相，即不能使渣与锍分离。随着体系中 SiO_2 含量的增加，渣-锍不相混溶性逐步提高，直至 SiO_2 含量高于 5%，铜锍与炉渣才开始分层。当炉渣被 SiO_2 饱和时，渣与锍之间相互溶解度为最小，铜锍与炉渣之间发生最大限度的分离。对于 SiO_2 作用的机理，一般认为，当没有 SiO_2 时，氧化物和硫化物结合成共价键的半导体 Cu-Fe-S-O 相。当有 SiO_2 存在时，它便与氧化物化合而形成硅氧阴离子，从而形成离子型炉渣。

造锍熔炼过程要遵循两个原则，一是使炉料有相当数量的硫来形成铜锍，二是使炉渣含二氧化硅接近饱和，以使铜锍和炉渣不致混溶。在高温下由铜对硫的亲和力大于铁，而铁对氧的亲和力大于铜，故 FeS 能按反应式（1-4）将铜硫化，在熔炼温度为 1200℃ 时，该反应的平衡常数为 15850，这说明 Cu_2O 几乎全被 FeS 硫化。

$$FeS(l) + Cu_2O(l) \Longrightarrow FeO(l) + Cu_2S(l) \tag{1-4}$$

1.2.1.2 铜锍及炉渣

A 铜锍

铜锍是由 Cu_2S 和 FeS 组成的合金，其中还含 Ni、Co、Pb、Zn、As、Sb、Bi、Ag、Au、Se 和微量脉石成分，此外还含有 2%~4% 的氧。一般认为，铜锍中的 Cu、Pb、Zn、Ni 等重金属分别是以 Cu_2S、PbS、ZnS、Ni_3S_2 形态存在。Fe 除以 FeS 形态存在外，还有少部分以 FeO 或 Fe_3O_4 形态存在。

铜锍的理论组成范围可以从纯 Cu_2S 变化到纯 FeS，铜含量从 79.8% 降到零，含硫量从 20.2% 增至 36.4%。实际上工业铜锍含铜在 30%~70%，含硫为 20%~25%。铜锍中铜的质量分数称为铜锍品位。铜锍品位并不是越高越好。铜锍品位选择是生产中的一个重要问题，铜锍品位太低，会使铜硫吹炼时间拉长，费用增加，太高则会增加熔炼炉渣中的铜含量。在反射炉和密闭鼓风炉等传统冶炼方法中，铜锍品位较低，一般为 25%~45%。为了减少熔炼的能耗，现代强化造锍熔炼中使用富氧操作的工厂越来越多，所产的铜锍品位有越来越高的趋势，一般达 50%~70%，有的甚至高达 75%。

铜锍成分不同，熔点也不一样，一般为 1173~1323K。其密度与含铜量有关，含铜越高，密度越大，固体铜锍的密度比液体大一些。对于含铜 30%~40% 的液体铜锍，其密度为 4.8~5.3g/cm³。铜锍是贵金属的良好捕集剂。据测定，1t Cu_2S 可溶解 74kg 金，而

1t FeS 能溶解 52kg 金。铜锍也能溶解铁，因此钢钎常常被侵蚀，用于装运铜锍的钢包和溜槽需要衬耐火砖加以保护。

液体铜锍遇水容易发生爆炸，这是因为铜锍中的 Cu_2S 和 FeS 遇水分解产生氢气和硫化氢气体，它们与空气反应而引起爆炸。因此，生产中要绝对防止冰铜与水接触，所有工具和钢包必须保持干燥。

铜锍具有良好的导电性，其电导率为 3 ~ 10S/m。铜锍的电导率远远大于离子导电的熔盐，这表明铜锍是电子导电，而不是离子导电，它是共价键结合的。

B 炉渣

炉渣主要由 SiO_2 和 FeO 组成，其次是 CaO、Al_2O_3 和 MgO 等，并含有少量的铜和硫。

组成炉渣的氧化物可以分为酸性的和碱性的，酸性氧化物为 SiO_2，这类氧化物能与氧离子反应形成络合阴离子；碱性氧化物有 FeO、CaO、MgO、ZnO、MnO、BaO 等，这类氧化物能提供阳离子；Al_2O_3 是中性氧化物，它在酸性渣中呈碱性，在碱性渣中呈酸性。酸性渣含 SiO_2 高于 40%，碱性渣含 SiO_2 低于 35%。

炉渣的主要性质包括熔点、黏度、密度、电导率等，炉渣性质的好坏，对熔炼过程的顺利进行起着极为重要的作用。

炉渣的熔点是最重要的性质，它在很大程度上影响着炉料的熔化速度和燃料消耗。组成炉渣的各种氧化物都有很高的熔点。但是，当各种氧化物混合加热时，由于相互作用形成低熔点共晶、化合物和固溶体，因此炉渣的熔点比组成炉渣的各种氧化物的熔点低得多，一般只有 1323 ~ 1373K。

黏度也是炉渣的一个重要性质，它影响炉渣与铜锍的分离和炉渣的流动性，因而会影响炉渣的排放性质、化学反应速度和传热效果。黏度是由流体分子之间吸引力所引起，当速度不同的两层流体流动时，彼此间会产生内摩擦力。在单位速度梯度下，作用在单位面积上的内摩擦力称为黏度。黏度的单位为 Pa·s，其大小取决于炉渣的温度和成分，随温度升高而降低，含 SiO_2 高的酸性炉渣，黏度随温度升高而缓慢降低，而碱性渣的黏度则随温度升高而剧烈降低。铜熔炼炉渣的黏度小于 0.5Pa·s 时极易流动，0.5 ~ 1Pa·s 时流动性较好，而 1 ~ 2Pa·s 为黏稠炉渣，大于 2Pa·s 为极黏稠炉渣。

炉渣的密度直接影响炉渣和铜锍的分离。由于炉渣凝固时体积变化不大，因此实用中通常以固体炉渣密度近似代替熔融炉渣密度。在缺乏固体炉渣密度数据时，也可以由纯氧化物密度，按加和规则近似计算熔渣密度，即：

$$\rho_s = \sum \left[\varphi(MeO) \times \rho_{MeO} \right]$$

式中，ρ_s 为熔渣密度；ρ_{MeO} 为纯固体氧化物 MeO 的密度；$\varphi(MeO)$ 为渣中 MeO 的体积分数。

在组成炉渣的各组分中，SiO_2 密度最小，而铁的氧化物 FeO 密度最大，因此含 SiO_2 高的炉渣密度小，而含铁高的炉渣密度大。炉渣的密度通常为 3.3 ~ 3.6g/cm^3。铜锍和熔渣的密度差应大于 1g/cm^3。

炉渣的电导率对电炉熔炼有很重要的影响，因为输入的电功率和熔炼炉料之间的热平衡与它有关。电导率大则输入电功率不足，因此温度降低，生产率下降。熔融炉渣的电导率为 0.001 ~ 0.05S/m，与标准的熔盐离子导电体相差不多，故一般认为炉渣是离子导电。温度升高时，炉渣黏度降低，离子容易迁移，所以电导率增加。当炉渣含铁高时，因 Fe^{2+}

半径小，易导电，故碱性渣电导率比酸性渣要高得多。

1.2.1.3　造锍熔炼方法

20 世纪 50 年代尤其是 70 年代以来，铜冶炼技术有了很大发展。为了满足环境保护、降低能耗、减少投资和降低生产成本的要求。原有炼铜工厂都进行了一系列技术改造，并导致许多新熔炼方法的出现与应用。造锍熔炼方法一般可分为熔池熔炼、漂浮状态熔炼和鼓风炉熔炼。

A　熔池熔炼

熔池熔炼是将氧气或富氧空气经设于侧墙、埋于熔池中的风口或经设于反应器顶部的喷枪直接鼓进锍层或炉渣层，炉料未经干燥直接加到受鼓风强烈搅动的炉池表面，实现气-液-固三相反应。工业上已应用的有反射炉法、诺兰达法、瓦纽科夫法、三菱法、白银法、艾萨法及氧气顶吹回转转炉法等。

a　反射炉熔炼

1879 年，第一台反射炉投入工业生产，成功地取代了鼓风炉熔炼。目前世界上还有许多铜冶炼厂应用反射炉实现造锍熔炼。反射炉熔炼的生产过程是连续进行的。炉内连续供热，间断地加在料坡上的固体炉料在高温下发生一系列反应，产出锍和炉渣两种熔体，经澄清分离后间断地从炉内放出，在正常情况下维持炉内 0.6 ~ 0.8m 深的锍层和 0.5m 深的炉渣层。锍送往下一工序吹炼，炉渣经水淬后弃去或做建筑材料。

熔炼过程及维持熔体温度（1423 ~ 1523K）所需的热量是靠装在炉子前端墙上的烧嘴燃烧燃料供给。所用燃料可以是重油、天然气和粉煤等。燃烧的高温火焰沿整个炉长方向运动，将热量传递给炉料和熔池。烟气离炉时的温度为 1523 ~ 1573K。

加入反射炉的物料主要有精矿（或焙砂）和石英石熔剂等。多数工厂还处理转炉渣以及返回的烟尘。反射炉产出的烟气中 SO_2 体积分数较低（0.5% ~ 2%），难以利用。这是反射炉造锍熔炼造成环境污染的主要根源。收尘过程得到的烟尘经配料后返回炉内熔炼，反射炉熔炼烟尘率约 1%。

造锍熔炼反射炉结构如图 1-3 所示。其尺寸变化很大，现代典型反射炉长 30 ~ 36m，宽 8 ~ 11m，炉膛高 3.5 ~ 4m。这种尺寸的炉子每天可生产铜锍（其中铜的质量分数为

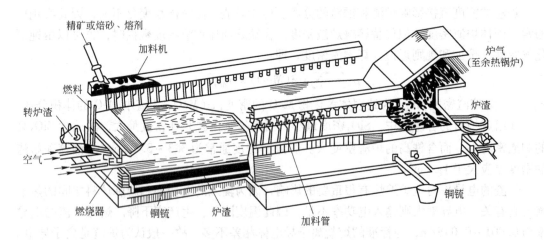

图 1-3　造锍熔炼反射炉

35%~40%）500~800t，弃渣 500~900t（渣中铜的质量分数为 0.3%~0.4%）。一个冶炼厂拥有 1~3 台炉子，不需要备用炉子。每 2~3 年计划检修一次。

反射炉内是中性或弱氧化性气氛，氧位较低。因此脱硫率仅为 25% 左右，主要反应在固体与熔体之间进行。概括起来，反射炉内进行以下过程：燃料燃烧及燃气的运动，气体与炉墙、炉料、熔体面之间进行热交换，炉料受热并发生物理化学变化，熔体产物的运动与澄清分离。

反射炉熔炼所需热量来自两个方面，即燃料燃烧及冶金反应放出的热。燃料燃烧是主要热源，它供给的热量约为熔炼过程总需热量的 70%~90%。反射炉的热效率很低，仅 25% 左右。大量的热量由炉体散失或被烟气带走。

为了改善反射炉造锍熔炼的各项技术指标，近年来主要进行了如下改进：

（1）改生精矿熔炼为焙烧矿熔炼。降低燃料消耗，提高硫的回收率。

（2）采用预热空气或富氧空气燃烧。采用预热空气，既提高空气的物理热，又提高炉子的热效率。空气温度为 298K 时，炉子热效率为 40%，当空气温度为 723K 时，热效率为 53%。采用富氧空气可以提高床能率，提高烟气中 SO_2 体积分数，降低能耗，降低炼铜成本。

（3）强化熔炼过程的气-固反应和气-液反应。在反射炉造锍熔炼过程中，FeS 几乎全部进入锍中，故锍品位低。采用向熔池内鼓风加强气-液反应是降低能耗、提高烟气中 SO_2 体积分数的重要途径。

b 诺兰达法

诺兰达法是加拿大诺兰达矿业公司发明的一种熔池熔炼法，最初是以生产粗铜为目的，但产出的粗铜含硫高达 2%，其他杂质如砷、锑、铋等含量也较高，给下一步精炼作业带来困难，因此于 1975 年改为生产高品位铜锍。

诺兰达炉是一台水平圆柱形反应炉，如图 1-4 所示。用高速抛料机将含铜物料和熔剂加入炉内，通过侧边风口喷入富氧空气以保持熔池内铜锍和熔渣处于搅动状态，精矿中的铁和硫与氧发生氧化放热反应，提供熔炼所需的主要热量，不足的热量由配入炉料中的煤或碎焦补充，或者用燃烧装置烧煤或烧油补充。熔炼产生的铜锍含铜 55%~75%，由铜锍口间断地放入铜锍包中送转炉吹炼。炉渣从端墙渣口放出，直接流到渣贫化电炉进行炉渣贫化处理，贫化炉铜锍也送转炉吹炼回收铜。或者炉渣放入渣包中，经缓冷，然后送选矿

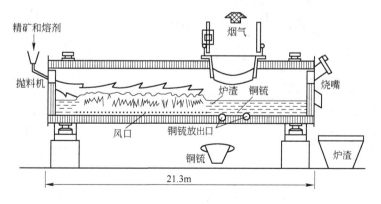

图 1-4 诺兰达炉

厂，选出渣精矿，渣精矿返回诺兰达炉回收渣中的铜。反应炉烟气经水冷密封烟罩到余热锅炉将烟气降温并回收余热，或者用其他冷却方式将烟气降温，然后经电除尘器净化后送硫酸厂制酸。

诺兰达炉具有以下优点：对原料适应性比较强，既可以处理高硫精矿，又可以处理低硫含铜物料；既可以处理粉矿，又可以处理块矿；对入炉物料没有严格要求，不需要复杂的备料过程，原料含水8%可以直接入炉，烟尘率低；辅助燃料适应性大。诺兰达富氧熔炼是一个自热熔炼过程，一般补充燃料率仅2%~3%，而且可以用煤、焦粉、石油焦等低值燃料配到炉料里作辅助燃料；熔炼过程热效率高、能耗低、生产能力大，炉衬没有水冷设施，炉体散热损失小；炉体可以转动，操作比较灵活，开炉停炉容易掌握，劳动条件好。

主要缺点是：炉渣中含铜较高，直收率较低，炉渣需采用选矿处理或电炉贫化处理。

c 瓦纽科夫法

瓦纽科夫法是前苏联莫斯科钢铁与合金研究院 A. V. 瓦纽科夫教授于20世纪50年代发明的一种炼铜方法，其工作原理如图1-5所示。主体是熔炼室，熔炼室的一端是铜锍虹吸池，另一端是渣虹吸池，炉缸用镁熔砖砌筑，其上部均为水套，熔池总深度2~2.5m，渣层厚度1.6~1.8m，侧墙上有上下两排风口，冶炼用的富氧空气通过风口鼓入渣层，风口以上渣层由于鼓入富氧空气的强烈搅动产生泡沫层，使从炉顶加入的炉料迅速熔化，并发生剧烈的氧化和造渣反应，生成铜锍和炉渣。熔炼生成的铜锍和炉渣在风口以下1m深的静止渣层中澄清分离，到达炉缸后分成铜锍和炉渣两层，分别从两端的虹吸池连续放出。铜锍先流入铜锍保温炉，然后再送转炉吹炼。炉渣流到贮渣炉，在贮渣炉内，渣中的铜锍颗粒进一步从渣中沉淀下来，定期放出送转炉吹炼，弃渣间断地放入渣罐送到渣场。冶炼烟气通过熔炼室后上方的上升烟道进入余热锅炉，经降温回收余热后送烟气除尘系统，净化后的烟气送硫酸厂制酸或回收硫。

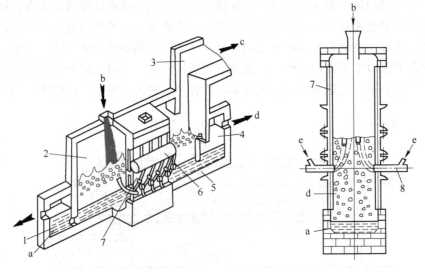

图1-5 瓦纽科夫炉简图

1—冰铜池；2—熔池；3—直升烟道；4—渣池；5—耐火砖砌体；6—总风管；7—侧墙水套；8—风口；
a—冰铜层；b—加料口；c—烟气；d—炉渣；e—富氧空气

瓦纽科夫炉采用深熔池熔炼，富氧空气是吹入熔池渣层中的。高富氧空气吹入渣层，有利于水套挂渣，可以减少热损失，而且安全。瓦纽科夫炼铜法与其他炼铜方法相比，具有炉料准备简单、熔炼强度大、燃料消耗低、氧气利用率高、烟气 SO_2 浓度高、炉寿命长等优点。

d 三菱法

三菱法炼铜是把铜精矿和熔剂喷入熔炼炉，将其熔炼成铜锍和炉渣，而后流至贫化电炉产出弃渣，铜锍再流入吹炼炉产出粗铜。这种方法是由日本三菱公司于 1974 年研制成功的。各炉子的工艺参数可独立控制，易于保持最优的熔炼状态。冶炼中间熔体靠 3 个炉子的位差自动通过溜槽在各炉子之间连续流动，如图 1-6 所示。

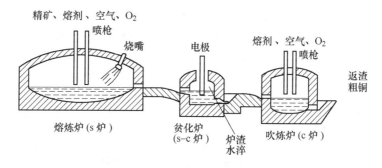

图 1-6 三菱法连续炼铜设备连接图

e 白银法

白银公司选冶厂于 1972 年开始研究向熔池鼓风强化气-液反应的新炼铜法。1979 年正式命名为白银法。熔池面积为 $100m^2$，设计年产粗铜 3 万吨的白银炉于 1980 年正式投入工业生产。

白银炉主体结构由炉基、炉底、炉墙、炉顶、隔墙和内虹吸池及炉体钢结构等部分组成。炉顶设投料口 3～6 个，炉墙设放铜锍口、放渣口、返渣口和事故放空口各 1 个。另设吹炼风口若干个。炉中设一道隔墙，将熔池分为上面隔开下面连通的熔炼区和沉淀区。随着炉中隔墙结构的不同，白银炉又有单室和双室两种炉型。隔墙仅略高于熔池表面，炉子两区空间和熔体均各相通的炉型称为单室炉型，隔墙将炉子两区的空间完全隔开，只有熔体相通的炉型称为双室炉型，如图 1-7 和图 1-8 所示。

熔炼区在炉尾，由精矿、熔剂和烟尘组成的炉料从加料口投入到熔炼区的熔池表面，将空气或富氧空气从炉墙两侧的风口鼓入熔池，使熔池形成沸腾、喷溅状态，从而为炉内的物理化学反应创造了良好的动力学条件，反应过程放出大量的热，同时生成铜锍和炉渣。铜锍与炉渣由隔墙通道流向沉淀区进行澄清分离，上层为炉渣，下层为铜锍。炉渣由沉淀区渣口放出，铜锍由隔墙通道流入铜锍区，并经虹吸口放出。烟气也分别从各区的尾部烟道排除，经换热、除尘和制酸后排空。

为了补充热量，需在熔炼区和沉淀区的前端分别喷吹粉煤供热。炉气和熔体逆向流动，以保证铜锍和炉渣过热分离，同时又可以处理转炉渣。

由上述可知，白银炼铜法具有对原料适应性强、熔炼强度大、燃料品种要求宽松、综合能耗低、出炉烟气 SO_2 浓度高、环境条件好等特点。

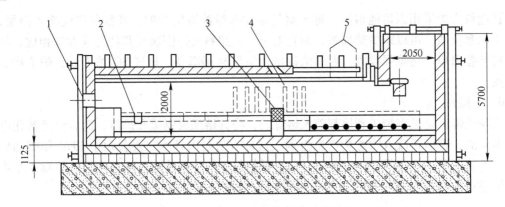

图 1-7　单室型白银炉结构示意图

1—炉头燃烧孔；2—放渣口；3—隔墙；4—炉中燃烧孔；5—加料口

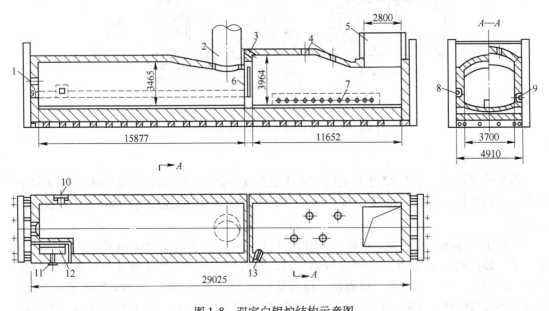

图 1-8　双室白银炉结构示意图

1—炉头燃烧孔；2—沉淀区直升烟道；3—炉中燃烧孔；4—加料口；
5—熔炼区直升烟道；6—隔墙；7—风口；8—渣线水套；9—风口水套；
10—放渣口；11—放铜口；12—内虹吸池；13—返转炉渣入口

f　奥斯麦特法

奥斯麦特法是澳大利亚芒特-艾萨矿业有限公司和联邦科学与工程研究组织共同开发的一项冶金技术，也称其为浸没喷吹熔炼技术。20 世纪 80 年代初，澳大利亚 Ausmelt 公司将其应用于硫化矿熔炼，提取铜、铅、镍、锡等金属以及用于处理含砷、锑、铋的铜精矿的脱砷、锑、铋。

此法的核心技术是喷枪，它是喷送燃料和空气或富氧空气的装置。生产时浸没在熔体中，喷枪火焰和熔池气氛（氧化或者还原）可调。喷枪材料为 40 号软钢，枪口为不锈钢，枪外冷凝一层炉渣以防腐蚀。喷枪内部装有螺旋片，将混有燃料和空气或富氧空气浸没喷射进熔池，使熔体涡动。空气或富氧空气进入熔体后，形成大量分散气泡，同时由于熔体的涡动，加速了传热传质过程的进行。通过调整燃料与空气或富氧空气的比例，可以控制熔池中的氧化气氛的强弱。

B 漂浮状态熔炼

漂浮状态熔炼是将几乎彻底干燥的精矿与空气或富氧空气或预热空气一起喷入炽热的炉子空间，使硫化物在漂浮状态下进行氧化反应，受热熔化，以便充分利用粉状物料的巨大表面积，加速完成初步造锍和造渣等冶金过程。此法熔炼强度大、设备能力大、节能，产出的烟气 SO_2 浓度高。工业上已被应用的有闪速熔炼法、基夫赛特法等。

a 闪速熔炼

闪速熔炼是一种迅速发展的强化冶炼方法。它将焙烧、熔炼和部分吹炼过程在一个设备内完成。此法于 1949 年首先在芬兰奥托昆普公司的哈里亚伐尔塔炼铜厂应用于工业生产，自 1965 年以来在全世界得到迅速发展，目前已在 20 多个国家被应用。该法生产的铜量约占世界铜产量的 1/3 以上。

其实质是将干精矿（含水小于 0.3%）与氧气、预热空气或两者的混合物一起吹入一个高温反应器内，入炉的浮选硫化铜精矿粒度很细，比表面积极大，在熔炼过程中又处于悬浮状态，气固或气液间的传质和传热条件十分充分。在高温作用下，大部分硫化物颗粒在反应塔内仅停留 2~3s 即可完成氧化脱硫、熔化、造渣等反应，并放出大量的热，作为熔炼所需的大部分或全部能量。在反应塔内形成的铜锍和炉渣落入沉淀池，进一步完成造锍和造渣的过程，经澄清分离分别从放锍口和渣口放出。

闪速熔炼根据不同炉型的工作原理可分为两类：

（1）奥托昆普闪速熔炼。它是采用热风或富氧空气将干燥精矿垂直喷入靠闪速炉一端的反应塔中进行氧化，熔体落入沉淀池中完成最终造渣和造锍反应，澄清分离后分别放出。烟气从闪速炉另一端的上升烟道排出，图 1-9 所示为奥托昆普闪速炉示意图。

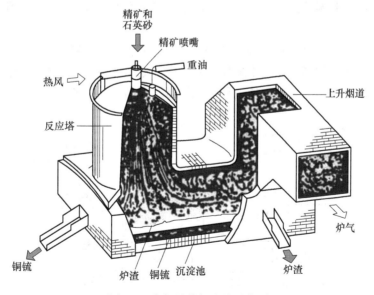

图 1-9 奥托昆普闪速炉示意图

下喷型精矿喷嘴装在反应塔顶部。干燥的精矿和熔剂与富氧空气或热风高速喷入反应塔内，在塔内呈悬浮状态，在向下运动过程中，与气流中的氧发生氧化反应，放出大量热，使反应塔中的温度维持在1673K以上。由于进入反应塔内的细颗粒物料迅速熔化，因此有很大一部分氧化反应是在液体状态下进行的。液滴内的温度和浓度差造成液滴内部的强烈循环，使氧化反应速度加快。虽然物料在反应塔内只停留2~3s，但反应的高速度仍能保证反应进行到所要控制的程度。液滴随烟气向下运动，当烟气掠过沉淀池渣面时，借重力作用落入熔池中，微小的液滴则被烟气带走。所以闪速熔炼的烟尘率比较大，一般为10%左右。

闪速熔炼对炉料准备要求很严，不仅要求炉料的物理化学成分均匀稳定，而且要求其中水的质量分数必须小于0.3%。

闪速炉供风有两种方式：一种是预热风，分为中温风（673~773K）、高温风（1073K以上）和低温富氧风（473K，氧气含量35%~40%）；另一种是常温富氧空气。目前有的工厂采用常温高浓度富氧空气供风，氧浓度达60%。

闪速熔炼的烟气特点是"三高"，即温度高（1573K以上）、含尘高（标态下尘的质量浓度为50~150g/m³）、SO_2体积分数高（8%~15%）。通常此烟气经过余热锅炉、电收尘后送去制酸。

闪速炉反应塔中氧位较高，虽能产出高品位的锍，但是炉渣中Cu的质量分数也高，一般为1.0%~1.5%。这样的炉渣必须进一步处理，回收其中的铜。目前贫化炉渣的工业方法有电炉贫化法和选矿法两种。选矿法是将闪速炉渣与转炉渣（Cu质量分数为3%~6%）注入容量为60~90t铸坑中，经8~10h缓冷，便会析出溶于渣中的硫化物，并聚结成大粒。然后将固化了的炉渣磨细，粒度小于0.06mm的达90%以上，再送浮选。浮选产出铜的质量分数分别约为20%的渣精矿和0.3%的尾矿。电炉贫化法利用电炉高温（炉渣温度1523~1573K）过热澄清，并加入还原剂和硫化剂，使渣中的Fe_3O_4还原成FeO，并且使其中的Cu_2O等被硫化，产出低品位的锍。经贫化后，渣中铜的质量分数可降到0.5%~0.6%。

（2）印柯闪速熔炼。印柯闪速炉结构如图1-10所示。工业氧气将干铜精矿、黄铁矿和熔剂从设在炉子两端的精矿喷嘴水平地喷入炉内熔池上方空间，炉料在空间内处于悬浮状态发生氧化反应，放出大量热，使过程自热进行。产出锍、炉渣和烟气（二氧化硫含量在80%左右）。

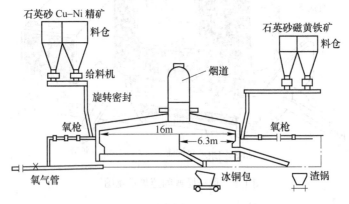

图1-10　印柯闪速炉结构

印柯闪速炉外壳是用 10mm 厚钢板焊接成的，内衬铬镁质耐火砖，在高温易侵蚀的侧墙上装设钢水套。在炉子一端，铜精矿和熔剂通过喷嘴水平喷入炉内，而在炉子另一端，黄铁矿和熔剂通过喷嘴喷入炉内。这样在炉内就形成了两个区域，即熔炼带和贫化带。所以在印柯闪速炉内氧位是很低的。将转炉渣直接倒入炉中，炉渣和锍两相之间的平衡很容易建立，炉内不会有 Fe_3O_4 的积累。炉渣中的铜含量要低于奥托昆普闪速炉的炉渣。

　　b　基夫赛特法熔炼

　　基夫赛特法熔炼的全称为氧气悬浮漩涡电热熔炼，它是由"全苏有色金属科学研究院"开发的，可用于炼铜和炼铅。基夫赛特炉由反应塔和炉室两部分组成，如图 1-11 所示。反应塔一般是具有矩形断面的矮塔，内衬铬镁耐火砖并有水冷构件。炉室为矩形，用铝砖砌筑炉顶和上部炉墙，用铬镁砖砌筑炉膛。与白银炉类似，炉室设有一道铜质水冷

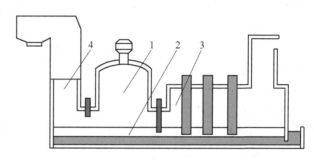

图 1-11　基夫赛特炉结构示意图
1—反应塔；2—熔池；3—电热区；4—竖直烟道

隔墙，将熔池分为上面隔开下面连通的熔炼区和电热区。反应塔下方为熔炼区（也称分离室），墙的另一侧为电热区，该区相当于贫化电炉。

　　基夫赛特炉反应塔的作用与奥托昆普闪速炉反应塔相似，干燥后水分小于 1% 和粒度小于 1mm 的炉料通过喷嘴与工业纯氧同时喷入反应塔，炉料在反应塔内完成硫化物的氧化反应并使炉料颗粒熔化，生成铜锍和炉渣熔体进入熔炼区。铜锍与炉渣在熔炼区进行初步的分离后，从隔墙下面的通道进入电热区，进行炉渣的贫化，继续完成铜锍与炉渣的澄清分离。

　　隔墙的作用是防止反应气体从熔炼区进入电热区。在隔墙的作用下，在熔炼区产生的炉气只能通过竖直烟道离开炉膛。1523 ~ 1623K 的炉气经间接换热器水冷后进入电收尘器，温度降至 773 ~ 873K。回收的烟尘返回到熔炼。烟气 SO_2 浓度达 80% ~ 85%，适于制取液态二氧化硫、硫和硫酸。

　　处理 25%Cu 的精矿时，过程可以维持自热，品位低于 25% 时须加燃料。熔炼 25%Cu 的精矿时，可产出品位为 50% 的铜锍，熔炼直收率可达 99.1%；熔炼 8.2%Cu 的精矿时，可产出品位为 35% 的铜锍，熔炼直收率可达 96.3%。

　　由于隔墙另一侧有电炉对炉渣进行贫化，炉渣含铜较低。不论处理高品位矿还是低品位矿，炉渣含铜只有 0.35%。

　　C　密闭鼓风炉熔炼

　　鼓风炉熔炼是一种古老的炼铜方法，它是在竖式炉子中依靠上升热气流加热炉料进行熔炼，在历史上此法最早曾用于从氧化铜矿石生产粗铜，从块状硫化铜矿生产铜锍。这种方法的生产能力大，热效率高，在 20 世纪 30 年代以前一直是世界上主要的炼铜方法。传统鼓风炉的炉顶是敞开的，炉气量大，含 SO_2 浓度低（约 0.5%），不易回收，造成污染。为了克服传统鼓风炉的这种缺点，在 50 年代中期，出现了直接处理铜精矿的密闭鼓风炉

熔炼法。密闭鼓风炉的炉顶具有密封装置，铜精矿只需加水混捏后即可直接加入炉内，在烟气加热和料柱的压力作用下固结成块，使得熔炼顺利进行，炉气可用于制酸。

密闭鼓风炉熔炼属于半自热熔炼。过程所需的热量由焦炭燃烧和过程本身的放热反应所提供，图 1-12 所示为密闭鼓风炉中炉料和炉气分布示意图。

密闭鼓风炉的炉料包括混捏铜精矿、熔剂和固体转炉渣。为保证熔炼过程的顺利进行炉内炉料应具有良好的透气性，块料的容积比应当在 50% 左右。

炉料和燃料从炉子上部加料斗分批加入，空气或富氧空气从炉子下部两侧风口鼓入，产出的高温烟气沿着炉料和燃料（焦炭）的空隙上升，并经炉子上部的烟气排出口排出炉外。产出的锍和炉渣进入炉缸区，通过咽喉口流入设于炉外的前床内进行锍与炉渣的澄清分离。

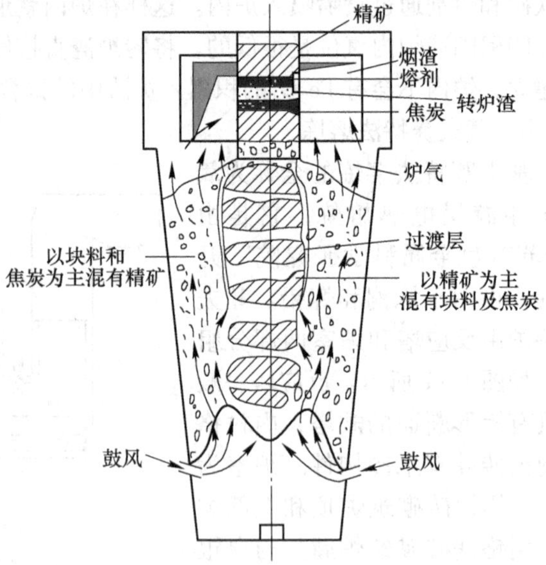

图 1-12　密闭鼓风炉中炉料和炉气分布示意图

鼓风炉内高温炉气与炉料成逆流运动，所以热交换好，热的直接利用率高达 70% 以上。鼓风炉内最高温度集中在风口上方的焦点区，此区温度可达 1573K 以上。焦点区的温度主要决定于炉渣的熔点。

在熔炼时，炉料和焦炭经加料斗加入炉内，形成严密的料封。炉料在刚离开加料斗的下口时，块料自然向两侧滚动，而混捏精矿和少量块料在炉子中央形成料柱。这样就形成了炉子两侧物料以块料和焦炭为主并夹有少量精矿，而炉子中央则以混捏精矿为主、夹有少量块料和焦炭的物料分布特点。

由于炉料在炉内分布不均匀，因此炉子两侧和中央炉料的透气性就不同。两侧以块料为主，透气性好，而中央以混捏精矿为主，透气性差。这就造成了高温炉气沿炉子水平断面分布的不均匀性。这种炉料和炉气分布的状况，有效地利用了料柱压力和高温的作用，使混捏精矿发生固结和烧结，为在鼓风炉内直接熔炼铜精矿创造了有利条件。但从另一个方面来看，由于炉料的偏析和炉气分布不均匀，因此破坏了炉气与炉料之间以及炉料相互间的良好接触，妨碍了多相反应的迅速进行，不利于硫化物的氧化和造渣反应。这是鼓风炉熔炼床能率和锍品位低的根本原因。

由于炉料和炉气的不均匀分布，必然造成炉内温度的不均匀分布，即炉子两侧温度比炉子中心高。尤其在炉子上部，炉子两侧与中间温度差别更为突出。随着离风口水平面距离的缩短，这种温度差逐渐缩小。

1.2.2　锍的吹炼

锍的吹炼是火法炼铜工艺流程中的重要工序，吹炼过程大多在卧式转炉中进行。原料主要是液态的锍。吹炼的目的是利用空气中的氧将锍中的铁和硫几乎全部除去，并除去部分其他杂质，以得到粗铜。转炉吹炼是一个强烈的自热过程，不仅不需要补充热量，有时还需要加入适量的冷料，调节炉温。

吹炼过程是间歇的周期性作业。整个作业周期分为两个阶段：第一阶段常称为造渣期，主要进行硫化亚铁的氧化和造渣反应；第二阶段为造铜期，主要进行硫化亚铜的氧化反应以及硫化亚铜与氧化亚铜的相互反应，最终产出粗铜。在造渣期，需根据反应进行的情况加入液态锍和石英熔剂，并间断地排放炉渣。在造铜期无需加熔剂，不产出炉渣，故无放渣作业。

1.2.2.1 铜锍吹炼原理

A 造渣期

造渣期主要是除去锍中全部铁以及与铁化合的硫。主要反应包括 FeS 的氧化反应和 FeO 的造渣反应，即

$$2FeS + 3O_2 \!\!=\!\!= 2FeO + 2SO_2$$
$$2FeO + SiO_2 \!\!=\!\!= 2FeO \cdot SiO_2$$

周期的总反应为：

$$2FeS + 3O_2 + SiO_2 \!\!=\!\!= 2FeO \cdot SiO_2 + 2SO_2$$

反应结果得到液态铁橄榄石炉渣（$2FeO \cdot SiO_2$），其中含 29.4% SiO_2 和 70.6% FeO。实际上由于加入石英量的限制，工业转炉渣的 SO_2 含量常常低于 28%。

在吹炼温度下，FeS 的氧化属气-液间的反应，进行得很迅速，而 FeO 的造渣属固-液间的反应，进行得较缓慢。由于石英熔剂多以固体形式浮在熔池表面，FeO 以熔融状态溶于铜锍中，FeO 与 SiO_2 接触不是很充分，来不及造渣的 FeO 便随熔体循环而与空气再次相遇，进一步被氧化成四氧化三铁，形成的四氧化三铁只能在有 SiO_2 存在时才按以下方式被还原：

$$3Fe_3O_4 + FeS + 5SiO_2 \!\!=\!\!= 5(2FeO \cdot SiO_2) + SO_2$$

由于三者接触不良，Fe_3O_4 还原不彻底，在转炉渣中会含有 Fe_3O_4，一般含量为 12% ~ 25%，有时高达 40%。Fe_3O_4 的存在提高了转炉渣的熔点、黏度和密度。转炉渣含铜高达 1.5% ~ 5%，必须返回熔炼或单独处理。

在吹炼的条件下，会有一部分 Cu_2S 不可避免地被氧化成 Cu_2O 或者金属铜，但只要有 FeS 存在，它们都可以再硫化成 Cu_2S，因此第一周期的产品主要是白冰铜。

B 造铜期

造铜期是继续向造渣期产出的 Cu_2S 熔体鼓风，进一步氧化脱除残存的硫，生产金属铜的过程，鼓入空气中的氧首先将 Cu_2S 氧化成 Cu_2O，生成的 Cu_2O 在液相中与 Cu_2S 进行反应而得到粗铜。

在造渣期接近终点时，这些反应便开始进行，当放出最后一批炉渣之后，在转炉底部有时可见到少量金属铜。由于铜和硫化亚铜相互有一定的溶解度，可以形成密度不同而组成一定的 $Cu\text{-}Cu_2S(L_1)$ 和 $Cu_2S\text{-}Cu(L_2)$ 互不相溶的两层溶液。这两层溶液的组成原则上取决于温度，如图 1-13 所示。

造铜期熔池中组分和相的变化理论上按图中 $a \rightarrow d$ 的路线，分 3 步进行：

（1）当空气与 Cu_2S 在图中 ab（1473K）范围内反应时，硫以 SO_2 形式除去，变成一种含硫不足但没有金属铜的白冰铜，即 L_2 相，反应是：

$$Cu_2S + xO_2 \rightleftharpoons Cu_2S_{1-x} + xSO_2$$

这一反应进行到硫降低到 19.4% (b) 为止。

（2）在图中 bc（1473K）范围内，出现分层，底层为含硫 1.2% 的金属铜，即 L_1 相；上层为含硫 19.4% 的白冰铜，即 L_2 相。进一步鼓风将只增加金属铜和白冰铜的数量比例，而两层的成分则无变化。

（3）在 cd（1473K）范围内，又开始进入单一的金属铜相（1.2% S），而白冰铜相消失，进一步鼓风将只减少金属中的硫含量，反应为：

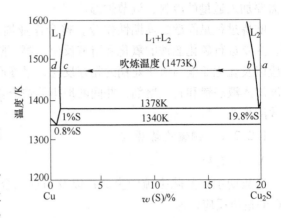

图 1-13 Cu-Cu₂S 系状态图

$$[S] + 2[O] \rightleftharpoons SO_2$$

吹炼过程直到开始出现 Cu₂O 为止。为了确保粗铜质量，提高铜的直收率和延长转炉寿命，必须严格控制好吹炼的终点，防止过吹。根据反应，粗铜中硫的含量可降到 0.02%，不过这时铜的含氧量也增加了。

C 铜锍吹炼的温度和热制度

吹炼过程的正常温度是在 1423～1573K 之间，温度过低，熔体有凝固的危险，但温度过高，即超过 1573K 时，转炉炉衬容易损坏。吹炼低品位铜锍时温度通常容易过高，而吹炼高品位铜锍则出现热量不足，因此铜锍品位控制以不超过 50%～60% 为宜。

吹炼过程是自热过程，不需外加燃料，完全依靠反应热就能进行。

造渣期，总反应的热效应如下：

$$2FeS + 3O_2 + SiO_2 \rightleftharpoons 2FeO \cdot SiO_2 + 2SO_2 \qquad \Delta H = -1030.09kJ$$

因此，每 1kg 氧可放出 10730kJ 热。实际测定，在鼓空气时，每 1min 可使熔体温度上升 0.9～3K，而停止鼓风 1min 温度将降低 1～4K。

造铜期，总反应的热效应为：

$$Cu_2S + O_2 \rightleftharpoons 2Cu + SO_2 \qquad \Delta H = +217.4kJ$$

每 1kg 氧只能放出 6794kJ 热。每鼓风 1min 可使熔体温度上升 0.15～1.2K，而停止鼓风 1min 将使熔体温度下降 3～8K。

由此看来，造铜期放出的热量比造渣期约低 36%，所以在这一周期热量较为紧张，操作中必须减少停风，而在造渣期过热情况下则必须加入冷料来调节。

1.2.2.2 吹炼的生产实践

锍吹炼一般在卧式碱性炉衬转炉中进行，其结构如图 1-14 所示。其外壳由 20～25mm 的锅炉钢板制成，内衬镁砖或铬镁

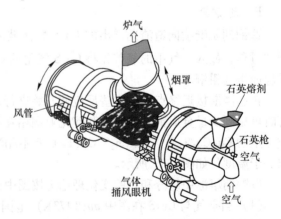

图 1-14 卧式碱性炉衬转炉

砖。在转炉圆筒中央开设一个长方形炉口，圆筒一侧的下部设有一排供风口，在转炉外壳的两端有大圈，转炉靠这两个大圈被小托轮支撑着。在一端的大圈外侧有大齿轮，通过传动装置转炉可绕水平轴正、反方向旋转。

经过长期的生产实践，转炉已趋向于标准化和大型化。转炉的烟尘中有价金属必须加以综合回收。Au、Ag 和 Pt 族元素富集于粗铜中，在电解精炼时加以回收。如果锍中含钴较高，则造渣期后期渣可作提钴原料。

1.2.3 粗铜的火法精炼

粗铜含有各种杂质和金、银等贵金属，其总的质量分数为 0.25% ~ 2%。这些杂质的存在不仅影响铜的物理化学性质和用途，而且有必要将其中的有价元素提取出来，以达到综合回收、充分利用国家资源的目的。

粗铜精炼过程包括火法精炼和电解精炼。火法精炼可将粗铜中的部分杂质除去，并为电解精炼提供铜阳极板。火法精炼是周期性的作业，精炼过程在回转阳极炉或反射炉内进行。按物理化学变化特点和操作程序，每一精炼周期包括装料、熔化、氧化、还原和浇铸 5 个阶段。其中氧化和还原阶段是火法精炼的实质性阶段。

1.2.3.1 粗铜火法精炼原理

A 氧化

氧化精炼过程是基于粗铜中多数杂质对氧的亲和力大于铜对氧的亲和力，且杂质氧化物与铜水不互溶。当空气被鼓入铜水时，杂质便优先被氧化成氧化物而与铜液分离。但是由于粗铜中铜是主体，杂质浓度很低，因此根据质量作用定律，铜首先被氧化，生成的氧化亚铜溶于铜液中，在氧化亚铜与杂质元素接触时便将氧传递给杂质元素：

$$[Cu_2O] + [M] \Longrightarrow 2[Cu] + (MO)$$

各杂质元素按氧化除去的难易程度，可分为两类：

（1）易氧化的杂质，包括铁、锌、钴、锡、铅和硫。铁对氧的亲和力大且造渣性能好，火法精炼时粗铜中铁含量可降至万分之一的程度。钴与铁相似，它将形成硅酸盐和铁酸盐被除去。锌则大部分以金属锌形态挥发，其余的锌被氧化成 ZnO 并形成硅酸盐和铁酸盐入渣。锡在火法精炼时被氧化成 SnO 和 SnO$_2$，前者为碱性易与 SiO$_2$ 造渣，后者为酸性，能与碱性氧化物生成锡酸盐造渣除去。所以在除锡时须加入苏打或石灰等熔剂。铅可以氧化成 PbO，并与炉底耐火材料中的 SiO$_2$ 造渣。当用碱性耐火材料时，PbO 造渣困难，必须向熔体中吹入石英熔剂，增大风量，使 PbO 与 SiO$_2$ 结合成硅酸盐而浮到熔体表面被除去。为了改进硅酸盐除铅的缺点，可采用硅酸盐、磷酸盐和硼酸盐 3 种造渣形式除铅，效果显著。这是因为，渣中所含的磷氧或硼氧络离子对降低 PbO 活度的作用很大，生成了极稳定的磷酸盐和硼酸盐。硫在粗铜中主要以 Cu$_2$S 形式存在，它在精炼初期氧化缓慢，但在氧化阶段即将结束时，开始与氧化亚铜激烈的反应，生成铜和 SO$_2$ 气体，使铜水沸腾，形成所谓"铜雨"。

（2）难除杂质，包括镍、砷、锑。镍在氧化阶段氧化缓慢，而氧化生成的 NiO 分布在炉渣和铜水中。在粗铜中含有砷、锑杂质时，镍与它们生成镍云母（6Cu$_2$O·8NiO·2As$_2$O$_5$ 和 6Cu$_2$O·8NiO·2Sb$_2$O$_5$）熔于铜液中，这是这些杂质难除的主要原因。为了除镍，除了

添加 Fe_2O_3 使生成的 NiO 造渣（$NiO \cdot Fe_2O_3$）外，还可以加入 Na_2CO_3 分解和破坏镍云母，减少这些化合物在铜液中的溶解。实践表明，铜阳极含镍小于 0.6% 时，不会影响电解精炼的进行。因此，目前大都采取保镍的措施。

B　还原

还原过程主要是还原 Cu_2O，用重油、天然气、液化石油气和丙烷等作还原剂，我国工厂多用重油。依靠重油等分解产出的 H_2、CO 等使 Cu_2O 还原。还原过程的终点控制十分重要，一般以达到铜中含氧 0.03%~0.05% 或 0.3%~0.5% Cu_2O 为限，超过此限度时，氢气在铜液中的溶解量会急剧增加，在浇铸铜阳极板时析出，使阳极板多孔；而还原不足时，就不能产生一定量的水蒸气，以抵消铜冷凝时的体积收缩部分，降低了阳极板的物理规格，同样不利。因此一定不能过还原，如果发生过还原，则氧化还原操作必须重复进行。

1.2.3.2　粗铜火法精炼设备

精炼操作分为加料、熔化、氧化、还原和浇铸等几个步骤。设备可以采用反射炉、回转炉或倾动炉。粗铜精炼常用反射炉和回转精炼炉，倾动炉用于再生铜（固体料）的火法精炼。

A　反射炉

反射炉是传统的火法精炼设备，具有结构简单、容易操作、原料燃料适应性广等优点。其缺点是热效率低、操作环境和劳动条件差。精炼反射炉的形式及结构与熔炼反射炉基本相同。铜精炼反射炉的结构如图 1-15 所示。整个炉子建立在砖柱或钢筋混凝土柱上，在柱上先铺设 25~40mm 厚的钢板或铸铁板，然后在板上面砌筑炉底和炉墙。炉子为拱顶，炉墙外面有生铁围板，用工字钢做构架，上下用拉杆加固。炉子内部用镁砖砌成，炉子有两个炉门做加料和操作用。炉前端用烧油喷嘴加热，从炉尾部扒渣。放铜口设在靠近尾部侧墙一边。

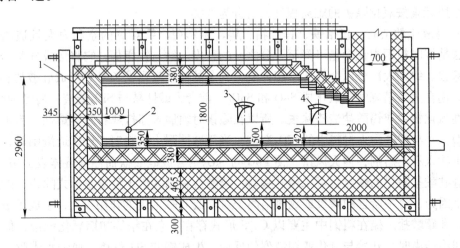

图 1-15　铜精炼反射炉结构示意图

1—燃烧器前室；2—浇模口；3—吹风口；4—扒渣口

B　回转式精炼炉

回转式精炼炉是近代较普遍采用的精炼设备，其散热损失少、密封性强、操作环境改善；机械化自动化程度高、操作灵活；节省人员、劳动强度小。其缺点是设备投资高、冷料率低（一般不超过 15%）、浇铸初期铜液落差大、精炼渣含铜较高。

回转式精炼炉由回转炉筒体、托轮装置、驱动装置、燃烧器、排烟装置等组成，如图1-16 所示。通常在炉一端设置燃烧器，开设取样口、测温口，在炉子另一端开设排烟口，在炉体中部开有加料和倒渣用的炉口，炉口的大小决定于铜水包子等加料设备的形状与尺寸，炉口设有液压或机械启动的炉口盖，非加料和倒渣的时间，炉口盖将炉口盖住。在炉口下方两侧处，装有风嘴，氧化、还原时，风嘴转入液面下供风，氧化、还原剂可根据需要切换。在风嘴对侧的炉体上开设放铜口，回转式精炼炉可以正反回转，设快速、慢速两套驱动装置；当为进料、倒渣、氧化、还原回转时，采用快速转动，在浇铸时用慢速转动。

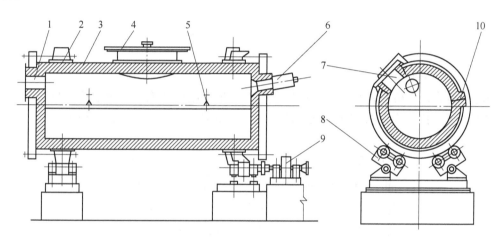

图 1-16　回转式精炼炉

1—排烟口；2—壳体；3—砖体；4—炉盖；5—氧化还原口；
6—燃烧器；7—炉口；8—托辊；9—传动装置；10—出铜口

回转式精炼炉采用的燃料有重油、天然气、煤气和粉煤，采用的还原剂有氨、液化石油气、天然气、煤气和重油等。

铜的精炼技术近年有了较大发展。在工艺方面，由常态空气发展到富氧空气氧化，由重油还原发展到天然气、氨气、液化石油气还原，从而强化了精炼过程，缩短了还原时间。精炼设备大型化、机械化、自动化程度日趋提高，过去采用几十吨到一百多吨的精炼炉，现在大多采用容量 200t、300t 的精炼炉，有的工厂还使用了 400t 以上的精炼炉。

1.2.4　铜的电解精炼

火法精炼产出的阳极铜中铜的质量分数一般为 99.2%～99.7%，其中还有质量分数为 0.3%～0.8% 的杂质。为了提高铜的性能，使其达到各种应用的要求，同时回收其中有价金属，尤其是贵金属及稀散金属，必须进行电解精炼，电解精炼的产品是电铜。铜的电解精炼是以火法精炼的铜为阳极，硫酸铜和硫酸水溶液为电解质，电铜为阴极，向电解槽通直流电使阳极溶解，在阴极析出更纯的金属铜的过程。根据电化学性质的不同，阳极中的杂质或进入阳极泥，或保留在电解液中而被脱除。铜电解精炼工艺流程如图1-17 所示。

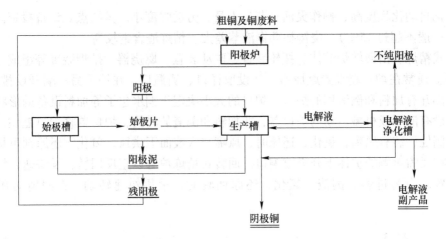

图 1-17　铜电解精炼工艺流程

1.2.4.1　电极反应

铜电解精炼是在硫酸铜和硫酸溶液中进行的，根据电离理论，溶液中存在 H^+、Cu^{2+}、SO_4^{2-} 和水分子，因此在阳极和阴极之间施加电压通电时，将发生相应的反应。

阳极反应：

$$Cu - 2e \xrightarrow{\hspace{1cm}} Cu^{2+} \qquad\qquad E^{\ominus}_{Cu^{2+}/Cu} = 0.34V$$

$$Me - 2e \xrightarrow{\hspace{1cm}} Me^{2+} \qquad\qquad E^{\ominus}_{Me^{2+}/Me} < 0.34V$$

$$H_2O - 2e \xrightarrow{\hspace{1cm}} 2H^+ + 1/2O_2 \qquad E^{\ominus}_{O_2/H_2O} = 1.229V$$

$$SO_4^{2-} - 2e \xrightarrow{\hspace{1cm}} SO_3 + 1/2O_2 \qquad E^{\ominus}_{O_2/SO_4^{2-}} = 2.42V$$

阴极反应：

$$Cu^{2+} + 2e \xrightarrow{\hspace{1cm}} Cu \qquad\qquad E^{\ominus}_{Cu/Cu^{2+}} = 0.34V$$

$$Me^{2+} + 2e \xrightarrow{\hspace{1cm}} Me \qquad\qquad E^{\ominus}_{Me/Me^{2+}} > 0.34V$$

$$2H^+ + 2e \xrightarrow{\hspace{1cm}} H_2 \qquad\qquad E^{\ominus}_{H_2/H^+} = 0V$$

根据电化学原理，在阳极上放电的是电极电位代数值较小的还原态物质，而在阴极上放电的是电极电位代数值较大的氧化态物质。因此，阳极上主要是铜的溶解，阴极上主要是铜的析出。杂质在电解中的行为主要决定于它们在电位序上的位置及其在电解液中的溶解度。电极电位较铜更负的杂质金属进入电解液后会以离子的形态留在电解液中，而电极电位较铜更正的贵金属和某些化合物在阳极不发生放电化学溶解，以阳极泥形态沉积槽底，从而实现了铜与杂质的分离。在电解精炼过程中，可以将阳极中的杂质分为 4 类：

（1）锌、铁、镍、钴、锡、铅等属于电极电位比铜更负的一类，电解时均溶于电解液中，其中的铅进一步生成难溶的硫酸盐沉降进入阳极泥。这类金属大多数在火法精炼时已被除去。少量进入溶液积累使电解液变得不纯，因此要定期抽出一部分电解液进行净化。

（2）金、银和铂族金属的电极电位比铜正，几乎全部转入阳极泥，少量溶解的银也会同电解液中的氯离子化合生成氯化银沉入阳极泥。铜阳极泥是回收金、银等贵金属的原料。

（3）硫、氧、硒、碲以 Cu_2S、Cu_2O、Cu_2Se、$AgSe$、Cu_2Te、$AgTe$ 等形态存在于铜阳

极中，电解时也不进行电化学溶解，而是自阳极板上脱落进入阳极泥。

（4）砷、锑、铋等是电极电位与铜相近的一类，对铜产品最为有害。当其在电解液中积累到一定的浓度时，便会在阴极上放电析出，使电解铜的质量降低。这些杂质在电解过程中全部进入电解液，但砷的40%~50%，锑、铋的60%~80%会发生水解，以不溶性盐形态进入阳极泥。

1.2.4.2 铜电解精炼条件控制

A 电解液成分

工业上采用的电解液除 $CuSO_4$ 和 H_2SO_4 外，还有少量溶解的杂质和有机添加剂。电解液成分的控制就是要保证足够的铜离子和 H_2SO_4 浓度。铜离子浓度大可以防止杂质析出，硫酸浓度大导电性好。但这两个条件是互相制约的，即 H_2SO_4 浓度大时，铜的溶解度降低，反之则升高。通常铜离子浓度为 40~50g/L，硫酸浓度为 180~240g/L。

电解液长期积累，杂质会升高，因此电解液必须净化。一般是根据具体情况将其定时抽出，并补充新的电解液。

电解液中的添加剂为表面活性物质，包括动物胶、硫脲和干酪素等，其作用是吸附在晶体凸出部分增加局部的电阻，保证阴极致密平整。

B 电流密度

电流密度越大，生产率越高。电流密度的选择应考虑两个因素，即技术和经济两方面。从技术方面说，因为电解时溶解和沉积速度总是超过铜离子迁移速度，电流密度大时，则因为浓差不同会产生阳极钝化，而阴极则结晶粗糙，甚至出现粉状结晶。从经济方面说，电流密度过大，电压增加，电耗增大；同时由于提高电流密度，电解液循环量增大，会增大阳极泥的损失。最佳电流密度应根据具体条件选择，我国目前大都是采用 $220~260A/m^2$。

C 槽电压

铜电解精炼的槽电压为 0.25~0.35V，主要是由电解液电阻、导体电阻和浓差极化引起的电压降所组成。电解液的电阻与溶液成分和温度等有关，酸度大、温度高则电阻小，反之则电阻大。导体电阻与接触点电阻和阳极泥电阻有关。而浓差极化是由于阴阳极电解液成分不同所引起的，结果是产生与电解施加电压方向相反的电动势。根据研究，电解液电阻是最大的，占槽电压的50%~70%，浓差极化引起的电压降占20%~30%，而导体的电阻电压降占10%~25%。

D 电流效率

电流效率是指实际阴极产出铜量与理论上通过 $1A \cdot h$ 电量应沉积的铜量之比的百分数。电流效率通常为97%~98%。电流效率降低的原因是漏电、阴阳极短路、副反应如铁离子的氧化还原作用和铜的化学溶解等。

1.2.4.3 铜电解精炼设备

铜电解精炼是在钢筋混凝土制作的长方形电解槽中进行的，槽内衬铅皮或聚氯乙烯塑料以防腐蚀。电解槽放置于钢筋混凝土的横梁上，槽子底部与横梁之间要用瓷砖或橡胶板绝缘，相邻两个电解槽的侧壁间有空隙，上面放瓷砖或塑料板绝缘，再放导电铜排连接阴阳极。电解槽的结构如图 1-18 所示。

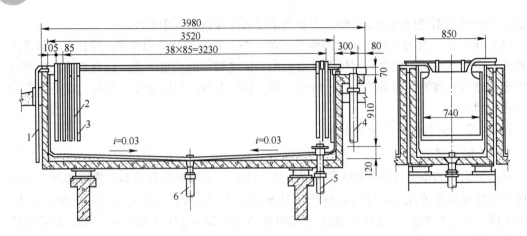

图 1-18　铜电解槽
1—进液管；2—阴极；3—阳极；4—出液管；5—放液管；6—放阳极泥孔

在严格管理和遵守各项操作条件下，铜电解精炼的指标如下：每吨铜直流电耗 230 ~ 260kW·h；残极率 14% ~ 24%；直接回收率 76% ~ 82.55%；电解总回收率 99.6% ~ 99.9%；每吨铜硫酸消耗 2 ~ 9.9kg；每吨铜蒸气消耗 0.6 ~ 1.2t；电流效率 97% ~ 97.8%。

20 世纪 70 年代以来，铜电解精炼技术有了很大的发展。出现了周期反向电流电解，永久不锈钢阴极（艾萨法）电解等新工艺，以及极板作业机组、多功能专用吊车、短路自动检测装置、大型可控硅整流器等设备。电解精炼生产向大型化、高效率、低消耗的目标发展。

1.3　铜的湿法冶金

近些年来，铜的湿法冶金有了较快的发展，尤其是在处理低品位复杂矿方面发展更快。归纳起来，湿法提铜有以下几种方法。

1.3.1　焙烧—浸出—电沉积法

焙烧—浸出—电沉积法简称 RLE 法，是目前世界上应用最广的一种湿法提铜方法，其工艺流程如图 1-19 所示。

1.3.1.1　焙烧工序

RLE 法的第一道工序是将物料进行硫酸化焙烧，其目的是使铜绝大部分转化成可溶于稀硫酸的 $CuSO_4$ 和 $CuO \cdot CuSO_4$，而铁全部转化为不溶的氧化物。根据热力学分析，要使铜形成 $CuSO_4$ 而铁形成 Fe_2O_3，最佳的焙烧温度为 953K，在生产中控制硫酸化焙烧的温度为 948 ~ 953K。此时虽然有少量

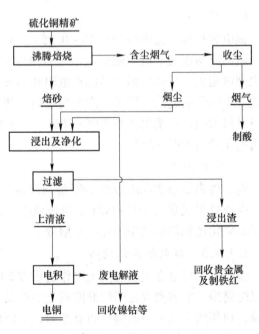

图 1-19　焙烧—浸出—电沉积工艺流程

$CuO \cdot CuSO_4$和 CuO 生成，但用稀硫酸浸出时，铜都能转入溶液。

硫化铜精矿硫酸化焙烧是在沸腾焙烧炉中进行的。

1.3.1.2 浸出和净化工序

焙烧产物中铜主要以 $CuSO_4$、$CuO \cdot CuSO_4$ 及少量 Cu_2O、CuO、Cu_2S 形态存在。铁主要以 Fe_2O_3 及少量 $FeSO_4$、$CuO \cdot Fe_2O_3$ 形态存在。在用稀硫酸浸出时，除铜进入溶液之外，$FeSO_4$ 也溶解进入溶液。所以浸出液必须在电沉积之前净化除铁。

影响浸出反应速度的因素主要有温度、溶剂浓度和焙砂粒度。通常浸出温度为 353 ~ 363K，H_2SO_4 质量浓度大于 15g/L，焙砂粒度小于 0.147mm（100 目）。在此条件下，控制固液比为（1:1.5）~（1:2.5），浸出时间 2 ~ 3h，铜浸出率可达到 94% ~ 98%。

浸出后溶液中一般含二价铁 2 ~ 4g/L，三价铁 1 ~ 4g/L。在电沉积时，这部分铁在阳极和阴极上反复氧化和还原，消耗电能，故在电沉积之前应将其从溶液中除去。常用的除铁方法是氧化水解法，即在 pH 值为 1 ~ 1.5 时用 MnO_2 将 Fe^{2+} 氧化成 Fe^{3+}，然后 Fe^{3+} 水解沉底。

净化除铁还可用萃取法等其他方法。浸出和净化设备是带有机械搅拌的不锈钢槽或有耐酸材料的钢筋混凝土槽。

浸出残渣除了含有铁的氧化物外，还含有铜、铅、铋和全部贵金属。当贵金属含量低时，可送铅冶炼处理，当贵金属含量高时，可经重选富集后作为提取贵金属原料。

1.3.1.3 电沉积

电沉积过程阳极为 Pb-Sb 合金板，阴极为薄铜片，经净化除铁后的溶液为电解液。电解时阴极过程与电解精炼相同。阳极过程与锌电沉积过程中的阳极过程相同。电沉积过程总反应为：

$$Cu^{2+} + H_2O = Cu + 1/2O_2 + 2H^+$$

由于电沉积时电解液中 Cu^{2+} 质量浓度不断降低，而 H_2SO_4 质量浓度不断升高，因此应当选定适宜的电流密度和电解液循环速度。电解槽是多级排列，使电解液顺次流经若干个电解槽后，含铜和硫酸分别达到出槽要求的水平。

1.3.2 细菌浸出法

硫化矿用稀硫酸浸出的速度缓慢，但有细菌存在时可显著地加速浸出反应。细菌主要是氧化亚铁硫杆菌，它可在多种金属离子存在和 pH 值为 1.5 ~ 3.5 的条件下生存和繁殖。氧化亚铁硫杆菌在其生命活动中产生一种酶素，这种酶素是 Fe^{2+} 和 S 氧化的催化剂。

细菌浸出主要是处理低品位难选复合矿和废矿。浸出时可采用就地浸出和堆浸的方法。浸出周期较长，需数月或数年。细菌浸出得到的溶液含铜较低，含铁较高。提取溶液中的铜一般采用废铁置换或萃取—电积法。

置换法的优点是简单、有效、可靠、投资少。缺点是成本高，产出的铜纯度低。萃取—电积法包括以下过程：萃取剂选择性地将浸出液中的铜萃取进入有机相；用酸溶液反萃负载有机相，产出可供直接电解的富铜溶液；富铜溶液电解沉积。此法优点是产出电解铜，成本低，易于实现机械化和自动化。缺点是投资较高，技术复杂，不适于大规模生产。

1.3.3　高压氨浸法

高压氨浸法是在高温、高氧压和高氨压下浸出精矿，使铜、镍、钴等有价金属以络合物的形态进入溶液，铁则以氢氧化物进入残渣。溶液腐蚀性较小，适于处理 Cu-Ni-Co 或 Ni-Co 硫化矿。高压氨浸的工艺流程如图 1-20 所示。

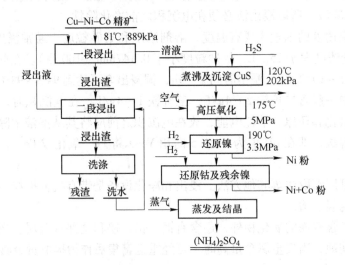

图 1-20　高压氨浸处理 Cu-Ni-Co 硫化矿的流程

除上述方法外，还有 $FeCl_3$ 浸出和 $CuCl_2$ 浸出法等。

复习思考题

1-1　常见造锍熔炼方法有哪几种，各自的特点如何？

1-2　分析比较造锍熔炼和铜锍吹炼的冶炼渣。

1-3　粗铜火法精炼设备有哪几种，主要的结构是什么？

1-4　铜电解精炼条件有哪些，生产过程中应该怎么控制？

1-5　铜的湿法冶金工序主要有哪些？

2 铅 冶 炼

学习目标：

（1）掌握硫化铅精矿的焙烧和烧结的目的。

（2）掌握还原熔炼各组分行为以及铅鼓风炉熔炼原料、设备和产物。

（3）熟悉粗铅精炼方法，了解火法精炼除杂的方法和原理。

（4）了解铅电解精炼的电解液和电极成分及组成，掌握主要杂质及其在电解精炼时的行为。

2.1 概 述

2.1.1 铅的物理化学性质

铅（Pb）在元素周期表中，是第六周期IV_A族元素，原子序数82，相对原子质量为207.2。铅是蓝灰色金属，新的断口具有明显的金属光泽。铅的蒸气压较大，在不同温度下铅的平衡蒸气压见表2-1。

表2-1 铅的蒸气压

温度/K	893	983	1093	1233	1563	1633	1798
蒸气压/Pa	0.13	1.33	13.33	133.32	6666.1	13332.2	100324.72

由于高温时铅挥发性大，易导致铅的损失，因此炼铅厂必须备有完善的收尘设备，以保证铅的回收，同时防止工作人员铅中毒。

铅在重金属中是最柔软的，莫氏硬度为1.5，能用指甲刻划；展性也很好，可轧成铅皮，锤成铅箔，但是延性较差，不能拉成铅丝。铅为热和电的不良导体，热导率和电导率分别仅为银的8.5%和10.7%。铅在常温完全干燥的空气中，或在不含空气的水中，都不会发生化学变化，在潮湿的和含有CO_2的空气中，铅失去金属光泽而变成暗灰色，其表面被次氧化铅（Pb_2O）薄膜所覆盖。

铅与氧生成PbO、Pb_2O、Pb_3O_4和Pb_2O_3四种化合物，其中最稳定的是PbO，其余都不稳定，只是冶金过程中的中间产物。PbO是容易挥发的化合物，沸点1743K，在空气中1073K时便显著挥发，因此炼铅过程中因PbO挥发而造成的损失较大。

铅易溶于硝酸、硼氟酸（HBF_4）、硅氟酸（H_2SiF_6）等酸中，难溶于稀盐酸及硫酸，常温时盐酸和硫酸的作用仅到铅的表面，因为生成的$PbCl_2$及$PbSO_4$几乎是不溶解的，附着在铅的表面，使得其内部的金属不受酸的影响。

2.1.2　铅的用途

铅主要用于制造蓄电池、涂料、弹头、焊接材料、化学品铅盐、电缆护套、轴承材料、嵌缝材料、巴氏合金和 X 射线的防护材料等。铅能与许多金属形成合金，所以铅也以合金的形式被广泛使用，铅合金可分为耐蚀合金、电池合金、焊料合金、印刷合金、轴承合金和模具合金等。铅合金主要用于化工防蚀、射线防护、制作电池板和电缆套。由于铅合金的剪切、蠕变强度低，在一定的载荷和滚动切变作用下，铅合金易于变形并减薄成为箔状；且铅合金的自润性、磨合性和减振性好，噪声小，因而是良好的轴承合金。铅基轴承合金和锡基轴承合金统称为巴氏合金，可制作高载荷的机车轴承。含砷高达 2.5%~3% 的铅合金，适于制作高载荷、高转速、抗温升的重型机器轴承。铅的化合物用于颜料、玻璃及橡胶工业部门。

2.1.3　铅的资源

铅在地壳中的平均含量为 0.0016%。从矿床中开采的铅矿可分为硫化矿与氧化矿两大类，其中硫化矿分布最广。主要的硫化矿物是方铅矿（PbS），其共生矿物为闪锌矿（ZnS），伴生矿物为辉银矿（Ag_2S），此外还常伴生有黄铁矿（FeS_2）和其他硫化矿物。氧化铅矿主要由白铅矿（$PbCO_3$）和铅矾（$PbSO_4$）组成，属次生矿，常出现在原生矿的上层，或与硫化矿共存而形成硫化氧化复合矿。

我国铅锌矿资源比较丰富，云南、广东、内蒙古、甘肃、江西、湖南、四川、广西、陕西和青海这 10 个省、区的合计储量占全国铅锌储量的 80%。自然界中铅矿成单一矿床存在的很少，多数是多金属矿，最常见的是铅锌复合矿。铅矿石一般含铅不高，现代开采的铅矿石含铅一般为 3%~9%，最低含铅在 0.4%~1.5%，原矿需要进行选矿富集，得到适合冶炼要求的铅精矿，才能继续冶炼。

2.1.4　铅的冶炼方法

现代铅的生产方法都是火法，铅的湿法冶金由于工艺及成本方面的原因，目前还处于实验研究阶段，工业上还未采用。

铅的火法冶炼方法主要有烧结—鼓风炉熔炼法、氧气底吹熔炼（SKS）—鼓风炉还原法、浸没式顶吹（ISA 或 Ausmelt）熔炼—鼓风炉还原法、氧气顶吹卡尔多（Kaldo）转炉法、氧气底吹（QSL）法和基夫赛特（Kivcet）法。在上述方法中，氧气底吹熔炼—鼓风炉还原法和浸没式顶吹（ISA 或 Ausmelt）熔炼—鼓风炉还原法已实现了稳定持续的生产，并取得了良好的技术经济指标，为我国大部分的铅冶炼厂所采用。

目前，再生铅的产量也在逐渐增加，有的国家再生铅量已占到了总产铅量的一半以上。蓄电池用铅量在铅的消费中占很大比例，因此废旧蓄电池是再生铅的主要原料。再生铅的再生方法有火法冶炼工艺、固相电解还原工艺和湿法冶炼工艺，但主要用火法生产。处理废蓄电池时，通常配以 8%~15% 的碎焦、5%~10% 的铁屑和适量的石灰、苏打等为熔剂，在反射炉或其他炉中熔炼成粗铅。

2.2　硫化铅精矿的烧结焙烧

烧结焙烧—鼓风炉还原熔炼法属传统的炼铅方法，一般包括硫化铅精矿烧结焙烧、鼓风炉还原熔炼、粗铅火法精炼三大环节。

采用鼓风炉还原熔炼方法生产金属铅时，只有铅的氧化物极易被还原成铅，而铅的硫化物则不能被还原，硫酸铅也只能被还原成硫化铅。若烧结块中残存有硫，则熔炼时会产出大量的铅冰铜，降低铅的回收率。

当硫化铅精矿中所含砷、锑等硫化物的含量较高时，若不在烧结过程中挥发一部分，则熔炼时将与其他金属（主要是铁）形成化合物或合金（黄渣），黄渣会溶解铅和贵金属。因此，以上情况会影响铅和贵金属的回收率。

硫化铅粒度极细，大部分粒度小于 $74\mu m$（200 目），这种细小的物料透气性极差，熔炼时会大量被气流带走或产生炉结。

综上所述，为便于鼓风炉熔炼，就必须把铅精矿在熔炼前进行预作业，即烧结焙烧，其目的是：除去精矿中的硫，使金属硫化物转化为金属氧化物；若砷、锑高时，则将其部分除去；将细料烧结成硬且多孔的烧结块，以适应鼓风炉熔炼作业的要求。

当处理块状富氧化铅时，无需烧结焙烧，只要将矿石破碎到一定的粒度即可直接熔炼，若为破碎，则应先烧结制团再进行熔炼。

硫化铅精矿烧结程度用焙烧产物的含硫量来表示，它取决于精矿中含锌量和含铜量。硫化锌在鼓风炉熔炼过程中，一部分溶解于铅冰铜，一部分进入炉渣中，未熔化的硫化锌颗粒悬浮于炉渣中，使炉渣变黏，铅冰铜与渣便不能很好分层，从而导致熔炼过程燃料消耗和铅在渣中的损失增大。而 ZnS 存在于铅冰铜中会增大铅冰铜的熔点，也是不希望的。如果精矿中含锌高，焙烧时应尽量地把硫除净，使锌全部转变为 ZnO，因为 ZnO 可溶解于适当成分的鼓风炉渣中而对炉渣性质不产生大的影响。如果精矿含铜较多，则在焙烧时又希望残留一部分硫在烧结块中，以便铜以 Cu_2S 形态进入铅冰铜中，从而使铜得到回收，并免除了它对熔炼过程的危害。对铜和锌含量都高的铅精矿，有的工厂是先进行"死烧"，使铜和锌的硫化物尽量氧化，然后在鼓风炉熔炼时加入黄铁矿作硫化剂，使铜变成 Cu_2S 进入铅冰铜。也有的工厂不加黄铁矿直接熔炼，使铜进入粗铅。

脱硫率与焙烧程度含义不同，它是焙烧时烧去的硫量与原精矿中的硫量的比的百分数。

由于铅精矿烧结焙烧时易产生低熔点化合物，一般而言，铅精矿一次烧结脱硫率为 50%~75%，简单将铅精矿进行焙烧往往达不到含硫合格的烧结块，工业上往往采用两次焙烧和一次焙烧两种操作法。

两次焙烧是先在 1123~1173K 下将精矿中的一部分硫烧去，然后将烧结块破碎，在 1273~1373K 下进行第二次焙烧，烧去第一次焙烧剩下来的硫，并将焙烧物料进行烧结。为了区分这两次焙烧，称第一次焙烧为预先焙烧，第二次焙烧为最终焙烧。

一次焙烧的核心是在硫化铅精矿与熔剂组成的烧结配料中，加入大量粒度不大于 6~8mm 的返回烧结块，使整个炉料中硫的含量降低到 6%~8%。一次焙烧所产出的烧结块，大部分（65%~70%）仍返回烧结焙烧过程与精矿一道进行配料，仅一小部分送至鼓风炉熔炼。因此，这种焙烧过程也称做返回焙烧。我国炼铅厂大都采用这种焙烧过程。

2.2.1 硫化铅精矿的焙烧过程和烧结过程

2.2.1.1 焙烧过程

硫化铅精矿的焙烧，就化学实质来说，是借助于空气中的氧来完成的氧化过程，该过程使硫化铅以及精矿中的其他金属硫化物转变为氧化物。焙烧时硫化铅发生如下氧化反应：

$$2PbS + 7/2O_2 = PbO + PbSO_4 + SO_2$$

最初形成的硫酸铅再与硫化铅互相作用而形成 PbO：

$$PbS + 3PbSO_4 = 4PbO + 4SO_2$$

硫化铅与氧化铅或硫酸铅作用生成金属铅：

$$PbS + PbSO_4 = 2Pb + 2SO_2$$

$$PbS + 2PbO = 3Pb + SO_2$$

所产出的铅在烧结过程中或多或少地被空气氧化，变为氧化铅。

从上述反应可以看出，PbS 焙烧结果获得了 PbO、PbSO$_4$、Pb，其数量多少决定于焙烧温度和气相组成。由于焙烧温度通常都在 1123K 以上，而且是强氧化气氛，因此在焙烧的最终产物中，一般 PbSO$_4$、Pb 量都很少，主要是 PbO。

存在于硫化铅精矿中的其他金属硫化物，在氧化焙烧中也不同程度地被氧化。

2.2.1.2 烧结过程

使细物料烧结，是烧结焙烧的目的之一。焙烧时，所形成的铅硅酸盐和铁酸盐，由于熔点较低，故能使物料在作业温度下形成液态，待冷却后形成坚实的大块，因此，它们是烧结中的有效黏结剂。

作为钙质熔剂的 CaO 对烧结过程也有重大影响。研究还表明，石灰质较多的熔体凝固间隔较短，使形成的烧结块具有更多的孔隙，这对下一步还原熔炼是有利的。

在铅烧结过程中，当温度达到一定程度（923～973K）时，料层中便开始出现液相，液体润湿细小的固体颗粒并使之黏结成完整而多孔的烧结块。液相开始形成的基础是硅酸铅和铅的铁酸盐，当继续加热时，熔融状态的铅的硅酸盐和铁酸盐将溶解游离状态的 PbO 及铁的氧化物，同时也溶解一些氧化钙、氧化硅和氧化铝等。铅烧结过程中液相的发展取决于烧结温度和含铅量。对富铅物料而言，易熔的硅酸铅占全部烧结块的 60% 左右；含 40%～42% Pb 的烧结块，液相达 50%；贫铅（含 Pb 29%～33%）的烧结块中，液相为 30%～40%，液相的形成和数量是获得足够强度烧结块的基础。

应该指出，在烧结焙烧过程中，过早的烧结是不好的，因为易熔的组分会包围矿粒，阻止空气和矿粒接触，致使硫化物不能氧化，所得烧结块内残留着未氧化的硫化物；物料过早烧结还妨碍熔剂与焙烧矿的结合。

2.2.2 烧结焙烧的实践

2.2.2.1 炉料

为了改善炉料的透气性，需要加入大颗粒的烧结返料。实验指出，返料最适宜的粒度为 4~8mm，大于 8mm 的返料几乎不能提高透气性，反而会降低炉料的脱硫率。熔剂的粒度以 2~3mm 为宜。

烧结料应具有最佳湿度，其值可用测定烧结料比容和堆密度的方法确定。堆密度最大而比容最小的湿度即为最佳湿度，其含水量为最大毛细水含量。此时炉料具有最小容积，有利于提高设备利用率，也具有最大的透气性。

炉料的混合与制粒，对保证烧结料的化学成分、粒度以及水分的均匀有很重要的意义。制粒对烧结机生产率和烧结块的质量都有很大的影响。所以采取制粒的铅厂越来越多。广泛采用的制粒设备是圆盘制粒机和圆筒制粒机。

2.2.2.2 带式烧结机

现代大型炼铅厂均采用带式烧结机进行烧结焙烧。图 2-1 为铅精矿焙烧工艺流程图。

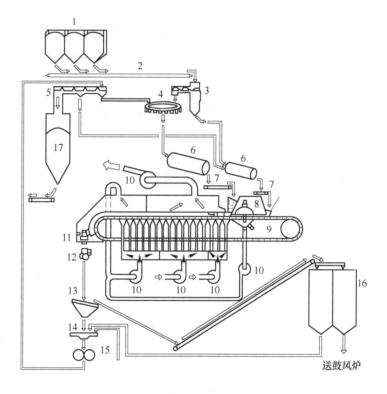

图 2-1 铅精矿烧结工艺流程图

1—料仓；2—运输机；3,5—分料器；4—圆盘混料机；6—圆筒混合机；7—给料机；
8—点火炉；9—烧结机；10—风机；11—单轴破碎机；12—齿辊破碎机；13—筛子；
14—冷却盘；15—平辊破碎机；16—烧结矿料仓；17—返粉料

2.2.2.3 吸风烧结

经配料、混合、制粒准备好的炉料，通过布料机卸到烧结机移动着的小车内，并被刮板将料刮平至规定的料层高度。小车的底由炉条组成，小车之间没有隔板。当装好炉料的小车来到点火炉下面便被点火燃烧，点火后的小车沿吸风箱上的导轨向前移动。空气从上向下透过料层使之强烈燃烧并烧结成块，烧结过程是从料层上面逐渐向下移动，最后到达炉条为止。一般来说，在小车达到最后一个吸风箱之前，烧结过程已经结束，所以最后通过料层的冷空气对烧结块只起冷却作用。

由于吸风烧结烟气二氧化硫浓度低，不能达到制酸的要求，环境污染大，现已完全淘汰。

2.2.2.4 鼓风烧结

鼓风烧结机与吸风烧结机在本体结构上是相同的。鼓风烧结作业要点是：开始在小车炉条上铺一层20~40mm点火炉料，经吸风点火后，再向红热的料层上装入焙烧炉料，这时改变气流方向，开始从下往上鼓风，鼓风压力为1471~2942Pa。随着小车的向前移动，炉料逐渐被焙烧，最终获得烧结块。

鼓风烧结和吸风烧结相比，具有一系列优点：生产率高；可处理高铅炉料；烟气含二氧化硫浓度高，便于制酸；由于烧结过程中料层不被压紧，因此可保持料层良好的透气性。

铅精矿的制粒与鼓风烧结已被广泛采用。目前鼓风烧结的动向，除烧结机本体趋向大型化之外，主要是加强密封，防止烟气外逸，有的工厂还采用富氧空气鼓风、蒸气-空气鼓风等措施来强化烧结过程。

2.3　铅烧结块的鼓风炉熔炼

铅烧结块的组成很复杂，其中铅主要以氧化铅、硅酸铅、铁酸铅以及少量硫化铅、硫酸铅和金属铅形态存在，此外，还含有其他金属氧化物、贵金属以及来自脉石、熔剂的造渣成分。鼓风炉燃料是焦炭，它也是熔炼过程的还原剂。

2.3.1　还原熔炼各组分行为

2.3.1.1　铅的化合物

在烧结块中铅主要以氧化物形式存在。烧结块中游离的 PbO 与炉气中的气体还原剂 CO 发生如下还原反应：

$$CO + PbO =\!=\!= Pb + CO_2$$

PbO 是很容易被还原的，实验证明，在433~458K下，PbO 已开始被 CO 还原；而在较高温度下，炉气中 CO 浓度不大时，还原反应也能很快进行。

硅酸铅的还原比氧化铅要困难一些，但是，当有碱性氧化物，特别是 CaO 存在时，可将熔体中的 PbO 置换出来而成为游离状态的 PbO，有利于还原，其反应如下：

$$2PbO \cdot SiO_2 + 2CO + CaO =\!=\!= 2Pb + CaO \cdot SiO_2 + 2CO_2$$

存在于铅烧结块中的少量 $PbSO_4$ 和 PbS 在还原熔炼中发生如下反应：

$$PbSO_4 + 4CO =\!=\!= PbS + 4CO_2$$

$$PbSO_4 + SiO_2 =\!=\!= SO_2 + PbO \cdot SiO_2 + 1/2O_2$$

PbS 在熔炼过程中几乎全部进入铅冰铜。为了将 PbS 中的铅分离出来，常加入铁屑于炉料内，使之与 PbS 发生反应：

$$PbS + Fe =\!=\!= Pb + FeS$$

2.3.1.2　铁的化合物

烧结块中的铁主要以三氧化二铁、四氧化三铁以及硅酸亚铁的形态存在。铁的氧化物在高温还原气氛中，逐级还原。

在铅还原熔炼中，并不希望铁氧化物还原为金属铁，因铁密度较铅小，熔点又高，在炉缸中一部分凝成炉缸结，即所谓"积铁"；另一部分以铁壳形态析出在液面上。结果都给鼓风炉操作带来困难。

2.3.1.3 铜的化合物

烧结块中的铜大部分以 Cu_2O、$Cu_2O \cdot SiO_2$ 和 Cu_2S 的形态存在。Cu_2S 在还原熔炼过程中不起化学变化而进入铅冰铜；Cu_2O 则视烧结块的焙烧程度而有不同的化学变化。如果烧结块中残留有足量的硫，则 Cu_2O 将与其他金属硫化物发生反应，例如：

$$FeS + Cu_2O == Cu_2S + FeO$$

这便是鼓风炉熔炼的硫化（造冰铜）过程。当烧结块残硫很少时，Cu_2O 按如下方式反应：

$$CO + Cu_2O == CO_2 + 2Cu$$

Cu_2O 被还原为金属铜而进入粗铅中。$Cu_2O \cdot SiO_2$ 在铅鼓风炉还原气氛下，不能完全被还原，未还原的 $Cu_2O \cdot SiO_2$ 进入炉渣。

2.3.1.4 锌的化合物

锌在烧结块中主要以 ZnO 及 $ZnO \cdot Fe_2O_3$ 状态存在，只有小部分呈 ZnS 和 $ZnSO_4$ 的状态。$ZnSO_4$ 在铅鼓风炉还原熔炼过程中发生如下反应：

$$ZnSO_4 + 4CO == ZnS + 4CO_2$$

因此，如果铅精矿中含有相当多的锌，则需完全焙烧，而在配料时，应选用高铁质的碱性鼓风炉渣。

ZnS 为炉料中最有害的杂质化合物，在熔炼过程中不起变化而进入炉渣及冰铜。ZnS 熔点高，密度又较大（$4.7g/cm^3$），进入冰铜和炉渣后增加两者的强度，减少两者的密度差，使渣与冰铜分离困难。

2.3.1.5 砷、锑、锡、镉及铋的化合物

铅烧结块中砷以砷酸盐状态存在。在还原熔炼的温度和气氛下，被还原为氧化砷和砷，氧化砷挥发入烟尘，砷一部分溶解于粗铅中，一部分与铁、镍、钴等结合为砷化物并形成黄渣（砷冰铜）。

锑的化合物在还原熔炼中的行为与砷相似。

锡主要以 SnO_2 形态存在，SnO_2 在还原熔炼中按如下方式还原：

$$SnO_2 + 2CO == Sn + 2CO_2$$

还原后的 Sn 进入粗铅，一小部分进入烟尘、炉渣和铅冰铜。

镉主要以 CdO 形态存在，在 $873 \sim 973K$ 下被还原为金属镉。由于镉的沸点低（1049K），易于挥发，故在熔炼中大部分镉进入烟尘。

铋以 Bi_2O_3 形态存在，在鼓风熔炼时被还原为金属铋而进入粗铅中。

2.3.1.6 金和银

铅是金、银的捕收剂，熔炼时大部分金、银进入粗铅，只有很少一部分进入铅冰铜和黄渣中。

2.3.1.7　脉石成分

炉料中的氧化硅、氧化钙、氧化镁、氧化铝等脉石成分，在熔炼中都不被还原，全部与氧化亚铁一道形成炉渣。

2.3.2　铅鼓风炉熔炼的实践

现代大型炼铅厂均采用水套式矩形鼓风炉。鼓风炉由炉基、炉缸、炉身（水套）和炉顶4部分组成。炉宽1.2～1.66m，炉长3～10.7m，风口直径60～100mm，风口比为2%～5%，炉子有效高度（从风口中心线到加料台面）4～6m，炉缸深为0.5～0.8m。图2-2所示为普通矩形鼓风炉。

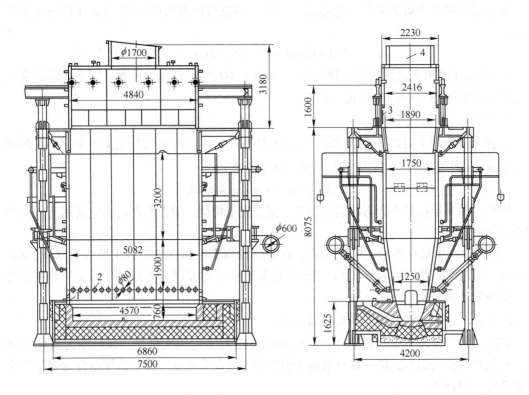

图2-2　普通矩形鼓风炉

1—咽喉口；2—风口；3—加料口；4—排烟口

大型铅厂放铅一般是采取虹吸连续放铅，渣均采取咽喉连续放渣，小型鼓风炉由于热容量的原因，采用间断放铅和放渣。若炉渣含锌较高，则需将炉渣放入保温前床作为中间储存设备以利于烟化炉处理，含锌低时则直接水淬堆存。

鼓风炉熔炼产物为粗铅、炉渣、铅冰铜、砷冰铜、烟尘和烟气。

炉渣中除含铅较高外，大约含有炉料中80%的锌及稀散金属，目前广泛采用烟化炉，烟化法处理炉渣以提取其中的锌。炉渣烟化过程的实质是把粉煤与空气或天然气与空气的混合物加入烟化炉的熔融炉渣内，使炉渣中的锌化合物还原为金属锌挥发进入气相，气相中的锌在烟化炉的上部空间或烟道系统再被氧化，最后成为ZnO被捕集于收尘设备中。同时，Pb、In、Sn、Cd、Ge 等也挥发，并随 ZnO 一起被收尘器收集。

铅冰铜为 PbS、Cu_2S、FeS 和 ZnS 等硫化物的合金。铅冰铜的熔点视其成分不同而变动在 1123~1323K 之间，含铜超过 20% 的富冰铜可用于铜转炉吹炼相似的吹炼法处理或湿法处理，含 5%~15% Cu 的贫冰铜，需预先进行富集熔炼，即将铜的品位提高到 20% 以上再进行吹炼或湿法处理。

砷冰铜是某些金属砷化物的合金，其中常常富集相当多的贵金属。砷冰铜的熔点为 1323~1373K，密度为 $7g/cm^3$，在炉缸中存在于铅冰铜和粗铅之间。砷冰铜可与铅冰铜一起用转炉直接吹炼或用富集熔炼法处理。

熔炼所产出的烟尘，可用于综合回收各种有价金属，由于铟、锗用途较广，价格较高，铅烟尘已成为铟回收的一种主要原料。

2.4 粗铅的精炼

粗铅除含 Au、Ag 贵金属外，还含有 Cu、As、Sn、Sb、Zn、Bi 等多种杂质，总量为 1%~3%。杂质对铅的性质有非常有害的影响，例如使其硬度增加，韧性降低，抗蚀性减弱等。

精炼的目的在于除去各种杂质，提高铅的纯度，同时综合回收各种有价金属。粗铅精炼分火法和电解法两种。国外多数工厂广泛采用火法精炼，我国和日本等国采用电解法精炼。

2.4.1 粗铅的火法精炼

2.4.1.1 粗铅除铜

A 熔析法

由 Cu-Pb 系状态图（图 2-3）可见，Cu 在铅液中的溶解度随温度降低而减小，当铅液温度下降到 1225K 以下时，析出的结晶不是纯铜，而是含 3%~5% Pb 的固溶体，它以固体状态浮在铅液面上。随着温度继续下降，铅液含铜量相应逐渐减少。当温度降至铅的熔点（599K）附近时，Cu 与 Pb 形成共晶，其中含 0.06% Cu，这是熔析法除铜的理论极限。

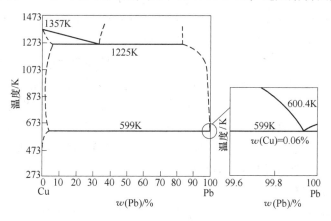

图 2-3 Cu-Pb 系状态图

但实际上由于粗铅中含有 As 和 Sb，可与铜形成 Cu_3As、Cu_3As_2、Cu_3Sb 等化合物以及与之相关的共晶和固溶体，这些化合物和固溶体不溶于铅，故混入固体渣而浮在铅液面上，因此，实际熔析法除铜可将铜降至 0.02%~0.03%。在熔析过程中，几乎所有铁、镍、钴、硫也被除去。

熔析操作有两种方法，即加热熔析和冷却凝析。前者是将粗铅锭放在反射炉或熔析锅内，用低温熔化，使铅与杂质分离；后者是将鼓风炉放出的液体铅用泵送至熔析设备，然后降低温度使杂质从铅液中凝析出来。生产上多用凝析法。

B　加硫除铜

粗铅经熔析除铜后，残存在铅中的铜采用加硫除铜的方法除去，由于铅液中铅的浓度大大超过铜，因此加入的硫首先与铅发生作用生成 PbS，PbS 在过程进行的温度下溶解于铅液中，其溶解度可达 0.7%~0.8%。由于铜对硫的亲和力大于铅，因此，PbS 又使铅液中的铜硫化。

Cu_2S 的密度比铅小，又不溶于铅中，呈固体浮渣状态浮于铅液面上，加硫除铜在 603~613K 下进行。

工厂中熔析和加硫除铜常联合进行，即在同一设备中，先进行熔析，接着在机械搅拌下加硫。硫的加入量按形成 Cu_2S 理论需要量的 1.25~1.30 倍计。经处理后铅液中残留的铜，可降至 0.001%~0.002%。

C　粗铅连续除铜

粗铅连续除铜是应用熔析除铜的原理，作业多在反射炉内进行。此时铅熔池自上而下形成一定的温度梯度，使铜及其化合物从熔池较冷的底层析出，上浮至高温的上层与加入炉内的铁屑和苏打相作用而造渣。粗铅的脱铜程度决定于熔池底层湿度、铅液在熔池的停留时间和粗铅中的砷、锑含量等因素。

2.4.1.2　氧化精炼除砷、锑、锡

除铜后的粗铅，用氧化精炼的方法除去对氧亲和力比铅大的 As、Sb、Sn 等杂质。氧化精炼一般在反射炉中进行，采用自然通风氧化，过程温度为 1023~1073K，作业时间为 12~36h。氧化精炼时首先氧化的是铅：

$$O_2 + 2Pb \Longrightarrow 2PbO$$

反应产生的 PbO 再使杂质氧化，同时杂质也直接被空气中的氧所氧化。因生成的氧化物密度小且不溶于铅液，故浮在熔池面上而与铅分离。

由于 PbO 在铅液中溶解度小，故氧化精炼反应只在熔池表面进行，杂质须扩散至熔池表面，才能与 PbO 以及空气中的氧气接触。因此，精炼反应的速度很小，作业时间较长。为缩短作业时间，大型现代化铅厂广泛采用了碱性精炼法。碱性精炼也是使粗铅中的杂质氧化并造渣而与铅分离。氧化剂主要不是空气而是硝石（$NaNO_3$），且精炼过程在 693~723K 的较低温度下进行。熔剂是用 NaOH、NaCl 和 Na_2CO_3 的混合试剂，使砷、锑、锡生成相应的砷酸钠、锑酸钠和锡酸钠，即碱性渣。

2.4.1.3　粗铅加锌除银

将金属锌加入液体铅中，锌对金银具有很大的亲和力，可分别形成 $AuZn_5$、Ag_2Zn_3 等稳定的金属化合物以及一系列固溶体。这些化合物和固溶体熔点高、密度小，且不溶于铅液中而浮于表面，形成一种容易从溶体表面除去的固体银锌壳，从而达到银与铅分离的目的。

除银的粗铅被加热到 723K，锌的消耗量为铅量的 1.5%~2.0%。加锌作业分两次进行，第一次加锌量为需要量的 2/3，此时约 90%的银进入银锌壳中。捞出银锌壳后，立即进行第二次加锌，即将第一次未加完的锌加入。第二次银锌壳中银的含量小于 0.5%，而且含有大量没有反应的金属锌，所以第二次银锌壳可返回到第一次加锌过程中再用。由于金对锌的亲和力大于银对锌的亲和力，金优先与锌形成化合物并进入第一批银锌壳中。所以对含金的铅而言，加锌除银也能优先除金。

银锌壳是锌和金、银、铅的合金，其中含有大量机械夹杂的铅以及少量铅锌氧化物。根据银锌壳中主要成分锌、铅和银沸点的差别，而用蒸馏法进行处理。

2.4.1.4 真空除锌

除银后的铅含 0.6%~0.7%的锌。为了除去锌，旧式工厂常采用氧化精炼或碱性精炼法，但目前广泛采用真空精炼法，它是利用铅与锌蒸气压不同而将铅锌分离。真空蒸发适宜的真空度为 13.33~1.33Pa，温度为 873K 左右，此时锌挥发率达到 96%~98%，而铅的挥发率为 0.03%~0.07%。

2.4.1.5 加钙、镁除铋

铋属于最难从铅中除去的杂质。铅中含 Bi 为 0.05%左右，一般采用加 Ca、Mg 除 Bi，该法的实质是 Ca、Mg 在铅液中可与 Bi 形成 Bi_3Ca、Bi_2Ca_3 和 Bi_2Mg_3 等不熔化合物，这些化合物也不溶于铅，且密度较铅小，呈硬壳状浮在铅液表面上而被除去。在除 Bi 精炼过程中，Mg 以金属块形态直接加入铅液中，而钙则因容易氧化而以 Pb-Ca 合金形态加入。

除铋后，用碱性精炼法并使用少量硝石作为氧化剂，在一次作业之中即可将铅中残留的镁、钙全部除去。

2.4.2 铅的电解精炼

铅的电解精炼在 21 世纪初才用于工业生产，用此法生产的精铅约占铅总产量的 20%。由于电解精炼能通过一次电解得到纯度较高电解精炼铅，贵金属及其他有价元素及杂质富集在阳极泥中，有利于集中回收，因此我国大多数铅冶炼厂采用电解精炼。

铅电解精炼以硅氟酸和硅氟酸铅的水溶液作电解液，用粗铅或经火法精炼初步除 Cu、As、Sn 的铅作阳极，纯铅作阴极。

阴极反应 $\qquad Pb^{2+} + 2e === Pb$

阳极反应 $\qquad Pb - 2e === Pb^{2+}$

杂质在电解精炼时的行为，决定于它们的标准电位及其在电解液中的浓度。根据铅中常见杂质的标准电位，可将它们分为 3 类：

（1）电位比铅负的金属 Zn、Fe、Cd、Co、Ni 等，电解时随铅一道进入电解液，但由于它们具有比铅高的析出电位，且浓度极小，因此在阴极不致放电析出，但溶解时将增加电能和酸的消耗。

（2）电位比铅正的杂质 As、Sb、Bi、Cu、Au、Ag 等，电解时一般不溶解，而留在阳极泥中，阳极泥是回收贵金属的原料。为了造成具有一定附着强度的阳极泥层，铅电解的阳极必须含 0.3%～1.0% 的锑。而铋和铜大多会使阳极泥坚硬致密，这也是不希望发生的。

（3）电位与铅很接近的 Sn，它能与铅一道在阳极溶解进入电解液，又能与铅一道在阴极上析出。因此，粗铅中的锡不能通过电解精炼法除去，为除去电铅中的锡，一般采用氧化精炼法。

铅电解工厂电极与电解槽间的电路连接多采用复联式，即电解槽彼此串联，而电解槽中的阴阳极为并联。电解槽过去一般用内衬沥青的钢筋混凝土制成，现多采用塑料及玻璃钢制作。

电解液组成为：Pb 60～120g/L，游离 H_2SiF_6 60～100g/L，总酸（SiF_6^{2-}）100～190g/L，此外还含有少量金属杂质和添加剂。电解液温度通常为 303～323K，温度太高，硅氟酸分解加快，电解液的蒸发损失增大；温度太低，则电解液电阻增大。电解液循环速度取决于电流密度和阳极成分。当阳极成分一定时，循环速度应随电流密度增大而增大。

电解液的组成和性质是影响槽电压的重要因素。阳极电解时间越长，附着在阳极上的阳极泥层越厚，则槽电压随之升高。因此，在电解过程中槽电压由最初的 0.35～0.4V，逐渐增加到 0.55～0.6V，甚至达到 0.7V。当槽电压超过 0.7V 时，便会引起杂质在阴、阳极上的放电，使电解液污染和阴极析出铅的质量下降。为了消除或减轻由于阳极泥层过厚而引起的槽电压升高现象，工厂通常采取二次或三次电解的方法，即在阳极周期内，将阳极取出刷去阳极泥层再进行电解。

铅电解厂所采用的电流密度为 100～240A/m^2。电流密度的选择决定于阳极杂质的含量和性质以及阴阳极操作周期。对含杂质高、操作周期长的阳极，宜选用较低的电流密度，反之选高电流密度。随着现代冶炼技术的发展，铅电解的发展方向朝着高电流密度、大极板方向发展。

电解液中加入胶质或其他添加剂，可以改善电解过程和提高析出铅的质量。

在电解过程中，随电解的进行，电解液中的铅离子是逐渐增加的，而游离硅氟酸则逐渐下降。为了保持电解液成分的稳定，需要定期向电解液中补充新的硅氟酸，同时脱除电解液中过剩的铅离子。脱铅方法有两种：一是抽出部分电解液，向其中加入适量硫酸，使其中的铅离子变成硫酸铅沉淀；另一种方法是采用石墨作阳极，纯铅作阴极的电解法脱铅。

当阳极质量较差时，铅离子浓度随铅电解的进行会下降，需补加铅，工业上常加入黄丹（PbO）。

复习思考题

2-1　硫化铅精矿烧结焙烧的目的是什么？
2-2　硫化铅精矿烧结焙烧有哪些常见设备？
2-3　鼓风炉还原熔炼各组分的行为是什么？
2-4　粗铅除铜的方法有哪些？
2-5　描述氧化精炼除砷、锑和锡的工艺过程。
2-6　铅电解精炼原理是什么？
2-7　分析降低铅电解能耗的途径。

3 锌 冶 炼

学习目标：

（1）掌握硫化锌精矿焙烧的目的及焙烧时各组分的行为。

（2）了解硫化锌精矿沸腾焙烧的原理。

（3）掌握锌焙砂浸出的原则流程和锌焙砂各组分在浸出时的行为，掌握浸出液除铁的常用方法（包括黄钾铁矾法、针铁矿法和赤铁矿法等）及反应原理和各自的优缺点。

（4）了解锌氧化矿常用的浸出方法及除杂方法，掌握硫酸锌溶液电沉积的电极反应，了解电流效率的影响因素。

（5）掌握火法炼锌的基本原理，了解常用火法炼锌设备及工作特点。

3.1 概 述

3.1.1 锌的物理化学性质

锌（Zn）在元素周期表中为第四周期 II_B 族元素，原子序数为 30，相对原子质量为 65.38，密度为 $7.14\mathrm{g/cm^3}$。纯锌是银白色略带蓝灰色的金属，断面有金属光泽，晶体结构为密排六方晶格。

锌在熔点（419.5℃）附近的蒸气压很小，液体锌蒸气压随温度的升高急剧增大，这是火法炼锌的基础。在不同温度下锌的蒸气压见表 3-1。

表 3-1 锌的蒸气压

温度/K	692.5	773	973	1180	1223
蒸气压/Pa	21.9	188.9	8151.1	101325	150439.1

在室温下锌很脆，布氏硬度为 7.5。加热到 373~423K 时锌变软，延展性变好，可压成 0.05mm 的薄片，或拉成细丝。当加热到 523K 时则失去延展性而变脆。

锌具有较好的抗腐蚀性能，常温干燥空气条件下，不会被氧化。但与含有 CO_2 的湿空气接触时表面生成一层灰白色致密的碱式碳酸锌薄膜，保护内部锌不再被腐蚀。锌在空气中很难燃烧，在氧气中发出强烈白光。锌在熔融时与铁形成化合物，冷却后保留在铁表面，使铁免受侵蚀。锌易溶于盐酸、稀硫酸和碱性溶液中。锌的主要化合物有硫化锌、氧化锌、硫酸锌和氯化锌。

3.1.2 锌的用途

锌的最大用途是镀锌，其用量约占总耗锌量的 40% 以上，其次是用于制造各种牌号的黄铜，约占总耗锌量的20%，压铸锌约占15%，其余20%~25%主要用于制造各种锌基合金、干电池、氧化锌、建筑五金制品及化学制品等。锌广泛应用于航天、汽车、船舶、钢铁、机械、建筑、电子及日用工业等行业。锌的氧化物多用于橡胶、陶瓷、造纸、颜料等工业，氯化锌用做木材的防腐剂，硫酸锌用于制革、纺织和医药等工业。

3.1.3 锌的资源

锌在地壳中的平均含量为0.005%。据美国地质局统计，2006年世界锌资源量约为19亿吨，储量为2.2亿吨，储量基础4.6亿吨。储量较多的国家有澳大利亚、中国、美国、加拿大、秘鲁和墨西哥等。我国锌矿储量居世界第一位，保有储量为0.84亿吨。

自然界中未发现有自然锌。锌矿石按其所含的矿物种类的不同可分为硫化矿和氧化矿两类。在硫化矿中，锌主要以闪锌矿（ZnS）或铁闪锌矿（$nZnS \cdot mFeS$）的形态存在，在氧化矿中，锌多以菱锌矿（$ZnCO_3$）和异极矿（$Zn_2SiO_4 \cdot H_2O$）的形态存在。自然界中，锌的氧化矿一般是次生的，是硫化锌矿长期风化的结果。目前，炼锌的主要原料是硫化矿。

锌的矿物以硫化矿最多，单一硫化矿极少，多与其他金属硫化矿伴生形成多金属矿，有铅锌矿、铜锌矿、铜锌铬矿。这些矿物除含有主要矿物铜、铅、锌外，还常含有银、金、砷、锑、铜、铟、锗等有价金属。硫化矿含锌约为8.8%~17%，氧化矿含锌约为10%，而冶炼要求锌精矿含锌大于45%，因此一般采用优先浮选法对低品位多金属含锌矿物进行选矿，得到符合冶炼要求的各种金属的精矿。

氧化锌矿的选矿比较困难，目前的应用多以富矿为对象，一般将氧化锌矿经过简单选矿进行少许富集，或用回转窑或烟化炉挥发处理，以得到富集的氧化锌物料。含锌品位较高的氧化矿（30%~40%Zn）可以直接冶炼。

此外，炼锌原料有含锌烟尘、浮渣和锌灰等。氧化锌烟尘主要有烟化炉烟尘和回转窑还原挥发的烟尘。

3.1.4 锌的冶炼方法

炼锌方法较多，归纳起来分为火法和湿法两大类。火法炼锌有鼓风炉、竖罐、平罐、电炉等方法。鼓风炉法炼锌自20世纪50年代在工业上被采用以来有了一定发展，此法具有适于处理铅锌混合精矿直接生产铅锌的特点。竖罐炼锌由于能耗高和环境污染等问题难以克服，其竞争力不强。平罐炼锌法已几乎被淘汰，总之，火法炼锌的前景远不如湿法炼锌好。目前主要的火法炼锌产锌量占锌总产量的10%左右。新建炼锌厂很少采用火法工艺流程。

湿法炼锌包括传统的湿法炼锌和全湿法炼锌两类。湿法炼锌由于资源综合利用好、单位能耗相对较低、对环境友好程度高，是锌冶金技术发展的主流，到20世纪80年代初其产量约占世界锌总产量的80%。传统的湿法炼锌实际上是火法与湿法的联合流程，是第一次世界大战期间发展起来的炼锌方法，包括焙烧、浸出、净化、电积和熔铸5个主要过程。全湿法炼锌是在硫化锌精矿直接加压浸出的技术基础上形成的，于20世纪90年代开始应用于工业生产。该工艺省去了传统湿法炼锌工艺中的焙烧和制酸工序，锌精矿中的硫以元素硫的形式富集在浸出渣中另行处理。

火法炼锌和传统湿法炼锌的原则工艺流程分别如图 3-1 和图 3-2 所示。

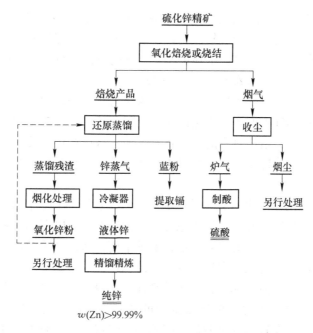

图 3-1 火法炼锌工艺流程

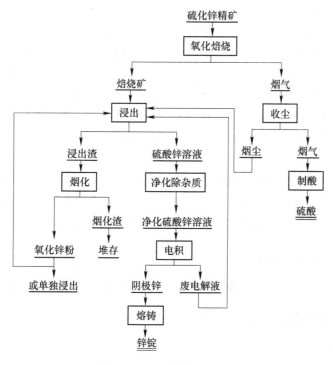

图 3-2 湿法炼锌工艺流程

3.2 硫化锌精矿的焙烧

从硫化锌精矿中提取锌，除氧压浸出—电沉积流程外，无论采用火法还是湿法工艺，硫化锌精矿都必须经过焙烧脱硫变成氧化物，以适应下一步冶炼的需要。

硫化锌精矿的焙烧过程是在高温下借助于空气中的氧而进行的氧化过程：

$$2ZnS + 3O_2 \Longrightarrow 2ZnO + 2SO_2$$

焙烧的根本目的在于将精矿中的硫化锌尽量氧化为氧化锌，同时尽量脱除对后续工艺有害的杂质。为便于将烟气中所含二氧化硫制成硫酸，还要产出有足够浓度的二氧化硫烟气。根据后续工艺的不同，焙烧过程的特点各有不同。从焙烧产物形态来看，焙烧分为粉状焙烧和烧结焙烧。湿法炼锌用前者，鼓风炉炼锌用后者，竖罐炼锌则用粉状沸腾焙烧—制团法。

湿法炼锌要求把硫化锌转化为氧化锌，因为一般情况下稀硫酸溶液无法浸出硫化锌，除非在有合适氧化剂的特殊条件下。湿法炼锌的一大特点在于电沉积过程产生的稀硫酸溶液可以返回浸出工序，使氢离子的再生和消耗实现平衡，从而实现溶液的闭路循环。从原则上来讲，浸出时所消耗的硫酸可在硫酸锌的电沉积过程中得到等量再生，即浸出所需的酸可全部由废电解液提供，但实际中，由于酸雾挥发，浸出渣中含有某些不溶硫酸盐等会造成酸的损失，因此需要在焙烧矿中保留少量的硫酸盐，以补充酸的损失。从生产实践看，锌焙烧烟尘中普遍含有较高的硫酸盐，因此湿法炼锌工厂一般都采用较高的焙烧温度（900～1000℃）进行全氧化焙烧，以强化焙烧过程。

此外，湿法炼锌还要求焙烧过程脱除部分砷、锑等杂质，尽可能减少铁酸锌和硅酸锌的生产量，并要求获得细小颗粒的焙烧产品。

火法炼锌要求在焙烧过程中尽可能使硫化物全部转化为氧化物，尽可能脱硫，即死焙烧。这是因为火法炼锌是在强还原气氛中使氧化锌被 CO 还原为金属锌，在现有工艺条件下硫化锌是不能被还原成金属锌的。按质量计，一份硫要结合两份锌，则焙烧矿中残硫含量越高，锌入渣的损失越大。一般死焙烧产出的焙烧矿含硫小于 1.0%。

另外，火法炼锌要求在焙烧过程中将精矿中易挥发的砷、锑、铅、镉等杂质以挥发性的硫化物或氧化物形式除去，以便在还原蒸馏时得到较高质量的锌锭。富集了铅、镉的焙烧烟尘则可作为提取铅、镉的原料。

鼓风炉炼锌同时处理含锌和铅的精矿，对原料适应性广。原料通过烧结机进行焙烧，既要脱硫、脱除挥发性杂质、结块，还要控制铅的挥发。精矿中铜含量较高时，要适当残留一部分硫，以便在熔炼中制造冰铜。原料的烧结还要求获得具有足够强度和多孔的烧结块。

无论是火法炼锌还是湿法炼锌，尽管锌精矿的后续工艺多种多样，对焙烧过程的要求也不尽相同，但近年的趋势是尽可能提高焙烧温度，强化生产过程，降低焙烧残硫率。

3.2.1 硫化锌精矿焙烧时各成分的行为

3.2.1.1 硫化锌

硫化锌以闪锌矿或铁闪锌矿（$mZnS \cdot nFeS$）的形式存在于锌精矿中。焙烧时硫化锌进行下列反应：

$$2ZnS + 3O_2 =\!=\!= 2ZnO + 2SO_2 \tag{3-1}$$
$$ZnS + 2O_2 =\!=\!= ZnSO_4 \tag{3-2}$$
$$2SO_2 + O_2 =\!=\!= 2SO_3 \tag{3-3}$$
$$ZnO + SO_3 =\!=\!= ZnSO_4 \tag{3-4}$$

　　焙烧开始时，进行反应（3-1）与反应（3-2），反应产生 SO_2 之后，在有氧的条件下又被氧化成 SO_3。反应式（3-3）是可逆的，低温时（773K）由左向右进行，即 SO_2 氧化为 SO_3，在较高温度（873K 以上）时，该反应由右向左进行，即 SO_3 分解为 SO_2 与氧。反应式（3-4）表明，在有 SO_3 存在时氧化锌可以形成硫酸锌，此反应也是可逆的。硫酸锌生成的条件及数量，取决于焙烧温度及气相成分，即温度低、SO_3 浓度高时，形成的硫酸锌就多，当温度高、SO_3 浓度低时，硫酸锌发生分解，趋向于形成氧化锌。调节焙烧温度和气相成分，就可以在焙砂中获得所需的氧化物或硫酸盐。

　　硫化锌在焙烧过程中受热时不分解，仍保持紧密状态，使气体透过困难，同时，焙烧所得氧化锌的密度较硫化锌小，所占体积较大，完全地包裹硫化锌核心，使氧扩散到硫化锌表面也很困难。因此，硫化锌是较难焙烧的一种硫化物。

3.2.1.2　硫化铅

　　硫化铅是铅在硫化锌精矿中存在的矿物形式。硫化铅也是比较紧密的硫化物，被氧化的速率很慢。

3.2.1.3　硫化铁

　　硫化铁通称为黄铁矿，它是锌精矿中常有的成分。焙烧时在较低的温度下即发生热分解，反应为：

$$2FeS_2 =\!=\!= 2FeS + S_2$$

也按下列反应生成氧化物：

$$4FeS_2 + 11O_2 =\!=\!= 2Fe_2O_3 + 8SO_2$$
$$3FeS + 5O_2 =\!=\!= Fe_3O_4 + 3SO_2$$

　　焙烧结果是得到 Fe_2O_3 与 Fe_3O_4，两者数量之比随温度改变而有所不同。由于 FeO 在焙烧条件下继续被氧化以及硫酸铁很容易分解，故可以认为焙烧产物中没有或极少有 FeO 与 $FeSO_4$ 存在。

3.2.1.4　硅酸盐的生成

　　硫化锌精矿中脉石常含有游离状态的二氧化硅和各种结合状态的硅酸盐，二氧化硅量有时达到 2%~8%。二氧化硅与氧化铅接触时，形成熔点不高的硅酸铅（$2PbO \cdot SiO_2$），促使精矿熔结，妨碍焙烧进行。熔融状态的硅酸铅可以溶解其他金属氧化物或其硅酸盐，形成复杂的硅酸盐。二氧化硅还易与氧化锌生成硅酸锌（$2ZnO \cdot SiO_2$），硅酸锌和其他硅酸盐在浸出时虽容易溶解，但二氧化硅变成胶体状态，对澄清和过滤不利。

　　为了减少焙烧时硅酸盐的形成，对入炉精矿中的铅、硅含量有严格控制。除注意操作外，还应从配料方面使各种不同精矿按比例混合得到含铅与二氧化硅尽可能少的焙烧物料。硅酸盐的生成对火法炼锌来说，不致造成生产上的麻烦，无需特别注意。

3.2.1.5　铁酸锌的生成

　　当温度在 873K 以上时，焙烧硫化锌精矿生成的 ZnO 与 Fe_2O_3 按以下反应形成铁酸锌：

$$ZnO + Fe_2O_3 \Longrightarrow ZnO \cdot Fe_2O_3$$

在湿法浸出时，铁酸锌不溶于稀硫酸，留在残渣中而造成锌的损失。因此，对于湿法炼锌厂来说，力求在焙烧中避免生成铁酸锌，尽量提高焙烧产物中的可溶锌率，可采用下列措施：

（1）加速焙烧作业，缩短反应时间，以减少在焙烧温度下 ZnO 与 Fe$_2$O$_3$ 颗粒的接触时间。

（2）增大炉料的粒度，以减小 ZnO 与 Fe$_2$O$_3$ 颗粒的接触的面积。

（3）升高焙烧温度并对焙砂进行快速冷却，能有效地抑制铁酸锌生成。

（4）将锌焙砂进行还原沸腾焙烧，用 CO 还原铁酸锌，由于其中的 Fe$_2$O$_3$ 被还原，破坏了铁酸锌的结构而将 ZnO 析出。

硫化锌精矿的焙烧是一个复杂过程。焙烧作业的速度、温度及气氛控制受多种因素的影响。国内外的工业实践表明，传统湿法炼锌工艺要求精矿含铁不能太高，一般为 5%~6%。含铁过高在焙烧时将生成铁酸锌，影响锌的浸出效果，即使采用高温高酸浸出及新型除铁工艺等措施，也会使工艺流程复杂和不可避免地造成锌的损失。

3.2.2 硫化锌精矿的沸腾焙烧

硫化锌精矿的焙烧，目前广泛采用沸腾焙烧，只有个别工厂仍采用多膛炉焙烧和悬浮焙烧。沸腾焙烧是一种强化焙烧过程。其实质是使空气自下而上地吹过固体炉料层，使固体颗粒互相分离，不停地上下运动，其状类似水的沸腾。此时的传热传质都处于最佳状态。沸腾焙烧所用设备简单，易于实现自动化控制，因此被各国广泛采用。

按流态化床断面形状，沸腾焙烧炉分为圆形和矩形两类。圆形沸腾焙烧炉的炉体结构强度大，空气分布较均匀，得到广泛应用。矩形炉子经长期使用表明，生产效果和结构都不如圆形炉子好。

圆形沸腾炉按炉膛形状分为扩大型和直筒型两种。由于扩大型炉膛能降低炉内气流速度，减少烟尘率和改善烟尘质量，因此被普遍采用，扩大型沸腾炉如图 3-3 所示。

沸腾焙烧炉结构比较简单，主要包括内衬耐火材料的钢壳炉身、装有风帽的空气分布板、炉顶、风箱及加料前室等。

空气分布板即炉床，是沸腾炉最重要的部分，其结构及其工作状况在很大程度上决定了沸腾焙烧过程的顺利进行程度、产品质量、炉子生产率及炉子的寿命。空气分布板应耐高温和耐腐蚀，能承受物料重量。通常用耐热混凝土浇灌在 14~30mm 厚的炉底钢板上，

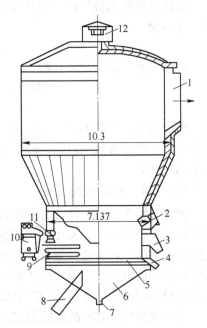

图 3-3 扩大型沸腾焙烧炉

1—排气道；2—烧油嘴；3—焙砂溢流口；4—底卸料口；5—空气分布板；6—风箱；7—风箱排放口；8—进风管；9—冷却管；10—高速皮带；11—加料孔；12—安全罩

混凝土层厚200~300mm。

沸腾炉的大小用炉床面积来表示。目前世界上较大的沸腾炉，日处理800t左右锌精矿，面积123m²。沸腾炉生产率一般为6~8t/(m²·d)。

风帽排列方式有同心圆式、等边三角形式和正方形式。风帽排列密度一般为35~70个/m²。孔眼率即风帽孔眼总面积与炉床面积之比，其值一般为0.7%~1.1%。风帽有菌形、伞形、锥形等。风帽孔眼有侧孔式、直通式和密孔式等，锌精矿焙烧多采用侧孔式菌形风帽。

在焙烧实践中，根据下一步工序对焙砂的要求不同，沸腾焙烧分别采用高温氧化焙烧和低温部分硫酸化焙烧两种不同的操作。

(1) 高温氧化焙烧。采用高温氧化焙烧主要是为了获得适于还原蒸馏的焙砂。除了把精矿含硫脱除至最低限度外，还要把精矿中铅、镉等主要杂质脱除大部分，以便得到较好的还原指标。高温焙烧主要是利用铅、镉的氧化物和硫化物的挥发性大以及硫酸锌分解的特性来除去杂质。在沸腾层中硫、铅、镉的脱除主要决定于焙烧温度。生产实践表明，在过剩空气量为20%的条件下，随沸腾层温度的升高，焙烧矿中硫、铅、镉的含量降低。在固定温度1363K的条件下，减少过剩空气量，也可以提高铅、镉的脱除率，而且对硫的脱除率没有很大的影响。这是由于在沸腾层内激烈搅拌造成良好的传质条件，使硫得以很好地烧去，同时硫化铅和硫化镉较其氧化物容易挥发。但是，沸腾焙烧温度的升高受到精矿烧结成块的限制，因此高温氧化焙烧时以采用1343~1373K温度为适宜。

(2) 低温部分硫酸化焙烧。这种焙烧主要是为了得到适合传统湿法炼锌浸出用的焙砂。这种焙砂要求含一定数量的硫酸盐形态的硫(2%~4%，可溶性硫)，为了保证在脱除大部分硫的同时又能获得一定数量的硫酸盐形态的硫，沸腾层焙烧温度不能像高温焙烧那样高，沸腾层焙烧温度一般采用1123~1173K。强化沸腾焙烧的措施有高温沸腾焙烧、富氧空气沸腾焙烧、制粒、利用二次空气或贫SO_2烧结烟气焙烧、多层沸腾炉焙烧等。

3.2.3 硫化锌精矿的烧结焙烧

硫化锌精矿的烧结焙烧是在直线型烧结机上进行死焙烧，以获得适合蒸馏法炼锌或鼓风炉炼锌的烧结块，其目的是利用空气通过烧结机上的料层，在较高温度(1200~1300℃)下尽可能除尽硫，同时也除去对蒸馏有害的杂质砷、铅、镉。

在烧结焙烧过程中，铅的去除率约为75%，镉的去除率约为95%。炉料中加入少量的食盐或氯化钙，可以使铅与镉变为较易挥发的氯化物而除去。

烧结焙烧一般有吸风烧结和鼓风烧结两种方法。对鼓风炉炼锌来说，因炉料中常含有较多的铅，因此采用鼓风烧结。鼓风炉炼锌时，炉料中要加入熔剂，使烧结矿烧结成较大的块料并具有较高的强度，并且要求烧结块中铅含量不大于20%。

若原料铜含量较高，应在烧结块中保留部分硫，使铜以Cu_2S的形式进入铅冰铜，减轻产出高铜粗铅而熔炼困难的问题，减少铜随渣的损失。

为提高炉料的透气性，在烧结焙烧锌精矿时可采取以下措施：用预先焙烧的方法加大精矿的粒度；在圆筒内混合加湿料，加大精矿的粒度，水分蒸发后还可留有孔隙，增大透气性；加入返料；在小车底上铺一薄层较大粒的烧结矿。

3.3　湿　法　炼　锌

　　湿法冶金是在低温（25～250℃）及水溶液中进行的一系列冶金作业过程。在湿法炼锌中，以稀硫酸溶液溶解含锌物料中的锌，使锌尽可能全部溶入溶液中，得到硫酸锌溶液，然后对此溶液进行净化以除去溶液中的杂质，再从硫酸锌溶液中电解沉积出锌，最后电解析出的锌熔铸成锭。

3.3.1　锌焙砂的浸出

　　浸出工序是湿法炼锌过程中液、固两相的主要出入口，电解后的废液连续流入，所产出的硫酸锌溶液又不断输出，构成庞大的溶液循环回路。固相的转运，即含锌物料的输入和浸出残渣的排出也主要发生在这个工序。

　　工业浸出过程是多种多样的，在步骤上有一段到四段之分，在浸出条件上有低温和高温、低酸和高酸、常压和高压之别。浸出工艺流程及条件的选择，在很大程度上决定着整个湿法炼锌过程的主要技术经济指标。

3.3.1.1　锌焙砂浸出的原则流程

　　锌焙砂浸出是以稀硫酸溶液去溶解焙砂中的氧化锌。作为熔剂的硫酸溶液实际上是来自锌电解车间的废电解液。

　　锌焙砂浸出分中性浸出和酸性浸出两个阶段。常规浸出流程采用一段中性浸出和一段酸性浸出或两段中性浸出的复浸出流程。锌焙砂首先用来自酸性浸出阶段的溶液进行中性浸出，中性浸出的实质是用锌焙砂去中和酸性浸出溶液中的游离酸，控制一定的酸度（pH＝5.2～5.4），用水解法除去溶解的杂质（主要是 Fe、Al、Si、As、Sb），得到的中性溶液经净化后送去电积回收锌。

　　中性浸出仅有一部分 ZnO 溶解，锌的浸出率为75%～80%，因此浸出残渣中还含有大量的锌，必须用含酸浓度较大的废电解液（含100g/L 左右的游离酸）进行二次酸性浸出。酸性浸出的目的是使浸出渣中的锌尽可能完全溶解，进一步提高锌的浸出率，同时还要得到过滤性能良好的矿浆，以利于后一步进行固液体分离。为避免大量杂质同时溶解，终点酸度一般控制在硫酸浓度为 1～5g/L。

　　经过两段浸出，锌的浸出率为85%～90%，渣中含锌约20%。为了提高锌的回收率，需采用火法或湿法对浸出渣进行处理以回收其中的锌。火法一般采用回转窑还原挥发法，得到的 ZnO 粉再用废电解液浸出。湿法主要采用热酸浸出，就是将中性浸出渣进行高温高酸浸出，在低酸中难以溶解的铁酸锌以及少量其他尚未溶解的锌化合物得到溶解，进一步提高锌的浸出率。采用热酸浸出，可使整个湿法炼锌流程缩短，生产成本降低，并获得含贵金属的铅银渣，各种铁渣容易过滤洗涤，但锌焙砂中的铁也大量溶解进入溶液中，溶液中铁含量可达 20～40g/L。

　　锌焙砂浸出的一般工艺流程和热酸浸出流程如图 3-4 和图 3-5 所示。

3.3.1.2　锌焙砂各组分在浸出时的行为

　　A　锌的化合物

　　氧化锌是焙烧矿的主要成分，浸出时与硫酸作用，是浸出过程中的主要反应：

$$ZnO + H_2SO_4 \Longrightarrow ZnSO_4 + H_2O$$

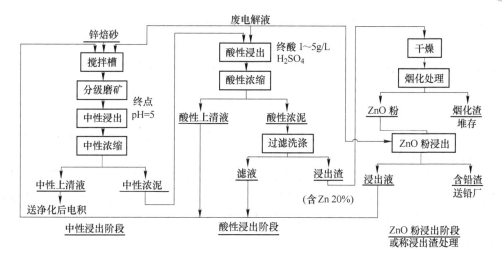

图 3-4 锌焙砂浸出的一般流程

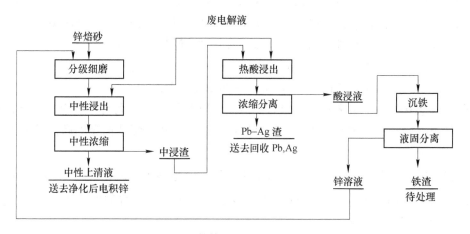

图 3-5 锌焙砂热酸浸出的流程

硫酸锌很容易溶于水,溶解时放出溶解热,溶解度随温度升高而增加。

铁酸锌($ZnO \cdot Fe_2O_3$)在通常的工业浸出下(温度 $333 \sim 343K$,终点酸度为 $1 \sim 5g/L$ 硫酸),浸出率一般只有 $1\% \sim 3\%$,这说明相当数量与铁结合着的锌仍将保留在残渣中。采用高温高酸浸出,铁酸锌可按以下反应溶解:

$$ZnO \cdot Fe_2O_3 + 4H_2SO_4 =\!=\!= ZnSO_4 + Fe_2(SO_4)_3 + 4H_2O$$

与此同时,大量的铁进入溶液。因此,采用此法时必须首先解决溶液的除铁问题。

硫化锌仅能在热浓硫酸中按如下反应溶解:

$$ZnS + H_2SO_4 =\!=\!= ZnSO_4 + H_2S$$

在浸出槽内由于自由酸首先与 ZnO 反应,故这个反应实际上意义不大。硫化锌在实际浸出过程中基本不溶解而进入浸出渣中。

B 铁的氧化物

铁在锌焙砂中主要呈高价氧化物 Fe_2O_3 状态存在,也有少量的呈低价形态。Fe_2O_3 在中

性浸出时不溶解,但酸性浸出时,部分地按如下反应进入溶液:

$$Fe_2O_3 + 3H_2SO_4 == Fe_2(SO_4)_3 + 3H_2O$$

中性浸出时,焙烧矿中的铁约有 $10\% \sim 20\%$ 进入溶液,溶液中存在 Fe^{2+} 和 Fe^{3+} 两种铁离子。

C　铜、镉、钴氧化物

铜、镉、钴氧化物是锌精矿中的主要杂质。在焙砂中大多呈氧化物形态存在,酸性和中性浸出时很容易溶解,生成硫酸盐进入溶液。

一般来说,焙砂中铜、镉、钴的含量都不很高,因而它们在浸出液中的浓度也都比较低。在某些特殊情况下,精矿含铜比较高时,在酸性浸出时进入浸出液的铜,到了中性浸出阶段又会部分水解析出,并且浸出液的含铜量将由中性浸出终点 pH 值所决定,pH 值越高,溶液含铜量就会越低。

D　砷和锑的化合物

焙烧时精矿中的砷和锑有部分呈低价氧化物 As_2O_3 和 Sb_2O_3 挥发。高价氧化物 As_2O_5 和 Sb_2O_5 与炉料中的各种碱性氧化物如 FeO、ZnO、PbO 尤其是 CaO 结合,形成相应的砷酸盐和锑酸盐留在焙砂中。各种砷酸盐和锑酸盐都容易和硫酸按如下方式反应:

$$FeO \cdot As_2O_5 + 2H_2O + H_2SO_4 == FeSO_4 + 2H_3AsO_4$$
$$FeO \cdot Sb_2O_5 + 2H_2O + H_2SO_4 == FeSO_4 + 2H_3SbO_4$$

砷酸和锑酸在溶液中会离解,但只有当溶液中氢离子浓度较大时才发生,因此,在工业浸出条件下,砷和锑在浸出液中主要以络阴离子存在,很少形成简单的高价阳离子。

E　金与银

金在浸出时不溶解,完全留在浸出残渣中。银在锌焙砂中以硫化银(Ag_2S)与硫酸银($AgSO_4$)的形态存在。硫化银不溶解,硫酸银溶入溶液中,溶解的银与溶液中的氯离子结合为氯化银沉淀进入渣中。

F　铅与钙的化合物

铅的化合物在浸出时呈硫酸铅($PbSO_4$)和其他铅的化合物(如 PbS)留在浸出残渣中。钙常以氧化物和碳酸盐含于焙砂中,浸出时按如下反应生成硫酸钙:

$$CaO + H_2SO_4 == CaSO_4 + H_2O$$
$$CaCO_3 + H_2SO_4 == CaSO_4 + CO_2 + H_2O$$

$CaSO_4$ 微溶,实际上不进入溶液,而是进入浸出渣中,消耗硫酸。

G　二氧化硅

在焙砂中二氧化硅一般呈游离状态(SiO_2)和结合状态硅酸盐($MeO \cdot SiO_2$)存在。在浸出过程中游离的二氧化硅不会溶解,而硅酸盐则在稀硫酸溶液中部分溶解,如硅酸锌可按如下反应溶解进入溶液中:

$$2ZnO \cdot SiO_2 + 2H_2SO_4 == 2ZnSO_4 + SiO_2 + 2H_2O$$

生成的二氧化硅不能立即沉淀而呈胶体状态存在于溶液中,使浓缩与过滤发生困难。中性浸出时,随着溶液温度和酸度降低,硅酸将凝聚起来,并随同某些金属的氢氧化物(氢氧化铁)一起发生沉淀,pH 值为 $5.2 \sim 5.4$ 时沉淀得最完全。因此,在中性浸出阶段,不仅某些金属杂质的盐类能发生水解沉淀从溶液中除去，而且硅酸发生凝聚和沉淀也可从溶液中除去。溶液中硅酸含量可降到 0.2 ~ 0.3g/L。

为了加速浸出矿浆的澄清与过滤，提高设备生产率，在湿法冶金中常使用各种絮凝剂。我国各湿法炼锌厂采用的国产三号絮凝剂，是一种人工合成的聚丙烯酰胺聚合物，其凝聚效果良好。锌焙砂中性浸出时，加入 5 ~ 20g/L 三号絮凝剂，可提高其沉降速度12 倍。

3.3.1.3 锌焙砂浸出的生产实践

湿法炼锌常压浸出采用浸出槽，根据搅拌方式的不同分为空气搅拌槽与机械搅拌槽两种。浸出槽一般用混凝土或钢板制成，内衬耐酸材料。浸出槽的容积一般为 50 ~ 100m³。目前趋向大型化，120 ~ 400m³ 的大槽已在工业上应用。

锌焙砂浸出的实际操作各厂不一样。一般中性浸出所用的溶液含有 100 ~ 110g/L Zn与 1 ~ 5g/L H_2SO_4。开始浸出时，液固比为 10 ~ 15，浸出温度为 313 ~ 343K，整个浸出时间为 30 ~ 150min，终点 pH 值为 5.2 ~ 5.4。将 3 ~ 4 个空气搅拌槽串联起来，矿浆连续地由一个搅拌槽流入另一个搅拌槽。浸出过程中矿浆不需另外加热，依靠焙砂的热、放热反应的热以及溶解热，可使温度维持在 313 ~ 343K。

在中性浸出终了时，pH 值为 5.2 ~ 5.4，此时 Fe^{2+} 不水解，而 Fe^{3+} 则很易水解形成 $Fe(OH)_3$ 沉淀除去。为了使溶液中的铁在浸出终了时用中和水解法除去，需要将 Fe^{2+} 氧化成 Fe^{3+}。常用的氧化剂一般为二氧化锰（软锰矿或阳极泥），所以在浸出时向第一台搅拌槽内加入由电解锌时所获得的泥状二氧化锰。二氧化锰在酸性介质中使硫酸亚铁氧化，其反应为：

$$2FeSO_4 + MnO_2 + 2H_2SO_4 = Fe_2(SO_4)_3 + MnSO_4 + 2H_2O$$

在最后的搅拌槽内硫酸铁水解，形成氢氧化铁沉淀除去。反应中所产出的硫酸又被锌焙砂中的氧化锌和加入的石灰乳中和，总的反应可写为：

$$Fe_2(SO_4)_3 + 3ZnO + 3H_2O = 3ZnSO_4 + 2Fe(OH)_3$$

用中和法沉淀铁的同时，溶液中的 As、Sb 可与铁共同沉淀进入渣中。所以在生产实践中，如果溶液中 As、Sb 含量较高时，为使它们沉淀完全，使 As、Sb 降至 0.1mg/L 以下，必须保证溶液中有足够的铁离子，生产实践中一般控制 Fe 与 As + Sb 总量之比为 10 ~ 15。如果溶液中铁不足，必须补加 $FeSO_4$。

矿浆从最后的搅拌槽送入浓缩槽进行浓缩。由浓缩槽澄清的溶液就是中性硫酸锌熔液，此溶液送去净化以除去其中的杂质，然后电解。浓缩产物是浓稠矿浆状的中性浸出不溶残渣，送至酸性浸出槽进行酸性浸出。

酸性浸出的溶液是从电解槽内放出的电解液。浸出开始时矿浆中液固比约等于 10，而浸出结束时，由于部分的锌从固相进入溶液中，故液固比提高到 20。矿浆温度开始时是 313 ~ 323K，由于锌的化合物与硫酸之间的放热反应以及溶解热影响，使矿浆温度在酸性浸出结束时升高至 323 ~ 343K。酸性浸出的时间是 3 ~ 4h。酸性浸出的矿浆在浓缩槽内进行浓缩，澄清液送往中性浸出，而液固比约等于 2.5 ~ 4 的浓缩产物送往过滤，滤渣称为浸出渣，其中含锌约 20%，送烟化处理系统以回收锌。通常锌焙砂经过两段浸出的锌浸出率约 80%，而氧化锌粉（尘）的浸出率为 92% ~ 94%。

3.3.1.4　热酸浸出及铁的沉淀

在锌精矿的沸腾焙烧过程中，生成的 ZnO 与 Fe_2O_3 不可避免地会结合成铁酸锌（$ZnO \cdot Fe_2O_3$）。铁酸锌是一种难溶于稀硫酸的铁氧体，在一般的酸浸条件下不溶解，全部留在中性浸出渣中，使渣含锌在 20% 左右。根据铁酸锌能溶解于近沸的硫酸的性质，在生产实践中采用热酸浸出（温度为 363~368K，始酸浓度高于 150g/L，终酸 40~60g/L），使渣中铁酸锌溶解，其反应为：

$$ZnO \cdot Fe_2O_3 + 4H_2SO_4 \Longrightarrow Fe_2(SO_4)_3 + ZnSO_4 + 4H_2O$$

同时渣中残留的 ZnS 使 Fe^{3+} 还原成 Fe^{2+} 而溶解：

$$ZnS + Fe_2(SO_4)_3 \Longrightarrow 2FeSO_4 + ZnSO_4 + S$$

热酸浸出结果是铁酸锌的溶解率达到 90% 以上，金属锌的回收率显著提高（达到 97%~98%），铅、银富集于渣中，但大量铁也转入溶液中，溶液中铁含量可达 20~40g/L。若采用常规的中和水解除铁，因形成体积庞大的 $Fe(OH)_3$ 溶胶，无法浓缩与过滤。为从高铁溶液中沉淀除铁，根据沉淀铁的化合物形态不同，生产上已成功采用了黄钾铁矾（$KFe_3(SO_4)_2(OH)_6$）法、针铁矿（$FeOOH$）法和赤铁矿（Fe_2O_3）法等新的除铁方法。

A　黄钾铁矾法

黄钾铁矾法是目前国内外普遍采用的除铁方法，溶液中 90%~95% 的铁可以沉淀出来，残存的铁进一步以 $Fe(OH)_3$ 沉淀。当溶液中的铁以黄钾铁矾形式析出时，沉淀物为结晶态，易于沉降、过滤和洗涤。黄钾铁矾法的基本反应为：

$$2A(OH) + 10H_2O + 3Fe_2(SO_4)_3 \Longrightarrow 2AFe_3(SO_4)_2(OH)_6 + 5H_2SO_4$$

式中，A 为 Na、K 或 NH_4 等碱离子。

在控制溶液 pH 值为 1.1~1.5，温度为 363~368K，有 A 存在的条件下，能迅速生成黄钾铁矾沉淀，残留在溶液中的铁质量浓度为 1~3g/L。

生成铁矾的同时产生一定量硫酸，常用焙砂来中和，中和时溶液的铁也会发生反应而沉淀，但是焙砂中的铁酸锌不溶解而留在铁矾渣中。因此黄钾铁矾法要达到较高的锌浸出率，生产工艺流程就比较复杂。

实践证明，一价离子的加入量必须满足分子式 $AFe_3(SO_4)_2(OH)_6$ 所规定的原子比，既 A 与 Fe 原子比必须达到 1:3 方能取得较好的除铁效果。如果进一步增加一价离子的加入量，例如 A 与 Fe 原子比达到 2:3 或 1:1，则所获得的效果并不明显。

为了尽量降低溶液的铁含量，必须使黄钾铁矾的析出过程在较低酸度下进行。工业上高温高酸浸出时的终点酸度很高，一般达到 30~60g/L，因此，工业生产流程在高温高酸浸出之后，专门设置了一个预中和工序，使溶液的酸度从 30~60g/L 下降到 10g/L 左右，然后再加锌焙砂控制沉铁过程在 pH 值等于 1.5 左右进行。

黄钾铁矾的工业析出条件目前一般为 pH≤1.5、温度约为 363K 时，添加晶种可以加快其析出速度。

为提高其他金属的回收率和降低铁矾渣的污染，又发展出了低污染黄钾铁矾法和转化法。低污染黄钾铁矾法是在铁矾沉淀之前通过对含铁溶液的稀释及预中和等手段，降低沉矾前液的酸度或 Fe^{3+} 的浓度，避免在沉矾过程中加入焙砂中和剂，沉淀出纯铁矾渣。

转化法又称混合型黄钾铁矾法，其特点是在同一阶段完成铁酸锌的浸出和铁矾的沉淀，即将传统黄钾铁矾法流程中的热酸浸出、预中和及沉铁3个阶段在同一个工序完成，又称铁酸锌的一段处理法。转化法适宜处理含 Pb、Ag 低的锌精矿。

黄钾铁矾法的优点包括：铁矾是晶体，易于浓缩、过滤、洗涤，锌随渣损失少；除铁率可达 90%~95%，与生成 $Fe(OH)_3$ 或 Fe_2O_3 沉淀相比，生成的硫酸少，消耗中和剂少；铁矾中只含有少量 Na^+、K^+、NH_4^+ 等，试剂消耗少；铁矾带走少量的硫酸根，对硫酸有积累的电锌厂有利。

此法不足之处是铁矾渣含铁低且渣最大，随后的处理费用高。

B　针铁矿法

针铁矿法的反应式为：

$$ZnS + 3H_2O + 1/2O_2 + Fe_2(SO_4)_3 = ZnSO_4 + 2FeOOH + S + 2H_2SO_4$$

在较低酸度（pH = 3~5）、低 Fe^{3+} 浓度（低于 1g/L）和较高温度（353~373K）的条件下，浸出液中的铁可以呈稳定的化合物针铁矿析出。如果从含 Fe^{3+} 浓度高的浸出液中以针铁矿的形式沉铁，首先要将溶液中的 Fe^{3+} 用 SO_2 或 ZnS 还原成 Fe^{2+}，然后加 ZnO 调节 pH 值至 3~5，再用空气缓慢氧化，使其以针铁矿的形式析出。

针铁矿法包括 Fe^{3+} 的还原和 Fe^{2+} 的氧化两个关键作业。针铁矿沉铁的技术条件为：温度为 358~363K，pH 值为 3.5~4.5，分散空气，添加晶种，Fe^{3+} 初始浓度为 1~2g/L，时间为 3~4h，沉铁率可达 90%。

针铁矿沉铁法有两种实施方法，即 V·M 法（氧化-还原法）和 E·Z 法（部分水解法）。V·M 法是把含 Fe^{3+} 的溶液用过量 15%~20% 的锌精矿在 353~363K 下还原成 Fe^{2+} 状态，随后在 353~363K 以及相应 Fe^{2+} 状态下中和至 pH 值为 2~3，用空气氧化沉铁。E·Z 法是将浓 Fe^{3+} 的溶液与中和剂一道均匀地加入到加热且强烈搅拌的沉铁槽中，Fe^{3+} 的加入速度等于针铁矿沉铁速度，故溶液中 Fe^{3+} 的浓度低，得到组成为 $Fe_2O_3·0.64H_2O·0.2SO_3$ 的铁渣，称为类针铁矿。

针铁矿法沉铁主要优点为：铁沉淀较完全，沉铁后溶液中 Fe^{3+} 浓度低于 1g/L；FeOOH 是晶体，过滤性能好；在沉铁过程中不需要加入试剂。

其缺点为：除铁过程中要对 Fe^{3+} 还原和对 Fe^{2+} 氧化，过程操作复杂；针铁矿渣含有一些离子（如 SO_4^{2-}、Cl^- 等），有可能在渣存储时渗漏，造成污染。

C　赤铁矿法

当硫酸浓度不高时，在高温（453~473K）、高压（2000kPa）条件下，溶液中的 Fe^{3+} 会发生如下水解反应得到结晶状的赤铁矿（Fe_2O_3）沉淀：

$$3H_2O + Fe_2(SO_4)_3 = Fe_2O_3 + 3H_2SO_4$$

如果溶液中的铁呈 Fe^{2+} 形态，应使其氧化为 Fe^{3+}，产出的硫酸需用石灰中和。赤铁矿法的沉铁率可达 90%。

采用赤铁矿法沉铁，需有高温高压设备。如日本饭岛锌厂采用赤铁矿法，陈铁过程在衬钛的高压釜中进行，操作条件为：温度为 473K，压强为 1.7652~1.9613MPa，停留时间为 3h。沉铁率达到 90%，得到的铁渣含 Fe 58%~60%，是容易处理的炼铁原料。

由于上述三种除铁方法的研究成功，湿法炼锌在 20 世纪 60 年代以后有了较大发展。

3.3.1.5　氧化锌矿的浸出

氧化锌矿主要有菱锌矿、硅锌矿及异极矿，难以选矿富集。对于低品位的铅锌氧化矿，一般采用火法富集再湿法处理。对高品位的铅锌氧化矿及氧化锌精矿，可直接进行酸浸或碱浸（氨浸）。

由于氧化锌矿多为高硅矿，直接酸浸又往往产生硅酸胶体，使矿浆难以澄清分离和影响过滤速度。因此在生产中一般采用将矿浆快速中和至 pH 值为 4.5 ~ 5.5，提高浸出温度，添加 Al^{3+}、Fe^{3+} 或在 343 ~ 363K 下进行反浸出的措施。

氨浸是以氨或氨与铵盐为浸出剂，在净化过程中，因体系呈弱碱性，铜、钴、镉、镍等金属杂质均易被锌粉置换除去。

采用氨浸法处理含锌物料回收有价金属，具有原料适应性广、工艺流程短、净化负担轻、环境污染小、产品品种多等特点。

3.3.1.6 硫化锌精矿的氧压浸出

传统的湿法炼锌实质上是湿法和火法的联合过程，只有硫化锌精矿直接酸浸工艺，才是真正意义上的全湿法炼锌工艺。

硫化锌精矿的氧压浸出是将硫化锌精矿不经焙烧，在高压釜内充氧高温（413 ~ 433K）高压（350 ~ 700kPa）下加入废电解液，使硫化物直接转化为硫酸盐和元素硫的工艺过程。主要反应如下：

$$ZnS + H_2SO_4 + 1/2O_2 \Longrightarrow S + ZnSO_4 + H_2O$$

此工艺克服了"焙烧—浸出—电积"流程的工艺复杂、流程长、SO_2 烟气污染等缺点，具有对环境污染小、硫以元素硫回收、锌回收率高、工艺适应性好的优点，是一种具有发展潜力的工艺。

硫化锌精矿的主要矿物形态有高铁闪锌矿（$(Fe, Zn)S$）、磁黄铁矿（FeS）、方铅矿（PbS）、黄铜矿（$CuFeS_2$）等，浸出时析出元素硫并生成硫酸盐。Fe^{2+} 可被进一步氧化成 Fe^{3+} 计，Fe^{3+} 可加速硫化锌的分解。

为了提高浸出过程的反应速度，要求精矿的粒度应有 98% 小于 $44\mu m$，同时需加入木质磺酸盐（约 0.1g/L）破坏精矿粒表面上包裹的硫。

硫化锌精矿氧压酸浸的浸出温度一般为 423K，氧分压为 700kPa，浸出时间约 1h。锌的浸出率可达 98% 以上，硫的回收率约 88%，经浮选或热过滤可得含硫 99.9% 以上的元素硫产品。

3.3.2 硫酸锌浸出液的净化

锌焙烧矿经过中性浸出所得的硫酸锌溶液含有许多杂质，这些杂质的含量超过一定程度将对锌的电积过程带来不利影响。因此，在电积前必须对溶液进行净化，将浸出过滤后的中性上清液中的有害杂质除至规定的限度以下，以保证电积时得到高纯度的阴极锌及最经济地进行电积，并从各种净化渣中回收有价金属。

中性上清液中的杂质可分为三类：

（1）As、Sb、Ge、Fe、SiO_2。它们在中性浸出时已经被大部分除去。

（2）Cu、Cd、Co、Ni。电解液中存在此类离子的话会显著降低电流效率并影响电锌质量，此类杂质为常规重点脱除对象，脱除后还具有相当高的回收价值。其净化主要采用多段锌粉置换法，同时加入一些添加剂，如砒霜和锑盐。其工艺根据温度的变化分为正向和逆向，温度从高到低为正向，反之为逆向。

（3）F、Cl、Ca、Mg。过高浓度的 F 会造成电积时阴极剥锌困难；Cl 浓度过高会腐蚀锌电积阳极，恶化环境；而高浓度的 Ca、Mg 会增大电解液电阻，并在电解液温度降低时以硫酸盐结晶形式析出而堵塞管路，因此也要根据需要脱除。

由于原料成分的差异，各个工厂中性浸出液的成分波动很大，因此所采用的净化工艺各不相同，净化方法按原理可分为两类：锌粉置换法和加特殊试剂沉淀法。

3.3.2.1 锌粉置换法

硫酸锌溶液中的铜和镉等杂质可以用锌粉置换除去。就是用较负电性的锌从硫酸锌溶液中还原较正电性的铜、镉、钴等金属杂质离子。当锌加入溶液时，发生如下反应：

$$Cu^{2+} + Zn = Zn^{2+} + Cu$$
$$Cd^{2+} + Zn = Zn^{2+} + Cd$$

置换反应在加入溶液中的锌表面上进行。为加速反应，常应用锌粉以增大反应表面。一般要求锌粉粒度应通过 $124 \sim 150\mu m$（$100 \sim 120$ 目）筛。锌粉过细容易漂浮在溶液表面，也不利于置换反应的进行。锌粉消耗量一般为理论需要量的 $1 \sim 3$ 倍。

加锌粉的净化过程在机械搅拌槽或沸腾净化槽内进行。净化后的过滤设备一般采用压滤机，滤渣由铜、镉和锌组成，送去回收铜、镉。

实践证明，钴、镍是溶液中最难除去的杂质，单纯用锌粉除钴、镍难以实现，必须采取其他措施，如砷盐净化法、锑盐净化法、合金锌粉净化法除钴，还有一些工厂采用加黄药等。

在置换过程中，可能同时产生某些有害反应（如氢气与 AsH_3 的析出），必须采取相应的措施予以防止。

锌粉置换除铜、镉是在锌粉表面上进行的多相反应过程，影响锌粉置换除铜、镉的因素有：

（1）锌粉的质量与用量。锌粉纯度高、粒度适中（$0.125 \sim 0.149mm$）、尽量避免表面氧化，都会加快反应速度；若采用一段同时除铜、镉，锌粉粒度以 $0.07 \sim 0.15mm$ 为宜；若分两段除铜、镉，先用粗粒锌粉除铜，再用细粒锌粉除镉。锌粉加入量为理论量的 $3 \sim 6$ 倍。

（2）搅拌速度。增大搅拌速度，可改善置换反应的动力学条件，加快反应速度。

（3）置换温度。温度升高可提高置换反应速度，但不能过高，以 $60 \sim 70℃$ 为宜，否则导致锌粉溶解增多和使镉复溶；镉在 $40 \sim 55℃$ 时发生同素异形转变，温度过高加速返溶，因此置换温度要适中。

（4）中浸液成分。中浸液中锌的含量以 $150 \sim 180g/L$ 为宜，过高时锌离子产物扩散慢；太低时锌酸溶产生氢气，加大锌粉消耗。另外，酸度高会增加锌粉消耗和镉的返溶，当锌粉用量为理论量的 3 倍时，为保证置换后铜、镉合格，pH 值应该大于 3。若优先置换铜保留镉，应酸化到含硫酸 $0.1 \sim 0.2g/L$。

（5）添加剂。除镉时若溶液中没有 Cu^{2+} 则除镉效果很差，溶液中 Cu^{2+} 含量应保持为 $200 \sim 250mg/L$。除钴时除了 Cu^{2+} 外，还需要其他添加剂。

加锌粉的净化过程在机械搅拌槽或沸腾净化槽内进行。净液过程中的搅拌均采用机械搅拌而不用空气搅拌，这是为了防止加入的锌粉被氧化。净化后的过滤设备一般采用压滤机。滤渣称为铜镉渣，由铜、镉和锌组成，含锌 $35\% \sim 40\%$、铜 $3\% \sim 6\%$、镉 $4\% \sim 10\%$，送去回收锌、铜、镉。

当锌粉一段除铜、镉后，可使中性液中铜含量由 200~400mg/L 降至 0.5mg/L 以下，镉含量由 400~500mg/L 降至 7mg/L 以下。

3.3.2.2　加特殊试剂沉淀法

电沉积锌的过程中，电解液中的少量钴、镍杂质会造成电流效率明显下降。为此，必须深度净化除去钴、镍。对于湿法炼锌的原料而言，其中镍相对钴的量较少，并且镍与钴的性质相似，下面以钴为例说明除去钴、镍的方法。

A　砷盐净化法

砷盐净化法分以下两步进行：第一步是在 80~95℃ 温度下向溶液中加入锌粉的同时，加入铜盐和砷盐除铜、钴；第二步是在 50~60℃ 下加锌粉除镉。其净化原理为：硫酸铜液与锌粉反应，在锌粉表面沉积铜，形成 Cu-Zn 微电池，由于该微电池的电位差比 Co-Zn 微电池的电位差大，因而使钴易于在 Cu-Zn 微电池阴极上放电还原，形成 Cu-Co-Zn 合金。而这时的钴仍不稳定，易复溶。当加入砷盐后，As^{3+} 也在 Cu-Co-Zn 微电池上还原，形成稳定的 Cu-As-Co（-Zn）合金，从而使 Co^{2+} 降到电解合格的程度。还有研究显示，加入砷盐后生成 $CoAs_2$ 稳定化合物，扩大了水溶液中 Co 的稳定区域，使浸出除钴的热力学推动力加大。砷盐净化法的主要缺点是在净化过程中产生的 Cu-Co 渣被砷污染，而且还有可能放出有毒的 AsH_3 气体和 H_2，使其在工业应用上受到限制。

B　锑盐净化法

锑盐净化的原理与砷盐净化相同，但净化的温度制度与砷盐净化法相反。第一步在 50~60℃ 较低温度下加锌除镉、铜，使铜和镉的含量分别小于 0.1mg/L 和 0.25mg/L；第二步在 90℃ 的高温下，以 3g/L 的锌量和 0.3~0.5mg/L 的锑量计算，加入锌粉和 Sb_2O_3 除钴，使钴含量小于 0.3mg/L。实际生产中还可以用含锑锌粉或其他含锑物料。

锑盐净化法有许多优点，如不需要添加铜离子，先除铜和镉，后加锑盐除钴效果好；对于含钴高的溶液更有利；净化过程中 SbH_3 易分解，没有剧毒气体产生；另外锑盐的活性比较大，用量比较少。因此，锑盐净化法是目前最重要的净化除钴方法。

C　黄药除钴法

黄药除钴法是在除铜、镉后的溶液中，添加黄酸盐，在硫酸铜存在的条件下使钴形成难溶的黄酸钴沉淀而除去。

硫酸铜起使 Co^{2+} 氧化成 Co^{3+} 的作用，也可采用空气、硫酸铁、高锰酸钾等作氧化剂。除钴温度要控制在 35~40℃ 之间，温度过低则反应速度慢，温度过高黄药会受热分解；pH 值控制在 5.2~5.6，过高会增加黄药的消耗，降低操作效率。

如果溶液中有铜、镉、砷、锑、铁等存在，它们也能与黄药生成难溶化合物，必然增加黄药的消耗。因此，在送去除钴之前，必须先净化除去其他杂质。

黄药除钴的条件为：温度 308~313K，溶液 pH 值为 5.2~5.4，黄药消耗量为溶液中钴量的 10~15 倍，硫酸铜的加入量为黄药量 1/3~1/5。

黄药除钴消耗大量的试剂，环境不够友好，而且净化后液钴含量较高，黄酸钴不好处理，所以工业上很少采用。

D β-萘酚除钴

β-萘酚除钴法是向锌溶液加 β-萘酚、NaOH 和 HNO₂，再加废电解液，使溶液的酸度达到 0.5g/L 硫酸后，控制净化温度为 338～348K，搅拌 1h，则产生亚硝基- β-萘酸钴沉淀。

E 硫酸锌溶液净化除氟和氯

氯存在于电解液中会腐蚀阳极，使阴极锌中铅含量升高而降低析出锌品级。电解液中的氟离子会腐蚀阴极铝板，使阴极锌剥离困难。当溶液含 Cl⁻ 高于 100mg/L、含 F⁻ 高于 80mg/L 时应在送去电解前进行净化。常用的除氯方法有硫酸银沉淀法、铜渣除氯法、离子交换法等。

硫酸银沉淀除氯，是向溶液中添加硫酸银与其中的氯离子作用，生成难溶的氯化银沉淀。

因为银比较贵，有的工厂用处理铜镉渣以后的海绵铜渣（25%～30% Cu、17% Zn、0.5% Cd）来除氯，使之生成 Cu_2Cl_2 沉淀。

溶液中的氟可用加入少量石灰乳使其形成难溶化合物氟化钙（CaF_2）而除去。

由于从溶液中脱除氟、氯的效果不佳，一些工厂采用多膛炉焙烧法脱除锌烟尘中的氟、氯，并同时脱砷、锑。

F 合金锌粉净化法

合金锌粉净化法采用 Zn-Sb、Zn-Pb、Zn-Pb-Sb 合金锌粉代替纯锌粉。一般合金锌粉含 Sb 小于 2%、Pb 小于 3%。合金锌粉中锑的存在可使钴的析出电位变正，并抑制氢的放电析出；铅的存在则可防止钴的返溶。铅锑合金粉除钴的效果取决于锑的含量及锌粉的制造方法，在相同组分的情况下，由于锌粉合金的晶界状态与粒度不同，其效果也不相同。

3.3.3 硫酸锌溶液的电沉积

锌的电解沉积是将净化后的硫酸锌溶液与一定比例的电解废液混合，连续不断地从电解槽的进液端流入电解槽内，用含银 0.5%～1% 的铅银合金板作阳极，以压延铝板为阴极，当电解槽通过直流电时，在阴极上析出金属锌，在阳极上放出氧气，溶液中硫酸再生。电沉积的总反应为：

$$2ZnSO_4 + 2H_2O = 2Zn + 2H_2SO_4 + O_2$$

随着电积过程的不断进行，溶液中的锌含量不断降低，而硫酸含量则逐渐增加。当溶液中含锌 45～60g/L、硫酸 135～170g/L 时，则作为废液从电解槽中抽出，一部分作为溶剂返回浸出，一部分经冷却后返回电解循环使用。电解一定周期（一般 24h）后，将阴极锌剥下，经熔铸后得到产品锌锭。

锌电积电解液的主要成分为 $ZnSO_4$、H_2SO_4 和 H_2O，并含有微量的铜、镉、钴等的硫酸盐杂质。为便于分析问题，暂不考虑电解液的杂质，发生的电极反应为：

$$Zn^{2+} + H_2O = 1/2O_2 + Zn + 2H^+$$

为深入了解锌电积过程，下面分别讨论工业锌电解槽内阳极上及阴极上所发生的电化学过程。

3.3.3.1 阴极反应

锌电解液中的正离子主要是 Zn^{2+} 和 H^+，通直流电时，在阴极上可能的反应有：

$$Zn^{2+} + 2e \longrightarrow Zn$$
$$2H^+ + 2e \longrightarrow H_2$$

生成氢气的反应是不希望发生的，因此，在电积时应创造条件使析出锌的反应在阴极优先进行，而使氢气不产生。

在298K，Zn^{2+}和H^+的放电电位如下：

$$E_{Zn} = E_{Zn}^{\ominus} + \frac{2.303RT}{2F}\lg a_{Zn}^{2+} = -0.763 + 0.0295\lg a_{Zn}^{2+}$$

$$E_{H_2} = E_H^{\ominus} + \frac{2.303RT}{2F}\lg a_H^+ = 0.0591\lg a_H^+$$

在工业条件下，电解液含 Zn 55g/L、硫酸120g/L（相应活度 $a_{Zn}^{2+} = 0.0424$，$a_H^+ = 0.142$），密度1.25g/cm³或1250kg/m³，电解温度313K，电流密度500A/m²，Zn 和 H_2 析出的平衡电位可表示为：

$$E_{Zn} = -0.763 + 0.0295\lg a_{Zn}^{2+} = -0.763 + 0.0295\lg 0.0424 = -0.806V$$

$$E_{H_2} = 0.0591\lg a_H^+ = 0.0591\lg 0.142 = -0.053V$$

从热力学上看，在析出锌之前，电位较正的氢应优先析出，锌的电解析出似乎是不可能的。然而在实际的电积锌过程中，伴随有极化现象而产生电极反应的超电压（以 ε 表示），加上这个超电压，阴极反应的析出电位应为：

$$E_{Zn}' = -0.763 + 0.0295\lg a_{Zn}^{2+} - \varepsilon_{Zn}$$

$$E_{H_2}' = 0.0591\lg a_H^+ - \varepsilon_H$$

在工业生产条件下，查得 $\varepsilon_H = 1.105V$，$\varepsilon_{Zn} = 0.03V$，计算得 $E_{Zn}' = -0.836V$，$E_{H_2}' = -1.158V$。可见，由于氢析出超电压的存在，使氢的析出电位比锌负，锌优先于氢析出，从而保证了锌电积的顺利进行。

氢气的超电压与阴极材料、阴极表面状态、电流密度、电解液温度、添加剂及溶液成分等因素有关。氢的超电压随电流密度的增大、电解液温度的下降以及添加剂的增加等增大，随着电解液酸度的提高和中性盐浓度的增加而降低。

在生产实践中，氢的超电压值直接影响电解过程的电流效率。因此，为了提高锌电积的电流效率，必须设法提高氢的超电压。

3.3.3.2 阳极反应

在湿法炼锌厂的电解过程中，大多采用含银0.5%~1%的铅银合金板作"不溶阳极"。但从热力学的角度讲，铅阳极并不是完全不溶的。新的铅阳极板在电解初期侵蚀得很快并形成硫酸铅和氧化铅，以后则由于氧化膜对金属的保护作用，才使铅阳极的被侵蚀速度逐渐缓慢下来。

当通直流电后，阳极上首先发生铅阳极的溶解，并形成硫酸铅覆盖在阳极表面，随着溶解过程的进行，由于硫酸铅的覆盖作用，铅板的自由表面不断减少，相应的电流密度就不断增大，因而电位也就不断升高，当电位增大到某一数值时，二价铅被进一步氧化成高价状态，产生四价铅离子，并与氧结合成过氧化铅 PbO_2，待阳极基本上被 PbO_2 覆盖后，即进入正常的阳极反应：

$$2H_2O - 4e \longrightarrow O_2 + 4H^+ \qquad E^{\ominus} = 1.229V$$

结果在阳极上放出氧气，而使溶液中的氢离子浓度增加。

氧析出超电压值也取决于阳极材料、阳极表面状态以及其他因素。锌电解过程伴随着在阳极上析出氧。氧的超电压越大，则电解时电能消耗越多，因此应力求降低氧的超电压。

3.3.3.3　电流效率及其影响因素

在实际电解生产中，电极上析出物质的数量往往与按法拉第定律计算的数值不一致。电流效率是指在阴极上实际析出的金属量与理论上按法拉第定律计算应得到的金属量的百分比：

$$电流效率(\eta) = \frac{阴极上产物的实际质量}{按法拉第定律计算所得的质量} \times 100\% = \frac{G}{qIt} \times 100\%$$

式中，G 为阴极上实际析出锌的质量，g；I 为电流强度，A；t 为通电时间，h；q 为锌的电化学当量，$q = 1.2195g/(A \cdot h)$。

生产实践中，由于阴阳极之间短路，电解槽漏电，阴极化学溶解以及其他副反应的发生都会使电流效率降低。目前，锌电解的电流效率为 85%~93%。

影响电流效率的因素主要有电解液的组成、阴极电流密度、电解液温度、电解液的纯度、阴极表面状态及电积时间等。

3.3.3.4　槽电压和能耗

槽电压是指电解槽内相邻阴、阳极之间的电压降。为简化计算，生产实践中是用所有串联电解槽的总电压降 V_1 减去导电板线路电压降 V_2，再除以串联电路上的总槽数 N 之商，即为槽电压 $V_槽$。

槽电压是一项重要的技术经济指标，它直接影响到锌电积的电能消耗。

实际电解过程中，当电流通过电解槽时，遇到的阻力除可逆的反电势（即理论分解电压）、极化超电压外，还由于电解质溶液本身电阻所引起的电压降、电解槽及接触点上和导体上的电压损失，所有这些都需要额外的外电压补偿。因此，电解槽的总电压（槽电压）应为这些电压值的总和，即：

$$V_槽 = V_分 + V_液 + V_接 + V_超$$

式中，$V_分$ 为理论分解电压；$V_液$ 为电解液电阻电压降；$V_接$ 为各接触点电阻及导体电压降；$V_超$ 为超电压，包括电化学极化超电压、浓差极化超电压。

可见，槽电压决定于电流密度、电解液的组成和温度、两极间的距离和接触点电阻等。而降低槽电压的途径则在于减少电解液的比电阻、减少接触点电阻以及缩短极间距离。工厂槽电压一般为 3.3~3.6V。

在锌电积过程中，电能消耗是指每生产 1t 电锌所消耗的直流电能：

$$W = \frac{实际消耗的电量}{析出锌产量} = \frac{V}{q\eta} \times 1000 = 820\frac{V}{\eta}$$

式中，W 为直流电耗，$kW \cdot h/t$；V 为槽电压，V；q 为锌的电化当量，$1.2195g/(A \cdot h)$；η 为电流效率，%。

可见，电能消耗取决于电流效率和槽电压。当电流效率高，槽电压低时，电能的消耗就低，反之则高。因此，凡影响电流效率和槽电压的因素都将影响电能消耗。

电能消耗是锌电积的主要指标。湿法炼锌每生产 1t 锌锭的总能耗为 3800~4200kW·h，电积过程占 70%~80%，为 3000~3300kW·h，占湿法炼锌成本的 20%。

3.3.3.5　锌电解的主要设备及实践

锌电解车间的主要设备有：电解槽、阴极、阳极、供电设备、载流母线、剥锌机、阴极剥板机和电解液冷却设备等。

(1) 电解槽。锌电解槽为一长方形槽子，一般长 2~4.5m，宽 0.8~1.2m，深 1~2.5m。槽内交错装有阴极、阳极，悬挂于导电板上，还有电解液导入与导出装置。电解槽大都用钢筋混凝土制成，内衬铅皮、软塑料、环氧玻璃钢。目前多采用厚为 5mm 的软聚氯乙烯作内衬，可以延长槽的使用寿命，还具有绝缘性能好、防腐性能强、减少阴极含铅量等优点。

(2) 阳极。阳极由阳极板、导电棒及导电头组成。阳极板大多采用含 Ag 0.5%~1% 的铅-银合金压延制成。阳极尺寸由阴极尺寸而定，一般长 900~1077mm、宽 620~718mm、厚 5~6mm、重 50~70kg，使用寿命 1.5~2 年。每吨电锌耗铅约为 0.7~2kg（包括其他铅材）。阳极导电棒的材质为紫铜。为使阳极板与棒接触良好，并防止硫酸侵蚀铜棒，将铜棒铸入铅银合金中，再与阳极板焊接在一起。

(3) 阴极。阴极由阴极板、导电棒及铜导电头（或导电片）组成。阴极板用压延纯铝板制成，一般长 1020~1520mm、宽 600~900mm、厚 4~6mm、重 10~12kg。为减少阴极边缘形成树枝状结晶，阴极要比阳极宽 30~40mm。为防止阴极和阳极短路及析出锌包住阴极周边造成剥锌困难，阴极的两边缘粘压有聚乙烯塑料条。阴极平均寿命一般为 18 个月。每 1t 电锌消耗铝板 1.4~1.8kg。目前，新建湿法炼锌厂趋向采用大阴极（1.6~3.4m^2），阳极面积也相应扩大。阴极导电棒用铝或硬铝加工，铝板与导电棒焊接或浇铸成一体。导电头一般用厚为 5~6mm 的紫铜板做成，用螺钉或焊接或包覆连接的方法与导电棒结合为一体。

除电解槽和阴阳极外，电解车间还有供电、冷却电解液以及剥锌机等附属设备。

电解槽一般按双列配置，列与列和槽与槽之间是串联的，每个槽的阴极、阳极则是并联的。

锌电解车间的正常操作主要是装出槽与剥锌，过去都是人工操作，劳动强度大。剥锌机的出现为减轻劳动强度、减少劳动力创造了良好条件。现在许多工厂已不同程度地实现了装出槽与剥锌的机械化与自动化。已实现机械化剥锌并采用计算机控制的电锌厂，其共同特点是采用较低的电流密度（300~400A/m^2），延长剥锌周期，增大阴极面积。

锌电解时，由于电解液等的电阻在直流电作用下而产生的热效应，使电解液温度升高，随着电解液的温度升高，在阴极上氢的超电压减小，导致电流效率下降，锌从阴极上溶解的速度加大。当温度超过 313~318K 时，必须对电解液进行冷却，使电解过程维持在一定温度（308~313K）下进行。电解液的冷却方式可分为槽内分散冷却和槽外集中冷却两种，目前多为槽外集中冷却方式，大多采用喷淋式空气冷却塔。电解液自上而下喷洒成滴至槽底，冷空气自下而上逆流运动，达到蒸发水分带走热量，冷却电解液的目的。电解液冷却后的温度控制在 306~308K。

锌电解车间供液多采用大循环制，即经电解槽溢流出来的废液（含酸 130~170g/L、含锌 45~55g/L）一部分返回浸出车间作溶剂，一部分送冷却，并按一定体积比（(5~25):1）与新液混合后送冷却塔冷却再供给每个电解槽。

电解过程中所产生的阳极泥，是由硫酸锰在阳极氧化时所形成的二氧化锰与铅的化合物所组成,阳极泥含有约70%二氧化锰、10%~14%铅以及大约2%的锌。阳极泥可作为中性浸出时铁的氧化剂。阳极泥必须定期地从阳极表面清洗除去。

锌电积过程中,由于电极反应在阴极和阳极上放出氢气和氧气,带出部分细小的电解液颗粒进入空间形成酸雾,严重危害人体健康和腐蚀厂房设备并造成硫酸和金属锌的损失。为了防止酸雾,可向电解槽中加入起泡剂,如动物胶、丝石竹、水玻璃及皂角粉等,使电解槽的液面上形成一层稳定的泡沫层,起到一种过滤的作用,将气体带出的电解液捕集在泡沫中,减少了厂房的酸雾。

在硫酸锌溶液电积过程中,常在电解液中加入一定量的动物胶或硅酸胶。这样改善阴极质量,使析出阴极锌表面平整、光滑,这是由于胶吸附在电极表面凸起的地方,阻碍这些地方晶核生长,这样便能得到表面平滑、细晶结构的阴极锌;加入一定量的胶质可以提高氢的超电压。

3.3.4 湿法炼锌新技术

3.3.4.1 硫化锌精矿的直接电解

在酸性溶液中,用70%硫化锌精矿与30%石墨粉为阳极,铝板为阴极,直接电解生产锌。阳极和阴极反应为:

阳极:
$$ZnS - 2e === Zn^{2+} + S$$

阴极:
$$Zn^{2+} + 2e === Zn$$

阳极电流效率为96.8%~120%,阴极电流效率为91.4%~94.8%,阴极纯度达99.99%以上。

3.3.4.2 Zn-MnO_2同时电解

将锌精矿磨细至74μm(200目),ZnS与MnO_2按化学式计量配入并用硫酸进行浸出,浸出液经净化后用铅-银(1%银)合金为阳极、铝板为阴极在硫酸体系中进行电解。电解时阳极和阴极反应为:

阳极:
$$Mn^{2+} + 2H_2O - 2e === MnO_2 + 4H^+$$

阴极:
$$Zn^{2+} + 2e === Zn$$

槽电压为2.6~2.8V,阴极电流效率为89%~91%,阳极电流效率为80%~85%。阴极电锌含Zn不低于99.99%,阳极产出氧化锰,品位高于91%。双电解废液再进行锌的单电解,进一步回收锌、锰。

此外,还有溶剂萃取—电解法提锌及热酸浸出—萃取法除铁等湿法炼锌新方法。

3.4 火 法 炼 锌

火法炼锌是将已死焙烧的矿与炭混合,在高温(高于1000℃)下利用碳质还原剂将ZnO还原为锌蒸气,在几乎不含二氧化碳的气体中冷凝得到液体金属锌的过程,其主要反应为:

$$ZnO(s) + CO(g) === Zn(g) + CO_2(g)$$
$$CO_2(g) + C(s) === 2CO(g)$$

总反应为：

$$ZnO(s) + C(s) = Zn(g) + CO(g)$$

火法炼锌包括平罐炼锌、竖罐炼锌、电炉炼锌与密闭鼓风炉炼锌（ISP），其中密闭鼓风炉炼锌为火法炼锌的主要方法，在国内以韶关冶炼厂为代表。竖罐炼锌法在国外已不再采用，但葫芦岛锌厂经多年技术改进，使竖罐炼锌工艺获得了较大发展，是竖罐炼锌工艺的代表。

3.4.1 火法炼锌的理论基础

图 3-6 所示为氧化锌用碳还原的条件图，由图可以看出，氧化锌还原的温度很高，从 950℃ 左右开始，比其他金属的还原温度都要高得多，而且锌的沸点是 907℃，因此，还原反应不能直接得到液体金属锌，而只能得到锌蒸气。这种锌蒸气容易从固体炉料中逸出，故还原蒸馏法炼锌不产生液体炉渣。其次，氧化锌的还原必须在强还原气氛中进行，比所有其他金属的还原气氛都要强。而且由于锌蒸气冷凝时容易被 CO_2 气体氧化，故要求还原

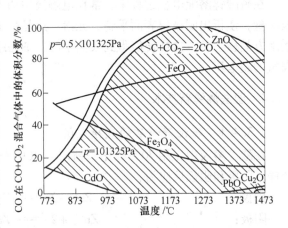

图 3-6 氧化锌用碳还原的条件图

后的炉气中含有很高浓度的 CO，或者配料中要加入足够的碳质还原剂，因此还原蒸馏法炼锌常在密闭的蒸馏罐内进行，而加热则在罐外，间接加热。最后，还原蒸馏得到的锌蒸气必须在冷凝器中冷凝成为液体锌。如果将焙砂预先脱除铅、镉，则这种锌可达到相当纯度。

存在于焙砂中的铁酸锌（$ZnO \cdot Fe_2O_3$）在蒸馏过程中可被 CO 还原，生成氧化锌和氧化亚铁，氧化锌又能进一步被还原成金属锌，因此焙烧形成铁酸锌对火法炼锌不是特别有害。

焙砂中硅酸锌在配入石灰后也容易还原，在焙砂中的硫酸锌和硫化锌实际上完全进入蒸馏残渣而引起锌的损失。

3.4.1.1 间接加热时锌的还原挥发

传统的火法炼锌是在间接加热的蒸馏罐内进行。燃料燃烧产生的气体与 ZnO 还原生产的含锌气体被罐体隔开。炉料中配有过量的碳，与碳发生反应的氧主要是炉料中的 ZnO 所含的结合氧。出罐气体主要由 Zn、CO 和 CO_2 所组成，其中锌蒸气体积分数为 45% 左右，CO_2 体积分数少于 1%，其余为 CO。FeO 被还原成金属铁，并分散在蒸馏残渣中。

3.4.1.2 直接加热时锌的还原挥发

在鼓风炉法炼锌时，大量的燃料燃烧气体和还原反应产生的气体混在一起，气相中 CO 和 Zn 的体积分数很低。通常锌蒸气体积分数为 5%~7%。

鼓风炉炼锌属于熔融冶炼，锌的还原挥发与残留在炉渣中的 ZnO 活度有关。从液态炉

渣中还原 ZnO 比较困难，要求有较强的还原气氛和较高的温度。

在鼓风炉炼锌过程中，不希望 FeO 被还原成金属铁。因为金属铁的存在会给操作带来困难。

3.4.1.3 锌蒸气的冷凝

将高温下 ZnO 还原产出的锌蒸气转变成液体锌的过程称做锌蒸气的冷凝。当炉气温度降低时，其中的 CO_2 将使气体锌再氧化成 ZnO，并包裹在锌液滴表面，影响到传热传质过程，降低冷凝效率。锌蒸气冷凝过程形成的蓝粉实质上就是被 ZnO 包裹的锌液滴。

锌蒸气被炉气中 CO_2 氧化是属于气-气反应，反应速度很快。为了防止该反应的发生，尽可能在高温下直接将锌蒸气导入冷凝器中，使之急冷。

直接加热还原的鼓风炉法炼锌产出的炉气组成与蒸馏法大不相同。鼓风炉法为了使铁的氧化物不被还原成金属铁，该法必须在控制弱还原气氛下进行。所得炉气 CO 和 Zn 浓度较低，而 CO_2 浓度较高。在这种情况下冷却，得不到液态金属锌。为了达到使炉气中锌冷凝成液态锌的目的，通常采用高温密封炉顶和铅雨冷凝两项技术措施。大量循环的铅液所形成的铅雨，将炉气急冷至冷凝温度，利用锌在液体铅中有一定溶解度，使冷凝下来的锌活度降低，从而保护锌不被炉气中的二氧化碳氧化。

3.4.2 火法炼锌的生产实践

3.4.2.1 平罐炼锌

平罐炼锌是 20 世纪初采用的主要炼锌方法。平罐炼锌时，一座蒸馏炉约有 300 个罐，生产周期 24h，每罐一周期生产 20～30kg 锌，残渣中的含锌量约为 5%～10%，锌的回收率只有 80%～90%。图 3-7 所示为平罐炼锌装置图。

平罐炼锌的生产过程简单，基建投资

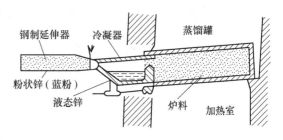

图 3-7 平罐炼锌装置示意图

少，但由于罐体容积小，生产能力低，难以实现连续化和机械化生产，而且燃料及耐火材料消耗大，锌的回收率低，所以目前已基本被淘汰。

3.4.2.2 竖罐炼锌

竖罐炼锌是 20 世纪 30 年代应用于工业生产的工艺，经历了 70 多年，现在已基本被淘汰，但目前在我国的新生产中仍占有一定的地位。生产过程包括烧结、制团、焦结、蒸馏和冷凝 5 个部分。

竖罐炼锌的原料从罐顶加入，残渣从罐底排出，还原产出的炉气和炉料逆向运动，从上沿部进入冷凝器。离开炉子上沿部炉气的组分为锌 40%、一氧化碳 45%、氢气 8%、氮气 7%，几乎不含二氧化碳。在冷凝器内，锌蒸气被锌雨急剧冷却成为液态锌，冷凝器冷凝效率为 95% 左右。

竖罐炼锌具有连续作业、生产率、金属回收率、机械化程度都很高的优点，但存在制团过程复杂、消耗昂贵的碳化硅耐火材料等不足。

3.4.2.3　电炉炼锌

电炉炼锌的特点是直接加热炉料，得到锌蒸气和熔融产物，如冰铜、熔铅和熔渣等，因此此法可处理多金属锌精矿。该法锌的回收率约90%，每吨锌电耗 3000~3600kW·h。

3.4.2.4　密闭鼓风炉炼锌

密闭鼓风炉炼锌又称帝国熔炼法或 ISP 法，它合并了铅和锌两种火法冶炼流程，是处理复杂铅锌物料的较理想方法。图 3-8 所示为 ISP 炼锌工艺流程图。

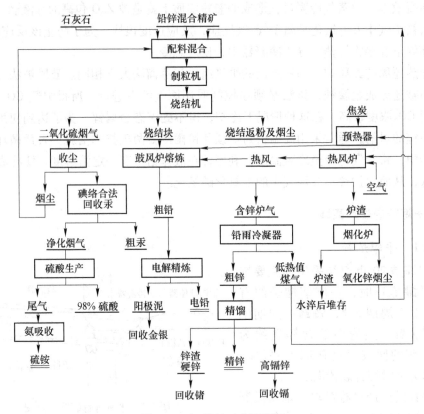

图 3-8　ISP 炼锌工艺流程图

其重要设备包括密闭鼓风炉炉体、铅雨冷凝器、冷凝分离系统以及铅渣分离的电热前床等。

密闭鼓风炉是整个系统的主要设备，由炉基、炉缸、炉腹、炉身、炉顶、水冷风口等部分组成。由于炉顶需要保持高温高压，因此是悬挂式的，在炉顶上装有加料器。

冷凝分离系统可分为冷凝系统和铅、锌分离系统两部分，铅雨冷凝器是鼓风炉炼锌的特殊设备，铅锌的分离一般采用冷却熔析法将锌分离出来。铅雨冷凝法的特点是铅的蒸气压低、熔点低、铅对锌的溶解度随温度变化大、铅的热容量大。

鼓风炉炼锌的主要优点是：

（1）对原料的适应性强。可以处理铅锌的原生和次生原料，尤其适合处理难选的铅锌混合矿，简化了选冶工艺流程，提高了选冶综合回收率。

（2）生产能力大，燃料利用高，有利于实现机械化和自动化，提高劳动生产率。

（3）基建投资少。

（4）可综合利用原矿中的有价金属，金、银、铜等富集于粗铅中予以回收，镉、锗、汞等可从其他产品或中间产品中回收。

鼓风炉炼锌也存在一些缺点：

（1）需要消耗较多质量好、价格高的焦炭。

（2）技术条件要求高，特别是烧结块中硫含量要低于1%，使精矿的烧结过程控制复杂。

（3）炉内和冷凝器内部不可避免地产生炉结，需要定期清理，劳动强度大。

3.4.3　锌的火法精炼

3.4.3.1　熔析法精炼粗锌

熔析法仅能除去锌中的铅和铁，在熔融状态下，铅锌能相互溶解，熔体分层，上层为含少量铅的锌，下层为含少量锌的铅，随温度降低，铅和锌分离较完全。

当含铁的粗锌冷却时，化合物 $FeZn_7$ 结晶，析出的晶体因为较重，所以沉在锌熔池下面，形成糊状结晶，称做硬锌。

熔析法炼锌可得到含锌约99%的精炼锌，锌的回收率仅为90%左右。

3.4.3.2　精馏法炼锌

为了较完全地除去锌中的杂质，获得很纯的锌，最好采用精馏法炼锌。精炼设备是连续作业的精馏塔，包括铅塔和镉塔。铅塔是用来分离沸点较高的铅、铜、铁等杂质，镉塔是利用金属沸点和蒸气压的差异，用来分离锌和镉，两种精馏过程类似，只是铅塔的温度比镉塔高。

此法除了能得到很纯的锌之外，还可以得到很多副产物，如镉灰、含铟的铅、含锡的铅等，从这些副产物中可制得镉、铟和锡等，从而可以大大降低精馏法的成本。

3.5　再　生　锌

有色金属废料和废件经过冶炼或加工后所产出的有色金属或合金称为再生金属或合金。通过冶炼或化工处理，将含锌废料转化为金属锌或化工产品，称为锌的再生。

发达国家再生金属产量在有色金属总产量中有很大比重，产量也逐年增加。从全球来看，再生锌工业的发展已成为整个锌工业的重要组成部分，目前全球每年消费的锌中，原生锌占70%，再生锌占30%。从20世纪90年代以来，我国锌工业得到了长足的发展，但再生锌的回收利用才刚起步，如2006年我国再生锌产量为11万吨，仅占我国当年锌总产量的3.48%。

再生锌生产所用的原料主要来自热镀锌工业、锌加工行业、化工行业和其他废品等。根据原料来源和性质的不同，含锌原料可分为以下几类：锌灰、锌渣、边角废锌料、废旧锌、锌合金制品、次氧化锌、含锌的工业垃圾和钢铁冶炼烟尘。

再生锌的生产方法分为火法和湿法两种。火法有蒸馏法、精馏法、熔析法等，湿法有可溶阳极电解和浸出—净化—电积等工艺。我国主要采用平罐蒸馏法、精馏法、电热法和湿法工艺处理。再生锌产品可分为纯锌、锌粉、氧化锌、硫酸锌、氯化锌等。

下面简要介绍几种再生锌生产工艺：

(1) 精馏法再生工艺。为了提高再生锌的质量，除去再生锌中的主要杂质铅、镉、铁、铜，把锌的质量提高到 1~2 号锌的水平，可以采用精馏法精炼。为了得到高纯锌，精馏法使用铅塔和镉塔两种精馏塔。精馏的主要技术指标为：锌直收率 70%~90%，锌总回收率 85%~99%，煤耗 0.35~0.65t/t。

(2) 真空蒸馏法再生工艺。用真空蒸馏法处理热镀锌渣，其优点是：在较低的温度下可获得较高的蒸发速度和金属回收率，能对物料中的成分有选择的回收，其产品能避免氧化和污染，锌纯度达 99.8%~99.9%，直收率达 98% 以上。该工艺设备简单，操作方便，加工成本低于传统的平罐再生工艺，其缺点是间歇作业。真空蒸馏法还可再生超细锌粉和超细氧化锌产品。

(3) 湿法再生工艺。湿法再生工艺的优点是处理工艺灵活，其产品除金属锌外，还有氧化锌、硫酸锌和氯化锌等锌化合物。但由于再生锌原料成分复杂，难以大批量统一处理，未能形成规模经济优势。加之再生锌原料有害杂质含量高，如钢厂含锌烟尘中含有较高的氟、氯和铁，采用湿法处理时往往还需经火法预处理脱除氟、氯，进一步富集锌，有时甚至采用成本较高的氨性溶液或氢氧化钠溶液浸出，但浸出渣的处理难题、浸出率较低和处理成本偏高都致使湿法处理工艺难以推广。近年来，锌的溶剂萃取技术在国内也开始得到应用和关注，将溶剂萃取技术应用于再生锌的处理可能会成为再生锌处理的一个新方向。

复习思考题

3-1　描述锌冶炼的原则工艺流程。

3-2　硫化锌精矿焙烧的目的是什么？

3-3　湿法炼锌的工艺过程主要有哪些？

3-4　湿法炼锌主要采用哪几种方法除铁？

3-5　影响锌粉置换除铜、镉的因素有哪些？

3-6　简述火法炼锌的基本原理。

3-7　火法炼锌常用的设备有哪些？

3-8　密闭鼓风炉炼锌有哪些优缺点？

4 镍 冶 炼

学习目标：

（1）掌握镍造锍熔炼的基本原理（包括高价硫化物分解、硫化物的氧化和造渣反应）。

（2）熟悉硫化铜镍矿的闪速熔炼工艺，了解镍的鼓风炉熔炼工艺特点。

（3）了解镍锍的吹炼目的，掌握原料中各元素在吹炼过程中的行为。

（4）了解硫化镍电解槽的结构，掌握硫化镍阳极电解精炼的电极反应，熟悉硫化镍阳极电解精炼生产技术操作条件控制。

4.1 概 述

4.1.1 镍的性质

镍（Ni）是具有银白色金属光泽的铁磁性硬质金属，属周期表Ⅷ族，为面心立方体晶型，原子序数为 28，相对原子质量为 58.69。镍在自然界存在 5 种稳定的同位素，包括 ^{58}Ni、^{60}Ni、^{61}Ni、^{62}Ni 和 ^{64}Ni。镍在硬度、抗拉强度、机械加工性能、热力学性质以及电化学行为等方面与铁类似。镍是许多磁性材料的组成成分，但在超过居里温度 357.6℃ 时失去磁性。镍具有良好的磨光性能，故纯镍广泛用于电镀行业。

镍的化学性质与铂、钯相似，具有高度的化学稳定性，在空气中加热到 700~800℃ 时仍不氧化，空气、河水、海水对镍的作用甚微，这主要是镍表面形成了一层致密的氧化膜，能阻止本体金属继续氧化。金属镍在冷硫酸中相当稳定，但是能与热硫酸反应，如电解镍片在约 100℃ 的 3mol/L H_2SO_4 中溶解速度为 10g/($m^2 \cdot h$)，稀盐酸对镍作用很慢，而稀硝酸能够剧烈腐蚀镍，各种碱和有机酸几乎不和镍发生作用。Ni^{2+} 很难与卤素离子发生配合反应，但却能与 NH_3、乙二胺等形成稳定的配合物。

4.1.2 镍的主要用途

镍主要用于不锈钢和特种合金制造、电镀和化工等行业，在国民经济发展中具有极其重要的地位。其主要用途概括如下：制造不锈钢和其他抗腐蚀金属材料，电镀行业，制作石油化工催化剂，用作电子及电极材料，用作储氢材料，制作陶瓷。

不锈钢与特种合金生产是镍最广泛的应用领域，其中全球约 2/3 的镍用于不锈钢生产。在钢中加入部分镍，可显著提高钢的机械强度，使其具有更小的膨胀系数，可用来制造多种精密机械和精确量规等。镍钢和各种镍基耐热合金可用来制造机器中承受较大压力、承受冲击和往复负荷部分的零件，如涡轮叶片、曲轴、连杆等。

近年来，在动力电池、二次电池等电池材料领域，镍成为继钴之后最具潜力的金属。镍广泛用于可充电的高能电池，如 Ni-Cd、Ni-Zn、Ni-Fe 及 Ni-H 电池等。随着锂离子电池的发展，镍钴二元和镍钴锰三元材料已经成为极具发展前景的锂离子电池正极材料。

4.1.3　镍的生产与消费

2007 年以来，镍价自高点已经持续下跌 9 年。镍价持续长期下跌的结果，是供应端的减少和消费的增加。2015 年以来，全球约 65% 的镍生产商成本价高于 10000 美元/吨，多数企业亏损。受此影响，全球高成本矿山、冶炼厂产能陆续关闭，国内电镍生产商除金川和新疆有色外，几乎悉数关停，全球供给端增长停滞。

从需求端来看，镍的最大消费领域是不锈钢，全球来看约占总消费的 68%，未来这一比例预计保持稳定。但在非钢领域，正在出现新的、重要的变化。新能源汽车发展突飞猛进，2015 年，全球电动（包括混动）汽车销量达到 55 万辆，同比增长 70%；中国新能源汽车 34 万辆，同比增加 3.3 倍，其中电动汽车销量 18.8 万辆，同比增长 230%。电动汽车的高速发展，带动对电池材料的需求快速增长，据多家机构预计，未来 5 年对动力电池的需求将迎来爆发性增长，预计产量增长 4 倍。预计到 2025 年，电池用镍将达到 12 万吨，超过其他非钢领域，成为镍消费第二大领域。此外，随着航空航天业、海洋工业以及核电的发展，高温合金、特钢等领域对镍的需求也具有很大的想象空间。过去几年镍的全球供需关系和预计情况如同 4-1 所示，2016 年镍消费增速超预期，主要是中国不锈钢行业镍消费回暖，新能源汽车暴发性增长对镍的需求将持续增加。预计自 2016 年起，未来几年全球镍供应将出现一定短缺。

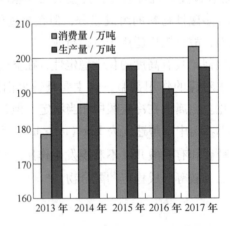

图 4-1　全球镍的供需关系和预计情况

4.1.4　镍的资源

镍在地壳中主要存在于基性或超基性岩中。全球镍资源按照地质成因主要划分为三类：岩浆型镍硫化矿、风化型镍红土矿和海底锰结核镍矿。海底锰结核中的镍约占全球总镍的17%，但由于开采技术和海洋环境影响等因素，目前尚未实际开发。陆基镍矿床主要是镍硫化矿床和镍红土矿床。镍具有亲硫性，因此在含硫丰富的环境中，镍优先与硫结合，与部分铁、铜、钴等亲硫元素一起形成硫化物熔浆，并从硅酸盐岩浆中分离出来，在一定条件下形成镍硫化矿床。当岩浆含硫不足时，镍则作为镁的类质同象矿物，进入富镁的硅酸盐矿物中，并在后期较酸性矿浆中，与钴、硫一起进入热熔浆，形成镍和钴的硫化物脉状矿物。在表生条件作用下，镍不易氧化，但活动性强，当镍硫化矿岩体受风化和淋滤时，镍可以从中析出，并在一定层位沉积形成地表风化壳性镍红土矿床。目前，全球已知的镍矿物有50余种，常见的具有工业价值含镍矿物见表4-1。

表4-1　常见的具有工业价值含镍矿物

矿物名称	化学式	矿物名称	化学式	矿物名称	化学式
镍黄铁矿	$(Fe,Ni)_9S_8$	硫镍矿	NiS_2	镍蛇纹石	$4(Ni,Mg)_4 \cdot 3SiO_2 \cdot 6H_2O$
镍磁黄铁矿	$(Fe,Ni)_7S_8$	红砷镍矿	$NiAs$	硫镍铁矿	$(Fe,Ni)_2S_4$
砷镍矿	Ni_3As_2	针镍矿	NiS	硅镁镍矿	$H_2(Ni,Mg)SiO_4 \cdot nH_2O$
辉砷镍矿	$NiAsS$	辉镍矿	$3NiS \cdot FeS_2$	镍褐铁矿	$(Fe,Ni)OOH \cdot nH_2O$

全球已探明陆地镍矿总储量约230亿吨，平均含镍量为0.97%，镍总量约为2.2亿吨，其中镍硫化矿储量约为105亿吨，平均品位为0.58%，镍含量约为6200万吨，约占陆地镍矿总资源量的28%；镍红土矿约为126亿吨，平均品位为1.28%，镍含量约为1.6亿吨，约占陆地镍矿总资源的72%。我国周边国家有镍矿储量1125万吨，只分布在少数国家，包括俄罗斯、印度尼西亚、菲律宾、缅甸和越南，但占全球总储量比较大，约占23%。

随着镍硫化矿的长期开采，全球镍硫化矿资源已出现资源危机，且传统的几个硫化镍矿（加拿大的萨德伯里、俄罗斯的诺列尔斯克、中国的金川、澳大利亚的坎博尔达、南非的里腾斯堡等）的开采深度不断加深，矿山开采难度日益加大。为此，全球镍行业将资源开发的重点瞄准储量丰富的镍红土矿资源。

我国镍资源储量居全球前列，但不属于镍资源丰富的国家。我国已探明的镍矿点有70多处，储量为800万吨，储量基础为1000万吨，其中镍硫化矿占总储量的87%，镍红土矿占13%。我国镍资源主要分布在19个省（区），70%的镍资源集中在甘肃金川镍矿，其次分布在新疆（喀拉通克镍矿、哈密镍矿）、云南（金平镍矿、元江墨江硅酸镍矿）、吉林（红旗岭镍矿、赤柏松镍矿）、湖北、四川（会理镍矿、冷水菁镍矿、丹巴镍矿）、陕西（煎茶岭镍矿）和青海（拉水峡镍矿）7个省（区），约占总储量的27%；其余镍资源分布在江西、福建、广西、湖南、内蒙古、黑龙江、浙江、河北、海南、贵州、山东11个省（区），约占镍总储量的3%。

我国镍资源的主要特点为：主要分布在西北、西南、东北，集中度高，其保有储量占全国总储量的76.8%、12.1%和4.9%；主要是硫化铜镍矿，占全国保有储量的86%，其次为红土镍矿，占总储量的9.6%；品位较富，平均镍大于1%的硫化镍富矿约占全国保有储量的44.1%；地下开采的比重较大，占保有储量的68%，适合露采的只占13%。

4.1.5 镍的生产方法

目前，我国镍矿山大都以硫化铜镍矿产出。铜镍矿有价金属的含量很低，变化很大。这样的矿石直接入炉冶炼能耗大，经济上不合算，因此在矿石开采出来后均要进行选矿富集，把大量脉石用选矿的方法除去，然后得到含有价金属量较高的精矿再进入冶金炉生产铜、镍等金属。

对于含镍量大于7%的铜镍矿石可直接送去冶炼，小于3%者需经过选矿富集。

由于镍矿石和精矿具有品位低、成分复杂、伴生脉石多、属难熔物料等特点，因此使镍的生产方法比较复杂。根据矿石的种类、品位和用户要求的不同，可以生产多种不同形态的产品，通常有纯镍类如电镍、镍丸、镍块、镍锭、镍粉；非纯镍类如烧结氧化镍和镍铁等。

镍的生产方法分类如图4-2所示。我国金川公司和新疆阜康冶炼厂（处理喀拉通克铜镍矿鼓风炉熔炼产出的金属化高镍锍）镍生产的原则工艺流程如图4-3所示。

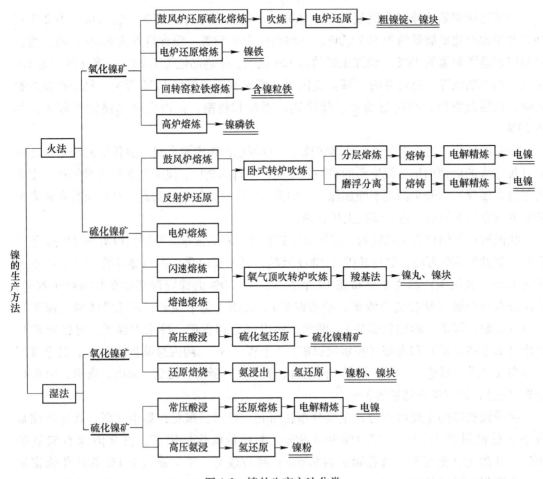

图 4-2 镍的生产方法分类

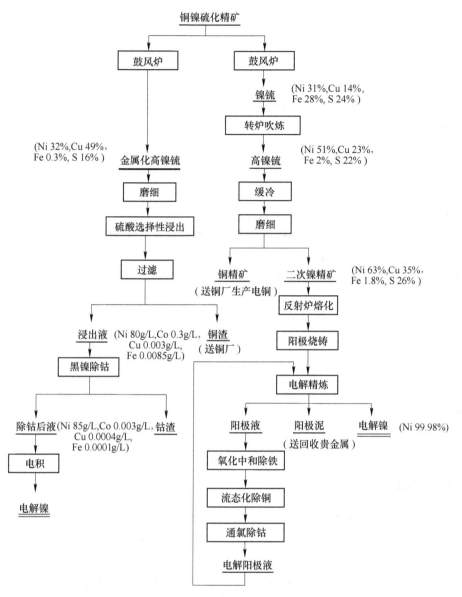

图 4-3　我国镍冶金目前采用的两种典型工艺流程

4.2　镍的造锍熔炼

4.2.1　镍造锍熔炼的基本原理

4.2.1.1　高价硫化物分解

在尚未与氧充分接触时，高价硫化物发生分解，例如：

$$Fe_7S_8 = 7FeS + 1/2S_2(g)$$

$$2CuFeS_2 = Cu_2S + 2FeS + 1/2S_2(g)$$

$$3NiS \cdot FeS_2 = Ni_3S_2 + FeS + S_2(g)$$

$$(Ni,Fe)_9S_8 = 2Ni_3S_2 + 3FeS + 1/2S_2(g)$$

$$3NiS = Ni_3S_2 + 1/2S_2(g)$$

$$FeS_2 = FeS + 1/2S_2(g)$$

高价硫化物的分解，结果生成了在熔炼高温下最稳定的低价硫化物，其熔点较低。低价硫化物均是金属原子与硫原子以共价键结合的化合物，它们在熔融状态下互溶便形成了相应的镍锍（Ni_3S_2-FeS）、铜锍（Cu_2S-FeS）和铜镍锍（Cu_2S-Ni_3S_2-FeS），从而与已经氧化生成的 FeO 和 SiO_2、CaO、MgO、Al_2O_3 等脉石氧化物形成的炉渣分离开来，这便是铜、镍火法冶金中进行造锍熔炼的基础。

4.2.1.2　硫化物的氧化

在现代强化熔炼炉中，炉料往往很快地进入高温强氧化气氛中，所以高价硫化物除去发生离解反应外，还会被直接氧化，如：

$$2CuFeS_2 + 5/2O_2 = Cu_2S \cdot FeS + FeO + 2SO_2$$

$$3FeS_2 + 8O_2 = Fe_3O_4 + 6SO_2$$

$$2Fe_7S_8 + 53/2O_2 = 7Fe_2O_3 + 16SO_2$$

$$2Cu_2S + 3O_2 = 2Cu_2O + 2SO_2$$

$$Ni_3S_2 + 7/2O_2 = 3NiO + 2SO_2$$

$$2FeS + 3O_2 = 2FeO + 2SO_2$$

4.2.1.3　造渣反应

氧化反应产生的 FeO 在 SiO_2 存在条件下，将按以下反应形成炉渣：

$$2FeO + SiO_2 = 2FeO \cdot SiO_2$$

4.2.2　硫化铜镍的闪速熔炼

闪速熔炼克服了传统熔炼方法未能充分利用粉状精矿的巨大表面积和矿物燃料的缺点，大大减少了能源消耗，提高了硫的利用率，改善了环境。闪速熔炼有奥托昆普闪速炉和印柯纯氧闪速炉两种形式。

闪速熔炼系统包括闪速熔炼、转炉吹炼等高温熔炼主系统和物料制备、配料、氧气制取、供水、供风、供电、供油以及炉渣贫化等辅助系统。有关生产过程简要说明如下：

（1）精矿干燥。选矿精矿一般含水 8%～10%，进入闪速炉前还要进行干燥。

（2）煤粉和熔剂的制备。煤经粗碎后，进球磨机并通入热风，磨细的煤由热风吹出分级后使用，不合格粗粒返回再磨。石英熔剂加入球磨机后不通热风，直接用机械转换的热能把水分烘干破碎即可。

（3）返料。闪速炉系统的自产冷料块经颚式破碎、圆锥破碎后分别送闪速炉贫化区和转炉进行处理，以回收其中的有价金属及控制转炉温度。

（4）氧气制备。采用富氧鼓风可减少燃料的消耗，甚至实现自热熔炼。

（5）供水。闪速炉采用水冷技术以延长炉子的寿命。

（6）供风。供风分一次风和二次风。

（7）供电。供电系统分通用电、高压电、专用电、直流电等。

闪速熔炼反应过程的特征是：细颗粒物料悬浮于紊流的氧化性气流中，气-液-固三相的传质传热条件改善，化学反应快速进行；喷入的细粒干精矿具有很大的比表面（据测定，小于0.074mm的精矿1kg具有200m^{2}以上的表面积），氧化性气体与硫化物在高温下的反应速度将随接触面积的增大而显著提高；增加反应气相中的氧浓度，有助于炉料反应速度和氧化程度的提高，导致精矿中更多的铁和硫氧化。由于反应速度快，单位时间放出的热量多，使燃料消耗降低，从而减少因燃料燃烧带入的废气量，提高了烟气中的SO$_2$浓度，为烟气综合利用创造了有利条件。

闪速炉的入炉物料一般有干精矿、粉状熔剂、粉煤和混合烟灰等。

精矿必须干燥至含水量低于0.3%，当超过0.5%时，易使精矿在进入反应塔高温气氛时，由于水分的迅速汽化，而被水汽膜所包围，以致阻碍硫化物氧化反应的迅速进行，结果造成生料落入沉淀池。

铜镍精矿和石英熔剂混合物料的矿物组成一般有：（Ni，Fe）$_9$S$_8$、CuFeS$_2$、Fe$_7$S$_8$、Fe$_2$O$_3$、FeS$_2$、SiO$_2$、CaO、MgO等。

在镍闪速炉熔炼的高温和氧化性气氛下，镍（铜）硫化精矿的造锍熔炼是利用铁对氧的亲和力大于镍和铜（尤其是铜）对氧的亲和力，铁优先发生氧化反应，致使精矿中的一部分硫和铁氧化；被氧化的硫生成SO$_2$进入烟气；被氧化的铁与脉石以及熔剂中的氧化物造渣。闪速熔炼严格控制入炉的氧料比，能准确地造成部分FeS不被氧化，这部分残存的FeS便与Ni$_3$S$_2$（Cu$_2$S）形成设定组成的镍（铜）锍。造锍熔炼是主金属镍和铜的火法富集过程。

在氧势较高而又缺乏充足的SiO$_2$熔剂时，FeS和已经部分生成的FeO都可能进一步氧化生成Fe$_3$O$_4$：

$$3FeS + 5O_2 =\!=\!= Fe_3O_4 + 3SO_2$$

$$3FeO + 1/2O_2 =\!=\!= Fe_3O_4$$

在高温条件下，Fe$_3$O$_4$可被FeS和固体碳还原：

$$3Fe_3O_4 + FeS =\!=\!= 10FeO + SO_2$$

$$Fe_3O_4 + C =\!=\!= 3FeO + CO$$

生成的FeO与SiO$_2$造渣反应：

$$2FeO + SiO_2 =\!=\!= 2FeO \cdot SiO_2$$

黄铜矿（CuFeS$_2$）在熔炼过程中除发生离解反应外，部分CuFeS$_2$与FeS直接氧化产生SO$_2$、FeO。

$$2CuFeS_2 + 5/2O_2 =\!=\!= Cu_2S \cdot FeS + 2SO_2 + FeO$$

$$FeS + 3/4O_2 =\!=\!= 1/2FeS + 1/2FeO + 1/2SO_2$$

反应生成的FeO又与SiO$_2$造渣。镍的硫化物除离解反应外，也有少量的Ni$_3$S$_2$被氧化进入渣中：

$$2Ni_3S_2 + 7O_2 =\!=\!= 6NiO + 4SO_2$$

反应塔中的镍约有5%~7%以NiO进入沉淀池中，故沉淀池中渣含镍高达0.8%~1.2%。

闪速熔炼的生产过程是一个复杂的系统控制过程，生产的正常进行对全系统的每一道工序、每一个岗位的操作和控制都有着极为严格的要求。

（1）合理的配料比。闪速炉的入炉物料包括从反应塔顶加入的干精矿、石英粉、烟灰及从贫化区加入的返料、石英石、块煤两部分。其合理料比是根据闪速熔炼工艺所选定的炉渣成分、镍锍品位等目标值和入炉物料的成分通过计算确定的。

（2）镍锍温度的控制。闪速炉的操作温度控制是十分严格的。温度过低，则熔炼产物黏度高、流动性差、渣与镍锍的分层不好，渣中进入的有价金属量增大，最终造成熔体排放困难，有价金属的损失量增大；若操作温度控制过高，则会对炉体的结构造成重大的损伤。通常控制镍锍温度为 1150～1200℃。

（3）镍锍品位的控制。闪速炉镍锍品位越高，在闪速炉内精矿中铁和硫的氧化量越大，获得的热量也越多，可相应减少闪速炉的重油量。但镍锍品位越高，带来的负面影响是：镍锍和炉渣的熔点越高，为保持熔体应有的流动性所需要的温度越高，对炉体结构寿命不利；进入渣中的有价金属量越多，损失也越大；精矿在闪速炉脱除的铁和硫量越大，在转炉吹炼过程中，冷料的处理量越来越少，吹炼时间越短，有时需要补充部分硫化剂，否则生产难以自热进行。通常情况下，在精矿含硫为 27%～29% 时，控制镍锍品位 45%～48%，吨精矿耗氧 240～250m^3（标态）。

（4）渣型 Fe 与 SiO$_2$ 比的控制。渣型的控制是通过对渣的 Fe 与 SiO$_2$ 比控制来实现的，即通过调整熔炼过程中加入的熔剂量来进行控制的。在生产过程中，通常控制渣 Fe 与 SiO$_2$ 比为 1.15～1.25，控制反应塔熔剂量与精矿量比值为 0.23～0.25。

4.2.3 镍的鼓风炉熔炼

鼓风炉熔炼具有投资少、建设周期短、操作简单、易控制等特点，加上炉顶密封、富氧鼓风等先进技术的应用，使得这一传统的冶炼工艺在改善环境、降低能耗、烟气回收利用等方面得以不断完善和提高，因而至今仍不失为一些中、小型企业的首选工艺。

鼓风炉是一种竖式炉，它的工艺特点主要表现为：

（1）炉气是通过炉内块料之间的孔隙向上运动，细碎粉状物料容易把孔隙堵塞或被气流带走，炉料透气性不佳，炉气气流分布不均。

（2）在鼓风炉内，炉料与炉气之间的逆向运动，造成良好的热交换条件，因而保证了炉内有较高的热利用率。

（3）鼓风炉中的最高温度是在炉内的焦点区（即风口区），由焦炭强烈的燃烧或硫化物强烈的氧化形成的。

（4）鼓风炉内最高温度取决于炉渣熔点，当炉料和炉渣成分一定时，强化燃料的燃烧，只能增加熔化速度，但不能显著地提高焦点区的温度。

氧化镍矿鼓风炉熔炼的基本任务是将矿石中的镍、钴和部分铁还原出来使之硫化，形成金属硫化物的共熔体与炉渣分离，故称还原硫化熔炼，主要包括如下反应：

（1）离解反应。石灰石在 908℃ 离解，硫含量有半数没有参与硫化反应，而以硫蒸气或被氧化成 SO$_2$ 为烟气所带走。

（2）还原反应。金属氧化物（MO）在炉内靠含有大量的 CO 气体和固体焦炭还原，其总反应可表示为：

$$MO + C(CO) = M + CO(CO_2)$$

最易还原的氧化物是 NiO，在 700～800℃ 时就以相当快的速度还原。

（3）硫化反应。以石膏作硫化剂时，在有炉渣存在的条件下受热，将按下式完全离解：

$$CaSO_4 \cdot 2H_2O == CaO + SO_3 + 2H_2O$$

随后含有 CO 和 SO$_3$ 的气体与金属氧化物相互反应而使后者硫化：

$$3NiO + 9CO + 2SO_3 == Ni_3S_2 + 9CO_2$$

$$3NiSiO_3 + 9CO + 2SO_3 == Ni_3S_2 + 3SiO_2 + 9CO_2$$

$$FeO + 4CO + SO_3 == FeS + 4CO_2$$

$$1/2Fe_2SiO_4 + 4CO + SO_3 == FeS + 1/2SiO_2 + 4CO_2$$

镍的氧化物在本床再与金属铁和 FeS 相互反应，最后完成镍的硫化过程。

$$3NiO + 2FeS + Fe == Ni_3S_2 + 3FeO$$

$$3NiSiO_3 + 2FeS + Fe == Ni_3S_2 + 3/2Fe_2SiO_4 + 3/2SiO_2$$

$$NiO + Fe == Ni + FeO$$

$$2NiSiO_3 + 2Fe == 2Ni + Fe_2SiO_4 + SiO_2$$

鼓风炉通常为矩形（见图4-4），小型炉子可为椭圆形或圆形。矩形炉风口区水平截面积（即炉床面积）的宽度通常只有 1 ~ 1.5m，长度与生产规模有关。炉侧有一定的倾角，炉腹角一般为 3° ~ 8°，以利于布料均匀和炉气自下而上的均匀运动，还便于炉结的处理，故加料水平宽度较下部风口区更宽。全部风口总截面积一般为炉床面积的 5% ~ 6%，风口数量要保证风口直径不要太大，以便于操作和鼓风分布均匀为宜，风口直径通常为 ϕ80 ~ 150mm，中心距为 230 ~ 280mm，风口倾角为 0° ~ 10°。

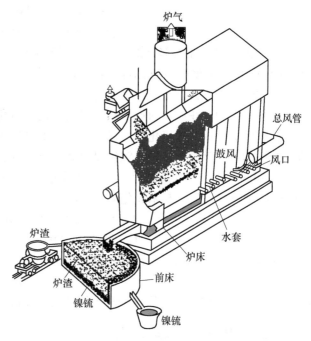

鼓风炉熔炼的主要产物为镍锍和炉渣。镍锍是冶炼的主产品，鼓风炉产出的是低镍锍，它的矿物组

图 4-4 熔炼硫化镍矿的鼓风炉剖视图

成主要有 Ni$_3$S$_2$、Cu$_2$S、FeS。镍锍品位取决于原料品位和脱硫率，一般控制 Ni + Cu 为 12% ~ 25%，含硫 22% ~ 26%。炉渣是各种氧化物的共熔体，以 FeO、SiO$_2$、CaO 成分为主。其产出量很大，产出率可达入炉烧结块质量的 100% ~ 110%。

4.3 镍锍的吹炼

火法炼镍流程中电炉、闪速炉等冶金设备产生的低镍锍，由于其成分不能满足精炼工序的处理要求，因此必须进行低镍锍的进一步处理，这一过程大都在卧式转炉中进行。

低镍锍吹炼的任务是向转炉内低镍锍熔体中鼓入空气和加入适量的石英熔剂，将低镍锍中的铁和其他杂质氧化后与石英造渣，部分硫和其他一些挥发性杂质氧化后随烟气排出，从而得到含有有价金属（Ni、Cu、Co 等）较高的高镍锍和含有有价金属较低的转炉渣。

低镍锍的主要成分是 FeS、Fe_3O_4、Ni_3S_2、Cu_2S、PbS、ZnS 等，如果以 M 代表金属，MS 代表金属硫化物，MO 代表金属氧化物，在吹炼 1250℃左右的高温下硫化物一般可按下列反应进行氧化：

$$MS + 3/2O_2 \Longrightarrow MO + SO_2$$
$$MS + O_2 \Longrightarrow M + SO_2$$

4.3.1　各元素在吹炼过程中的行为

各元素在吹炼过程中的行为如下：

（1）铁的氧化造渣。在转炉鼓入空气时，首先是低镍锍中的 FeS 发生氧化反应生成 FeO，同时与在转炉吹炼过程中加入的石英熔剂（含约 85% SO_2）反应造渣：

$$FeS + 3/2O_2 \Longrightarrow FeO + SO_2$$
$$2FeO + SiO_2 \Longrightarrow 2FeO \cdot SiO_2$$

（2）镍的富集。在大部分铁已被氧化造渣的吹炼后期，当镍锍含铁降到 8% 时，镍锍中的 Ni_3S_2 开始剧烈地氧化和造渣。高镍锍的吹炼是 Ni_3S_2 的氧化过程，是 Ni_3S_2 相中的硫逐渐降低的过程，不会有金属镍相的析出。

在吹炼过程中，在风口附近虽然有镍被氧化成氧化镍，但由于炉内熔体中有大量 FeS 存在，生成的氧化镍又被硫化。所以，当熔体中只要还保留有一定量的 FeS 存在，镍被氧化进入渣中的量应该是不多的，镍仍以 Ni_3S_2 形态存在于镍高锍中。

（3）铜的富集。在吹炼过程中大部分铜仍以 Cu_2S 形态保留在高镍锍中，只有少部分 Cu_2S 被氧化为 Cu_2O 后，与未氧化的 Cu_2S 发生反应生成少量金属铜，其反应如下：

$$Cu_2S + 3/2O_2 \Longrightarrow Cu_2O + SO_2$$
$$Cu_2S + 2Cu_2O \Longrightarrow 6Cu + SO_2$$

由于铜对硫的亲和力大于镍，产生的金属铜可以还原镍锍中的 Ni_3S_2：

$$4Cu + Ni_3S_2 \Longrightarrow 3Ni + 2Cu_2S$$

得到金属 Ni 与金属 Cu 互熔形成合金后便进入镍高锍中，这就产生了金属化高镍锍。

4.3.2　镍锍旋转转炉氧气顶吹吹炼

将镍锍吹炼成粗镍的关键是要达到 1455℃以上的高温和防止生成氧化镍。由于熔体中的硫在吹炼过程中不断氧化，因而要求提高熔体温度并使熔体中的各成分混合均匀，防止出现硫的局部贫化，避免液态金属镍重新氧化成氧化镍。采用旋转转炉氧气顶吹吹炼时，液相中各成分混合良好，传热传质迅速，有利于 Ni_3S_2 的扩散。利用化学反应放出的大量热或向炉内补热以维持操作所要求的高温。镍锍氧气吹炼成粗镍的主要化学反应为：

$$2FeS + 3O_2 \Longrightarrow 2FeO + 2SO_2$$
$$3FeS + 5O_2 \Longrightarrow Fe_3O_4 + 3SO_2$$
$$2FeO + SiO_2 \Longrightarrow 2FeO \cdot SiO_2$$
$$Ni_3S_2 + 2O_2 \Longrightarrow 3Ni + 2SO_2$$
$$2Ni_3S_2 + 7O_2 \Longrightarrow 6NiO + 4SO_2$$

$$Ni_3S_2 + 4NiO = 7Ni + 2SO_2$$

氧气顶吹旋转转炉炉体为圆形钢壳，内衬镁砖或铬镁砖，炉子可以绕短轴倾斜180°，绕长轴连续旋转。炉子由支撑轴支持，工作时和水平面成一定的倾斜角。用水冷却的氧枪由炉口插入炉内，供给吹炼所需的氧气。固定在移动小车上的水冷烟罩一端和烟道相通，另一端紧罩炉口，防止烟气外逸。炉子的结构如图4-5所示。

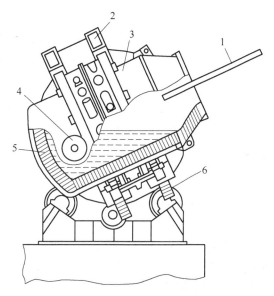

吹炼开始时先将熔体锍倒入炉内，然后使炉子旋转，将氧枪插入炉内送氧吹炼。在吹炼过程中，镍锍中的硫化亚铁氧化成氧化亚铁和二氧化硫，氧化亚铁和二氧化硅生成炉渣。炉渣造好后，抽取氧枪，移开烟罩，炉子绕短轴旋转，将炉渣倒入渣包，再加入新的镍锍，继续吹炼，直到炉内的高镍锍体积达到要求为止。

图4-5 氧气顶吹旋转转炉结构示意图
1—水冷氧枪；2—炉体支撑架；3—炉壳；
4—上推托辊；5—耐火砖；6—电动机驱动托辊

用旋转转炉氧气顶吹吹炼镍锍时，炉子不断旋转，熔体受炉子转动和氧气流搅动的作用，各组分间混合条件好，熔体内传质和传热效果均佳，反应速度快，生产效率高。

镍锍旋转转炉氧气顶吹吹炼的生产过程简单，劳动条件好，工艺参数控制比较灵活，对原料的适应性强，特别适用于中、小型生产。

4.4　硫化镍阳极电解精炼

20世纪初，粗镍阳极电解精炼工艺在工业上获得应用，该工艺具有阳极杂质含量低（杂质总量为6%~8%，含硫约1%，主金属大于85%）、电耗低、阳极液的净化流程简单等优点。但由于粗镍阳极的制备需要进行高镍锍的焙烧与还原过程，造成整个工艺流程复杂、建设投资大。

缓慢冷却、选矿分离高镍锍和镍的硫化物阳极电解是20世纪50~60年代镍冶金技术的重大发展。目前，我国的镍产量90%以上是用该工艺生产的。

对于镍电解精炼过程，由于阴极过程本身脱除杂质的能力有限，阳极中的杂质元素在硫酸盐和氯化物体系中，进入溶液中的杂质种类很多，如铜、铁、钴、铅、锌等，因此，阴极液必须预先经过净化处理，以控制杂质元素的含量，同时采用隔膜电解槽，使阴极液和阳极液分开，这种电解槽的构造较为复杂。

4.4.1　硫化镍阳极电解精炼的电极反应

4.4.1.1　阳极溶解反应

硫化镍阳极主要组成为 Ni_3S_2 及部分 Cu_2S、FeS 等硫化物，其化学组成约为 $Ni > 40\%$，

$Cu < 25\%$, $S\ 19\%\sim 23\%$ 。在电解阳极发生如下的溶解反应:

$$Ni_3S_2 - 2e = Ni^{2+} + 2NiS$$

$$NiS - 2e = Ni^{2+} + S$$

$$Ni_3S_2 - 6e = 3Ni^{2+} + 2S$$

$$Cu_2S - 4e = 2Cu^{2+} + S$$

$$FeS - 2e = Fe^{2+} + S$$

硫化镍阳极溶解时,因控制的电位比较高,S^{2-} 已氧化成为单体硫,可进一步氧化成为硫酸:

$$Ni_3S_2 + 8H_2O - 18e = 3Ni^{2+} + 2SO_4^{2-} + 16H^+ \qquad (4-1)$$

同时也可能发生如下反应:

$$H_2O - 2e = 1/2O_2 + 2H^+ \qquad (4-2)$$

式(4-1)和式(4-2)是电解造酸反应,因此电解时阳极液的 pH 值会逐渐降低。在电解生产过程中取出的阳极液,其 pH 值为 $1.8 \sim 2.0$,所以在返回作为阴极液时,除了要脱除溶液中的杂质外,还需要调整酸度。

4.4.1.2 镍还原的阴极反应

当镍电解精炼采用硫酸盐-氯化物混合体系时,溶液呈弱酸性,$pH = 4 \sim 5$。当控制阴极电位一定时,主要为 Ni^{2+} 在阴极还原,即

$$Ni^{2+} + 2e = Ni$$

氢在镍电极上析出的超电压较低,致使镍和氢的析出电位相差较小,溶液中的氢离子可能在阴极上析出:

$$2H^+ + 2e = H_2$$

在生产条件下,氢析出的电流一般占电流消耗的 $0.5\% \sim 1.0\%$,同时镍能吸收氢而影响产品的质量。因此为了保证镍电解精炼的经济技术指标和产品质量,防止和减少氢的析出是很重要的。

4.4.2 硫化镍电解槽的结构

4.4.2.1 槽体

电解槽壳体由钢筋混凝土制成,内衬防腐材料。目前采用较多的是环氧树脂,用它作衬里强度高、整体性好、防腐蚀性能良好。

在电解槽(见图 4-6)底部的防腐蚀衬里之上,砌上一层耐酸瓷砖以保护槽底免受腐蚀。槽底设有一个放出口,用于排放阳极泥。电解槽安装在钢筋混凝土横梁上,槽底四角垫以绝缘板。

4.4.2.2 隔膜架

镍电解精炼使用的隔膜是由具有一定透水性能的洗棉制成的隔膜袋,套在形状为长方形、上方开口的隔膜架上,以便放入阴极和盛装净化后的电解液。现在都采用圆钢作骨架,外包环氧树脂或橡胶作防腐层的组装式隔膜架。

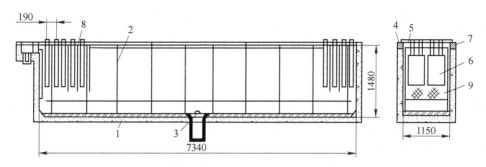

图 4-6 硫化镍阳极电解槽

1—槽体；2—隔膜架；3—塞子；4—绝缘瓷板；5—阳极棒；

6—阳极；7—导电板；8—阴极；9—隔膜袋

4.4.3 硫化镍阳极电解精炼生产技术操作条件控制

4.4.3.1 电解液成分

由于硫化镍电解的电解液须有足够高的镍离子浓度和很低的杂质离子浓度，采用硫化镍电解工艺的工厂都采用含有硫酸盐和氯化物的混合电解液。

（1）镍离子。镍的析出电位与电解液中镍离子浓度有关，在电解过程中，提高阴极液镍离子浓度或阴极液循环速度是提高阴极区镍离子浓度的有效办法。生产中一般控制镍离子浓度在 $70 \sim 75 \mathrm{g/L}$。

（2）氯离子。氯离子可以降低电解液电阻，提高溶液的导电性，使得槽电压降低，电耗减少。氯离子还可以减轻以至消除电极的钝化现象。因为氯离子能吸附在电极与溶液之间的界面上，从而改变了电极表面双电层结构，降低电极反应的活化能，使电极过程容易进行，从而加快阴阳极反应速度。

氯离子还可以使镍离子的析出反应比氢离子容易，从而减少氢气的析出，改善电镍质量。

由于 $NiCl_2$ 溶解度比 $NiSO_4$ 大得多，因而可以提高溶液中镍离子浓度，从而提高电流密度，强化生产，保证电镍质量，为提高电流效率创造了条件。一般控制氯离子在 $50 \sim 90 \mathrm{g/L}$。

（3）钠离子。在硫化镍电解液的净化过程中，特别是采用化学沉淀法时，由于采用碳酸钠作中和剂，会将钠离子带入电解液中，并且随着电解过程的进行，钠离子逐渐积累。

为了维持溶液体系的钠离子平衡，在生产上常抽取一部分溶液制作 $NiCO_3$，在进行液固分离时钠离子留存于液相之中，通过外排而达到排钠的目的。因此，Na^+ 浓度高于 $45 \mathrm{g/L}$。

（4）电解液 pH 值。当溶液 pH 值较低时，氢的析出电位较正，氢优先于镍在阴极上析出，使电流效率降低，并在电镍表面上形成大量气孔；当 pH 值较高时，在阴极表面上 Ni^+ 发生水解，产生 $Ni(OH)_2$ 沉淀，因而得不到致密的阴极镍。一般阴极液的 pH 值控制在 $4.6 \sim 5.0$ 之间。

（5）硼酸。在电解过程中为了提高产品质量，常往电解液中加入硼酸作缓冲剂。加入硼酸后，可使阴极表面电解液的 pH 值在一定程度上维持稳定，这就有可能减少镍的水解和碱式盐的生成，有利于电流效率的提高。另外，硼酸的存在还可以减少阴极电解镍的脆性，使电解镍表面平整光滑。为了保持电解液的 pH 值为 4.6～5.2，H_3BO_3 的加入量一般为 5～20g/L。

4.4.3.2　电解液循环

隔膜电解溶液循环方式是阴极液以一定的速度流入阴极室，经电解沉积后的贫化液，则通过隔膜渗入阳极室，阳极液送往净化工序进行除杂处理。

电解液循环的目的是：不断向阴极室内补充镍离子，以满足电解沉积对镍离子的要求；促使阴极室内溶液流动，增大离子扩散速度，降低浓差极化。阴极液循环速度一般控制为 380～420mL/min。

4.4.3.3　电流密度

硫化镍阳极电解工艺的阴极电流密度一般为 200A/m²。适当控制操作条件，电流密度可提高到 220A/m² 以上。

4.4.3.4　电解液温度

一般电流密度为 150～200A/m² 时，电解液温度为 55～60℃；当电流密度提高到 220～280A/m² 时，电解液温度相应提高，控制在 65～70℃。

4.4.4　硫化镍电解的主要产物

硫化镍电解的主要产物有：

（1）电解镍。电解的最终目的是产出电镍。我国生产的电镍的化学成分和物理规格的质量已符合国家标准 GB/T 6516—1997 的要求。

（2）阳极泥。硫化镍阳极电解过程中，阳极板中含的镍、铜、铁、钴等大部分进入溶液，而元素硫和未溶解的硫化物及贵金属则形成阳极泥。我国硫化镍电解的阳极泥率为 25%～30%，阳极泥含硫约 80%，含镍约为 4%。

（3）阳极液。净化后的电解液，通过隔膜袋自阴极区进入阳极区，变为阳极液。受阳极反应的影响，阳极液中 H^+ 及杂质离子含量大幅度上升。阳极液连续不断地自电解槽中流出，送往净化除杂质，生产电解新液。

4.5　镍冶金中钴的回收

镍电解净液钴渣中的有价金属如镍、钴、铜等均以氢氧化物形态存在，其典型成分见表 4-2。

表 4-2　钴渣成分

成分	Ni	Cu	Co	Fe	Ca	Mg	Pb	Zn	Mn
含量/%	27～32	0.1～0.2	8～11	4～6	0.15	0.04	0.005～0.008	0.06～0.15	0.023～0.06

钴渣含水约 50%。首先在钢制衬胶的机械搅拌槽中，通入二氧化硫（或加入亚硫酸钠），使钴渣中的镍、钴等金属离子还原为 2 价进入溶液，如：

$$2Co(OH)_3 + H_2SO_4 + SO_2 = 2CoSO_4 + 4H_2O$$

$$2Ni(OH)_3 + H_2SO_4 + SO_2 = 2NiSO_4 + 4H_2O$$
$$2Fe(OH)_3 + 3H_2SO_4 = Fe_2(SO_4)_3 + 6H_2O$$
$$Cu(OH)_2 + H_2SO_4 = CuSO_4 + 2H_2O$$
$$Fe(OH)_2 + H_2SO_4 = FeSO_4 + 2H_2O$$

由于铁也进入到溶液中，因此浸出液需要预先除铁，一般采用黄钠铁矾法除铁，经过除铁后的溶液除含主金属镍、钴外，其他杂质总量在 2g/L 左右，必须进行萃取深度净化。某厂用 P204 萃取除杂质，得到主成分含量：Co 为 13 ~ 20g/L、Ni 为 33 ~ 88g/L；杂质成分：Cu 为 1.3 ~ 7mg/L、Fe 为 0.6 ~ 1.8mg/L、Mn 为 0.3 ~ 1mg/L、Zn 为 0.2 ~ 9mg/L、CaO 为 0.8 ~ 5mg/L、Pb 为 1.5 ~ 2.8mg/L、Mg 为 210 ~ 350mg/L 的氯化钴和氯化镍的混合溶液，然后用 P507 分离镍钴。

萃取得到的氯化钴溶液，用草酸铵作沉淀剂，生成草酸钴沉淀。其反应式如下：

$$CoCl_2 + (NH_4)_2C_2O_4 = CoC_2O_4 + 2NH_4Cl$$

复习思考题

4-1　镍的生产方法主要有哪些？

4-2　简述镍造锍熔炼的基本原理。

4-3　如何控制硫化铜镍闪速熔炼的工艺条件？

4-4　镍的鼓风炉熔炼的工艺特点是什么？

4-5　各元素在镍锍吹炼过程中的行为如何？

4-6　硫化镍阳极电解精炼的电极反应是什么？

4-7　硫化镍阳极电解精炼生产技术操作条件如何控制？

5 钛 冶 炼

学习目标：

(1) 掌握镁热还原制备钛的基本原理及主要流程。

(2) 了解人造金红石和四氯化钛的制取方法。

(3) 了解钛冶炼过程中镁元素和氯元素的循环过程。

(4) 了解海绵钛制取致密钛的技术手段。

(5) 了解关于钛制备的新方法。

5.1 概 述

5.1.1 钛的物理化学性质

钛（Ti）是一种银白色的过渡金属，于 1791 年由格雷戈尔于英国康沃尔郡发现，并由克拉普罗特用希腊神话的泰坦为其命名。在元素周期表中，钛为第四周期ⅣB 族元素，原子序数为 22，相对原子质量为 47.87，其特征为质量轻、强度高、具金属光泽，也有良好的抗腐蚀能力（包括海水、王水及氯气）。由于其稳定的化学性质，良好的耐高温、耐低温、抗强酸、抗强碱等性质，以及高强度、低密度，被美誉为"太空金属"。钛是钢与合金中重要的合金元素，密度为 4.506 ~ 4.516g/cm³（20℃），高于铝而低于铁、铜、镍，但比强度位于金属之首。熔点为（1668 ± 4）℃，沸点为（3260 ± 20）℃，临界温度为 4350℃，临界压力为 114.5MPa(1130atm)。钛的导热性和导电性能较差，近似或略低于不锈钢，钛具有超导性，纯钛的超导临界温度为 0.38 ~ 0.4K。金属钛是顺磁性物质，磁导率为 1.00004H/m。

钛具有可塑性，高纯钛的伸长率可达 50% ~ 60%，断面收缩率可达 70% ~ 80%，但收缩强度低（即收缩时产生的力度），不宜作结构材料。钛中杂质的存在，对其力学性能影响极大，特别是间隙杂质（氧、氮、碳）可大大提高钛的强度，显著降低其塑性。钛作为结构材料所具有的良好力学性能，就是通过严格控制其中适当的杂质含量和添加合金元素而达到的。

钛在较高的温度下，可与许多元素和化合物发生反应，按其与各种单质元素发生的反应不同，可分为四类：

(1) 卤素和氧族元素与钛生成共价键与离子键化合物。

(2) 过渡元素、氢、铍、硼族、碳族和氮族元素与钛生成金属间化物和有限固溶体。

(3) 锆、铪、钒族、铬族、钪元素与钛生成无限固溶体。

（4）惰性气体、碱金属、碱土金属、稀土元素（除钪外），铷、铯等不与钛发生反应或基本上不发生反应。

钛可与以下几类化合物反应：

（1）氟化氢和氟化物。氟化氢气体在加热时可发生反应生成 TiF_4，反应式为：

$$Ti + 4HF = TiF_4 + 2H_2$$

不含水的氟化氢液体可在钛表面上生成一层致密的四氟化钛膜，可防止氟化氢浸入钛的内部。

氢氟酸是钛的最强溶剂。即使是浓度为 1% 的氢氟酸，也能与钛发生激烈反应，反应式为：

$$2Ti + 6HF = 2TiF_3 + 3H_2$$

无水的氟化物及其水溶液在低温下不与钛发生反应，仅在高温下熔融的氟化物与钛发生显著反应。

（2）氯化氢和氯化物。氯化氢气体能腐蚀金属钛，干燥的氯化氢在高于 300℃ 时与钛反应生成 $TiCl_4$：

$$Ti + 4HCl = TiCl_4 + 2H_2$$

浓度小于 5% 的盐酸在室温下不与钛反应，但当温度升高时，即使稀盐酸也会腐蚀钛。20% 的盐酸在常温下与钛发生反应生成紫色的 $TiCl_3$：

$$2Ti + 6HCl = 2TiCl_3 + 3H_2$$

（3）硫酸和硫化氢。钛与 5% 的硫酸有明显的反应，在常温下，约 40% 的硫酸对钛的腐蚀速度最快，当浓度大于 40%，达到 60% 时腐蚀速度反而变慢，80% 又达到最快。加热的稀酸或 50% 的浓硫酸可与钛反应生成硫酸钛：

$$Ti + H_2SO_4 = TiSO_4 + H_2$$
$$2Ti + 3H_2SO_4 = Ti_2(SO_4)_3 + 3H_2$$

加热的浓硫酸可被钛还原，生成 SO_2：

$$2Ti + 6H_2SO_4 = Ti_2(SO_4)_3 + 3SO_2 + 6H_2O$$

常温下钛与硫化氢反应，在其表面生成一层保护膜，可阻止硫化氢与钛的进一步反应。但在高温下，硫化氢与钛反应析出氢：

$$Ti + H_2S = TiS + H_2$$

粉末钛在 600℃ 开始与硫化氢反应生成钛的硫化物，在 900℃ 时反应产物主要为 TiS，1200℃ 时为 Ti_2S_3。

（4）硝酸和王水。致密的表面光滑的钛对硝酸具有很好的稳定性，这是由于硝酸能快速在钛表面生成一层牢固的氧化膜，但是表面粗糙，特别是海绵钛或粉末钛，可与冷、热稀硝酸发生反应：

$$3Ti + 4HNO_3 + 4H_2O = 3H_4TiO_4 + 4NO$$
$$3Ti + 4HNO_3 + H_2O = 3H_2TiO_3 + 4NO$$

高于 70℃ 的浓硝酸也可与钛发生反应：

$$Ti + 8HNO_3 = Ti(NO_3)_4 + 4NO_2 + 4H_2O$$

常温下，钛不与王水反应。温度高时，钛可与王水反应生成 $TiOCl_2$。

（5）其他酸、碱、盐和有机物。常温下，钛在浓度小于 30% 的磷酸溶液中腐蚀速率较小，当浓度或温度升高时，腐蚀速率明显加速。稀的碱溶液不与钛反应，熔融钛可与碱反应生成钛酸盐。钛与金属氧化物在高温下可发生可逆反应。

常温钛不与甲酸反应，50~100℃时可激烈反应。钛与冷、热乙酸反应生成二价和三价的乙酸酯。钛可与热的三氯乙酸、三氟乙酸和草酸反应，沸腾的三氯乙酸对钛有强烈的腐蚀作用。60℃的草酸溶液能腐蚀钛，其他有机酸不与钛反应。

常温下钛不与氨气反应，但在高温下可发生反应生成氢化物和氮化物。常温下钛不与水反应，但粉末状的钛可与沸腾的水或水蒸气发生反应，析出氢气。常温下钛不与任何碳氢化合物反应，仅在高温下才发生反应，生成碳化钛。

综上所述，钛的性质与温度及其存在形态、纯度有着极其密切的关系。致密的金属钛在自然界中是相当稳定的，但是，粉末钛在空气中可引起自燃。钛中杂质的存在，显著地影响钛的物理、化学性能，力学性能和耐腐蚀性能。特别是一些间隙杂质，它们可以使钛晶格发生畸变，而影响钛的各种性能。常温下钛的化学活性很小，能与氢氟酸等少数几种物质发生反应，但温度增加时钛的活性迅速增加，特别是在高温下钛可与许多物质发生剧烈反应。钛的冶炼过程一般都在800℃以上的高温下进行，因此必须在真空中或在惰性气氛保护下操作。

5.1.2　钛的用途

钛由于具有优异的综合特性，已成为一种广泛应用的新型工程材料。

（1）在航天领域的应用。与钢铁或铝合金相比，钛合金是一种更新的结构材料。美国在20世纪40年代末开发了早期的钛合金，其中Ti-6Al-4V合金最为典型，现在它仍为航空应用的主体。

在飞机制造工业上，要求制造所用的材料质轻且强度大，钛的比强度是不锈钢的3倍，是铝合金的1.3倍。所以，在飞机制造工业上，钛受到了广泛重视。过去几十年里钛合金在飞机机身中的应用增加。

太空飞行器的有效载荷相对较小，因此这些结构的减重比飞机的减重更为重要。正因为如此，钛合金已在最早的Apollo和水星计划中得到了广泛应用。燃料箱和卫星舱体等都是钛合金的典型应用。

（2）在化工、冶金等工业领域的应用。钛的耐腐蚀性很好，这是由于它表面易生成一层致密的氧化膜，起保护钛基体不受介质腐蚀作用之故。纯钛耐腐蚀性能优异，化工、石油、纺织、冶金等工业常使用纯钛来制作防腐设备和零件。

钛材在化工、冶金领域中的应用范围包括用来制作各类设备、电解极板、反应器、热交换器、分离器、吸收塔、冷却器、浓缩器以及各种连续配套的管、阀、配件、垫圈、泵等。

（3）在医疗领域的应用。生物材料必须满足抗蚀性、生物相容性、生物黏附性、力学性能、加工性能等要求。而钛和钛合金能够很好地满足以上一系列要求。

近30年来，钛及钛合金成为了医学工程领域的外科植入材料。钛与人体之间优异的生物相容性被看成是钛被选用的关键因素，钛可被用于制造人工骨、人工关节头、人造齿根、假肢等。

（4）在汽车制造领域的应用。在汽车制造领域中采用替代材料不仅可以大大减重而且常常能提高功能特性。因此，长期以来汽车制造商一直在寻找采用新材料的可能性。从 20 世纪 50 年代开始工业化生产钛及钛合金以来，这些材料因其高比强、高弹性能吸收能力和优异的抗蚀性而引起了汽车制造商的注意。但是钛材料的价格很贵，所以应用只集中在一些小型部件和某些有特殊要求的部件。

（5）在建筑业领域的应用。钛的热膨胀系数低，仅为不锈钢的 1/2 和铝的 1/3。玻璃和混凝土的热膨胀系数也很低，因此在含有很多玻璃和混凝土的结构中，钛比其他金属更合适。对于金属而言，钛是一种极优异的绝热材料。钛的热导率仅为铝的 1/10，从而可以提高建筑物的能源效率。特别是采用金属结构的建筑中，钛是一种能源效率极高的材料，对提高建筑物的经济性具有积极作用。

钛材不受酸雨引起的应力腐蚀、点蚀、缝隙腐蚀和其他类型腐蚀的影响，并且经特殊处理后可呈现出许多美丽的颜色和图案，也可制成具有抗菌、杀菌性能的功能材料，所以钛材很适合作新型建筑材料。

（6）在船舶制造等领域的应用。由于钛的耐蚀性以及钛镍合金的形状记忆功能，钛被广泛用于海水淡化、船舶制造、温差发电等领域。正因为钛的这些用途与大海结下了不解之缘，因此钛也被誉为"海上金属"。

（7）在日用品领域的应用。在诸如高尔夫球杆、滑雪板、眼镜架、照相机外壳、自行车车架等日常用品方面的生产中，钛材用量日益增多。

5.1.3　钛的资源

钛属于稀有金属，实际上钛并不稀有，其在地壳中的丰度为 0.45%，在金属中排第七位，远远高于许多常见的金属。但由于钛的性质活泼，对冶炼工艺要求高，使得人们长期无法制得大量的钛，从而被归类为稀有的金属。钛的矿石主要有钛铁矿（$FeTiO_3$）及金红石（TiO_2），广布于地壳及岩石圈之中。钛也同时存在于几乎所有生物、岩石、水体及土壤中。矿石经处理得到易挥发的四氯化钛，再用镁还原而制得纯钛。

世界金红石（包括锐钛矿）储量和储量基础分别为 3330 万吨和 16440 万吨，资源总量约 2.3 亿吨（TiO_2 含量），主要集中在南非、印度、斯里兰卡、澳大利亚。世界钛铁矿（TiO_2）储量和储量基础分别为 2.743 亿吨和 4.353 亿吨，资源总量约 10 亿吨，主要集中在南非、挪威、澳大利亚、加拿大和印度。

中国钛资源总量 9.65 亿吨，居世界之首，占世界探明储量的 38.85%，主要集中在四川、云南、广东、广西及海南等地，其中攀西（攀枝花西昌）地区是中国最大的钛资源基地，钛资源量为 8.7 亿吨。

5.1.4　钛的冶炼方法

海绵钛的工业生产方法分为钠还原法和镁还原法，目前钠还原法已暂时被淘汰。镁还原法原来分为镁还原—真空蒸馏法（MD）、镁还原—酸浸法和镁还原—氩气循环蒸馏法 3 种工艺，目前全世界都采用镁还原—真空蒸馏法生产海绵钛。

图 5-1 所示为国内外普遍采用的典型镁还原—真空蒸馏法工艺的流程图。它是将钛矿物经过富集—氧化—精制制取四氯化钛，接着在氩气或氦气惰性气氛下用镁蒸气还原四氯化钛，生成金属钛，然后进行真空蒸馏分离除去镁和氯化镁，最后经过产品处理得到海

绵钛。

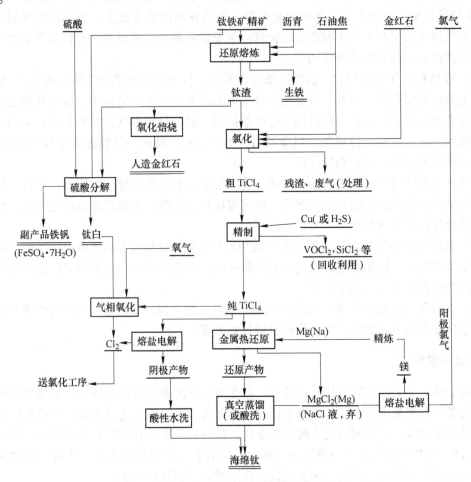

图 5-1　钛冶炼原则流程图

5.2　钛铁矿精矿的还原熔炼

当以钛铁矿为原料生产钛白或四氯化钛时，为了降低硫酸消耗和氯气消耗，需要除去钛铁矿中的铁，使 TiO_2 得到富集。除铁的方法很多，但规模最大、最成熟的方法是电炉还原熔炼法。该方法是将钛铁精矿用碳质还原剂在电炉中进行高温还原熔炼，铁的氧化物被选择性地还原成金属铁，钛氧化物富集在炉渣中成为钛渣的过程。

5.2.1　理论基础

钛的氧化物比铁的氧化物稳定得多。因此，在钛铁矿精矿高温还原熔炼过程中，控制还原剂碳量，可使铁的氧化物被优先还原成金属铁，钛的氧化物不易还原而进入炉渣。利用生铁与钛渣的密度差别，使铁与钛氧化物分离，分别产出生铁和含 72%～95% TiO_2 的钛渣（或称高钛渣）。此法能同时回收钛铁矿中钛、铁两个主要元素，过程无废料产生，炉气可回收利用或经处理达到排放标准。

钛铁矿还原熔炼的主要反应为：

$$Fe_2TiO_3 + C === 2Fe + TiO_2 + CO$$
$$3/4FeTiO_3 + C === 3/4Fe + 1/4Ti_3O_5 + CO$$
$$2/3FeTiO_3 + C === 2/3Fe + 1/3Ti_2O_3 + CO$$
$$1/3FeTiO_3 + 4/3C === 1/3Fe + 1/3TiC + CO$$
$$1/2FeTiO_3 + C === 1/2Fe + 1/2TiO + CO$$

实际反应很复杂，反应生成物 CO 部分参与反应，精矿中非铁杂质也有少量被还原，大部分进入渣相，不同价态的钛氧化物（TiO_2、Ti_3O_5、Ti_2O_3、TiO）与杂质（FeO、CaO、MgO、MnO、SiO_2、Al_2O_3、V_2O_5 等）相互作用生成复合化合物，它们之间又相互溶解形成复杂固溶体，还可能形成钛的碳、氮、氧固溶体（Ti(C、N、O)）。从而使炉渣的熔点升高，黏度增大，给熔炼操作带来困难。添加钙、镁、铝的氧化物或降低 FeO 的还原度，有利于降低炉渣的熔点和黏度，并能增大渣层的电阻，给还原熔炼过程带来一定的好处。但上述添加剂将会导致渣中 TiO_2 含量下降和增加下一步氯化过程的氯气消耗，因此希望尽量少加或不加熔剂。

通过上述反应，钛和非铁杂质氧化物在渣相富集，铁主要富集在铁水中。但随着还原过程的深入进行，渣中 FeO 活度逐渐降低，致使渣相中部分 FeO 不可能被完全还原而留在钛渣中。

5.2.2 生产实践

钛铁矿的还原熔炼设备一般为电炉，它是介于电弧炉和矿热炉之间的一种特殊炉型，有敞口式和密闭式两种。敞口电炉可生产高还原度钛渣，但熔炼过程炉况不稳定、热损失大、金属回收率低、劳动条件差。密闭电炉熔炼过程炉况稳定、无噪声、热损失少、金属回收率高、电炉煤气可回收利用。图 5-2 所示为密闭电炉炉体的结构示意图。还原电炉为钢制外壳，内衬镁砖，熔池壁砌成台阶形式。电极用石墨电极，也可用自焙炭素电极。电极夹持在升降机构上，其提升与下降均为自动控制。由于高钛渣在高温下可与多数耐火材料发生作用，故需预先在炉衬上造成一层结渣层以保护炉衬。炉底上应经常保持一层铁水以防止炉渣对炉底的腐蚀。生产中多采用团块与粉料混合料进行熔炼。用直径 3~4mm 的无烟煤或焦炭作还原剂。

每炉作业包括加料、熔炼、出炉、修堵料口和捣炉等步骤。熔炼过程大致可分为还原熔化、深还原和过热出炉 3 个阶段。

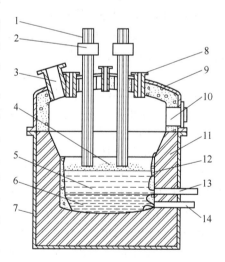

图 5-2 熔炼钛渣密闭电炉示意图
1—电极；2—电极夹；3—炉气出口；
4—炉料；5—钛渣；6—铁水；
7—钢外壳；8—加料管；9—炉盖；
10—检测孔；11—筑炉材料；12—结渣层；
13—出渣口；14—出铁口

（1）还原熔化阶段。炉料预热至1173K左右开始发生还原反应，温度升至1523～1573K时炉料开始熔化，此时熔化和还原同时进行。炉料的熔化从电极周围逐渐向外扩张，直至电极间的炉料全部熔化形成熔池，这标志着还原熔炼阶段的结束。这阶段消耗的能量约占全过程的2/3。敞口电炉的熔池上方经常残留一层未熔化的烧结固体料"桥"，"桥"在高温作用下容易部分崩塌陷落到熔池内引起激烈反应，造成熔渣的沸腾，引起电极升降和炉子功率波动。

（2）深还原阶段。炉料熔化后形成的熔渣仍含有10%左右的FeO。在生产高还原度钛渣时，仍需将残留的FeO进一步深还原成铁。敞口电炉熔池上方的固体料"桥"具有遮挡电弧热辐射的作用，使深还原得以充分进行。

（3）过热出炉阶段。深还原结束后，为保证顺利出炉，有时仍需将熔体加温，使渣和铁充分分离，并使熔渣达到一定的过热度。

电炉还原熔炼既可产出供生产$TiCl_4$和人造金红石用的高钛渣（85%～95%TiO_2），也可产出供硫酸法生产钛白用的低钛渣（72%～85%TiO_2）。所得生铁浇铸成锭送炼钢厂，或经脱硫后直接制成生铁球供球磨机用。

5.3　人造金红石生产简介

电炉还原熔炼法生产钛渣的方法，存在着电能消耗大，不能除去精矿中CaO、MgO、Al_2O_3、SiO_2等杂质的缺点，它们在下一步氯化作业中使氯气消耗增大，冷凝分离系统负担加重，钛的总回收率降低等。因此还可以采用其他方法除去钛铁矿精矿中的铁，从而得到金红石型TiO_2含量较高的富钛物料（称之为人造金红石）。主要的方法有选择氯化法、还原锈蚀法、酸浸法和还原磁选法。

选择氯化法是控制配碳量（约为精矿量的6%～8%），在800～1000℃下，钛铁矿中的铁被优先氯化并挥发：

$$FeO \cdot TiO_2 + C + 3/2Cl_2 \Longrightarrow FeCl_3 + TiO_2 + CO$$

氯化后的固体料经过湿法除去过剩的碳和$MgCl_2$、$CaCl_2$，磁选除去未被氯化的钛铁矿后，可获得TiO_2的质量分数达90%以上的人造金红石。氯化过程一般在沸腾炉中进行。产生的$FeCl_3$可回收利用。

还原锈蚀法是将还原后的物料在酸性（NH_4Cl的质量分数为1.5%～2%）水溶液中通空气搅拌，使铁变成$Fe(OH)_2$，再进一步氧化变成铁锈（$Fe_2O_3 \cdot H_2O$），呈细散粉末状，就很容易将其漂洗出来，最终结果获得的人造金红石中TiO_2的质量分数大于92%。

酸浸法用盐酸和硫酸两种方法。美国采用轻度还原后的钛铁矿，143℃时用再生盐酸（质量分数为18%～20%）在0.245MPa的压力下浸出4h。经过连续真空带式过滤机和水洗后，在870℃下燃烧滤饼，除去物理水和化合水，即得到人造金红石。日本的石原公司用生产钛白时排出的质量分数约为22%的废硫酸溶液，处理经预还原的钛铁矿，可以得到TiO_2的质量分数为95%的富钛料产品。

5.4　氯化制取四氯化钛

氯化冶金是将原料与氯化剂反应使欲提取的成分转变为氯化物，后者再与还原剂反应制取纯金属的冶金方法，氯化冶金有以下优点：

（1）对原料适应性强，甚至能用于处理成分复杂的贫矿。

（2）作业温度较其他火法冶金低。

（3）物料中的有价组分分离效率高，综合利用好。

缺点是氯化剂腐蚀性强，易侵蚀设备，并易造成环境污染。

目前工业生产金属钛采用氯化冶金的方法主要有以下几个原因：

（1）只有以钛的氯化物为原料才能制取低氧含量的可锻金属钛。

（2）四氯化钛在常温下是液体并容易提纯。

（3）氯在冶金过程中容易实现循环使用。

目前用于氯化生产四氯化钛的原料主要有高钛渣或钛渣、天然金红石、人造金红石、高品位钛铁矿等，或以上两种、几种原料的混合料。这些原料的含钛化合物主要是二氧化钛。上述所有原料中都不同程度的含有多种杂质氧化物，如氧化亚铁、氧化铁、氧化钙、氧化镁、氧化硅、氧化铝、氧化锰等。

5.4.1 氯化理论基础

二氧化钛与氯气的反应式为：

$$TiO_2 + 2Cl_2 \rule[0.5ex]{2em}{0.4pt} TiCl_4 + O_2$$

该反应的标准自由焓变化为：

$$\Delta G_T^\ominus = 199024 - 51.88T \ (298 \sim 1300K)$$

$$\Delta G_{1000K}^\ominus = 147.1kJ$$

1000K 时反应的平衡常数为：$K_P = 2.06 \times 10^{-8}$。

由此求得系统在 $p(Cl_2) = 0.1MPa$，$p(O_2) = 0.1MPa$ 的条件下，四氯化钛的平衡分压为 $2.06 \times 10^{-9}MPa$。因此，从工业生产的条件和角度看，二氧化钛直接与氯气的反应不能自动进行。但是在有碳存在的条件下，二氧化钛的氯化反应在较低的温度（700～900℃）下即可顺利进行。其总反应为：

$$TiO_2 + C + 2Cl_2 \rule[0.5ex]{2em}{0.4pt} TiCl_4 + CO_2$$

$$\Delta G_T^\ominus = -194815 - 53.3T$$

$$\Delta G_{1000K}^\ominus = -248115J$$

计算 1000K 时反应的平衡常数为 9.26×10^{12}，这说明反应可以自动进行。

在钛渣中，除钛氧化物以外，还含有一定数量的杂质氧化物，可能被氯化。钛渣中各种氧化物与氯气反应的能力由大到小的顺序为：$K_2O > Na_2O > CaO > MgO > MnO > FeO > TiO_2 > Al_2O_3 > SiO_2$。显然在保证 TiO_2 被完全氯化的条件下，位置处于 TiO_2 前面的氧化物都能被氯化，而 Al_2O_3 和 SiO_2 仅能发生部分氯化（但硅酸盐和铝硅酸盐能激烈地氯化）。

5.4.2 影响氯化速度的因素

影响氯化速度的因素有：

（1）温度。研究结果表明，在700℃以下，氯化速度受化学反应控制，提高温度是加速反应的有效方法；当温度达700℃以上时，氯化过程已转化为受反应物或产物的扩散速度控制，此时改善扩散条件，增大反应物浓度（分压）等才是强化过程的主要途径。

（2）氯气分压。无论是化学反应控制还是扩散控制，提高氯气分压均有利于提高反应速度。

（3）氯气流速。在一定的氯气线速度范围内，氯化速度随氯气流速的增加而提高；但当氯气线速度超过某一定值时，对反应速度无明显影响，此时，过高的氯气流速并不能进一步使生产能力提高，反而会降低氯气的利用率。

（4）沸腾层内 TiO_2 质量分数。当反应温度一定，且在扩散区进行时，氯化反应速度随料层中 TiO_2 质量分数的增加而呈指数增加。在熔盐氯化层内，TiO_2 的加碳氯化反应速度也随熔盐中 TiO_2 质量分数的增高而加快。

（5）物料特性。和其他气-固相间的多相反应一样，钛渣颗粒小，比表面积（或反应面积）大，有利于反应进行。含钛物料的特性与含碳原料的种类对氯化速度也有着很大的影响。就还原剂而言，一般是木炭最好，活性石油焦次之，燃烧过的石油焦又次之；钛渣比金红石精矿的氯化速度大，其原因不仅在于金红石是晶型最稳定的 TiO_2，还因为钛渣中的低价氧化钛和其他钛化物在较低的温度下就能迅速被氯气氯化。

5.4.3　生产实践

在生产中有三种氯化的工艺方法，即固定床氯化、沸腾氯化和熔盐氯化。固定床氯化已基本不采用。

5.4.3.1　沸腾氯化

在工业生产上，钛渣的氯化一般在 800~1000℃下进行。在这样高的温度下，氯化过程为扩散控制，故强化物质交换和热交换是强化过程的关键措施。而沸腾层的特点是，一定颗粒的固体物料被一定流速的气体（或液体）托起。在反应区内剧烈翻动，如液体沸腾一样，使气相与固相物质充分接触，故传质、传热效果良好。加快了反应速度，生产过程得到了强化，过程易连续，提高了设备生产能力和劳动生产率。沸腾氯化法就是充分利用上述特点，使过程得到强化。沸腾氯化炉的构造如图5-3 所示。氯气从炉底进入气室，经筛板使气流通过能均匀分布反应段的整个截面，将内装炉料吹起呈悬浮状态。筛板由石墨制成，开孔率为 0.8%~1.0%。一定粒度和比例的富钛渣与石油焦混合并经风选后加入炉内，氯化温度为 800~1000℃。在氯化反应中放出大量热，因此，只需在开炉时外加热到 800℃以上，以后的氯化反应完全可以靠自热进行。反应段有圆柱形的和圆锥形的，锥形膛具有沿炉膛气流速度逐渐减缓的特点，适应沿炉膛高度悬浮的物料颗粒逐渐减小的沸腾状态。排渣速度控制在加料速度的 7%左右。反应的气体产物通过炉顶出口排至收尘冷凝系统。

从炉内排出来的气体，气流中难免要夹带一些固体物料的

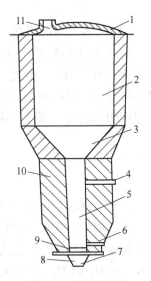

图 5-3　沸腾氯化炉
1—炉盖；2—扩大段；
3—过渡段；4—加料口；
5—反应段；6—排渣口；
7—氯气进口；8—气室；
9—气体分布板；10—炉壁；
11—混合气体出口

细颗粒。从炉内排出来的气体除反应产生 $TiCl_4$ 蒸气外，还有其他的气体产物（$FeCl_3$、$MnCl_2$、$MgCl_2$、$SiCl_4$、$AlCl_3$、$VOCl_3$、CO、CO_2）及未反应的 Cl_2 等。各种气体产物依其沸点不同，分成以下 3 类：第一类的氯化物的沸点低于 $150℃$，并在常温下呈液态，包括 $TiCl_4$、$VOCl_3$、$SiCl_4$、CCl_4、$POCl_3$ 等；第二类氯化物沸点在 $150\sim350℃$ 之间，其特点是由气态直接变成固体物质，包括 $AlCl_3$ 和 $FeCl_3$；第三类是具有高沸点的氯化物，包括 $MgCl_2$、$CaCl_2$、$FeCl_2$、$MnCl_2$ 等。气流的出口温度为 $550\sim800℃$。

各个收尘器温度分别控制在 $400\sim300℃$、$200\sim150℃$、$150\sim130℃$。$TiCl_4$ 淋洗塔温度控制在 $50\sim30℃$ 和 $0\sim-4℃$，这样，$FeCl_3$、$FeCl_2$、$MgCl_2$、$CaCl_2$、$MnCl_2$ 等的大部分以及部分的 $AlCl_3$ 凝结成固体收集在收尘器内。$TiCl_4$ 和少量的 $SiCl_4$、$VOCl_3$ 等冷凝成液体留在淋洗塔和冷凝器中。一些气体物质如 CO、CO_2、Cl_2、O_2、N_2、HCl 等，进入尾气处理系统。在尾气中，单体氯的体积分数小于 1%。

所获得的粗四氯化钛的纯度可达 97.8%，其中含有 $FeCl_3$、$MnCl_2$、$MgCl_2$、$SiCl_4$ 等杂质。

5.4.3.2 熔盐氯化

我国在 20 世纪 80 年代初完成了用熔盐氯化法生产四氯化钛的工艺和设备的研究，并用于工业生产。熔盐氯化是将一定组成和性质的混合盐放入熔盐氯化炉中熔化，加入富钛渣和碳质还原剂，并通以氯气进行氯化的方法。熔盐氯化炉如图 5-4 所示。

用螺旋加料器将富钛渣和石油焦的混合料送入熔体表面上，氯气从底部通入，强力搅拌熔体并使之参加反应，气体产物从炉体出口排除。高沸点的氯化物如 $MgCl_2$、$CaCl_2$ 等留在熔体中。随着氯化的进行，熔体中杂质不断富集，熔体的体积增大，熔体的性质发生变化。因此需要定期地排除一部分熔体和补充新的混合盐。反应是悬浮在熔盐中的富钛渣和碳的固体颗粒，同鼓入的氯气泡相作用，生成的 $TiCl_4$ 和其他气体物质进入气泡内，被气泡带出熔体。难挥发的物质如 $MgCl_2$、$CaCl_2$ 等则溶入熔盐中。因此氯化是在气-液-固三相体系中进行的多相反应。熔盐氯化过程是一个有介质的氯化过程，过程传质、传热效果好，设备生产效率高。

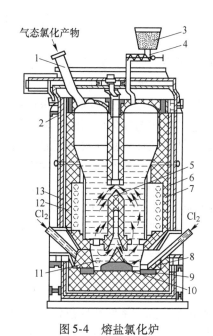

气态氯化产物

图 5-4 熔盐氯化炉
1—烟道；2—炉顶；3—储料槽；4—螺旋送料器；
5—挡板；6—石墨电极；7—导热钢管；8—风口；
9，10—底部石墨电极；11—熔体排出口；
12—耐火黏土砖炉衬；13—氯化器壳体

选择合适的熔盐介质是保证熔盐物理化学性质的关键。对常用的氯化物盐类 KCl、$NaCl$、$MgCl_2$、$CaCl_2$ 而言，应考虑它们的物理化学性质和价格。前苏联在四氯化钛生产中的最佳熔盐成分的质量分数为：TiO_2 $1.5\%\sim5\%$，C $2\%\sim5\%$，$NaCl$ $10\%\sim20\%$，KCl $30\%\sim40\%$，$MgCl_2$ $10\%\sim20\%$，$CaCl_2$ $5\%\sim10\%$，（$FeCl_2+FeCl_3$）$10\%\sim12\%$，SiO_2 $3\%\sim6\%$，Al_2O_3 $3\%\sim6\%$。在生产过程中为了保持最佳熔盐组成，要往氯化炉中加入钾工业中的废

钾盐，或者加入某些一定组成的镁电解槽的废电解质，既满足了 $TiCl_4$ 氯化过程的要求，又十分便宜。生产四氯化钛以后的废熔盐可回收镁以外，还可利用其中的 KCl 作钾肥。

与沸腾氯化相比，熔盐氯化有如下优缺点：

(1) 原料适应性强。这种氯化法可以说就是为适应含钙、镁高的富钛渣和金红石等含钛物料的氯化而发展起来的。氯化过程产生的低熔点、高沸点的 $FeCl_2$、$MgCl_2$、$CaCl_2$、$MnCl_2$ 能够溶于熔盐，且在一定含量范围内，氯化过程能正常进行。

(2) 气相产物中 $TiCl_4$ 分压高。熔盐氯化一般在 750～850℃ 下进行，排出的尾气中二氧化碳体积分数比一氧化碳高得多，因此气相中 $TiCl_4$ 分压较高，有利于 $TiCl_4$ 的冷凝。

(3) 粗 $TiCl_4$ 中杂质含量较少。熔盐中的 NaCl、KCl 能与 $AlCl_3$、$FeCl_3$ 等氯化物形成化合物（如 K_3AlCl_6、Na_3AlCl_6、$KFeCl_6$ 等），因而熔盐层有净化除杂作用，所得的粗 $TiCl_4$ 中杂质质量分数比沸腾氯化法少。

(4) 与沸腾层氯化相比，熔盐氯化需消耗熔盐，产生废盐。一般每生产 1t $TiCl_4$ 需排放 100～200kg 废盐，从而增加了"三废"处理的负担。

5.5　四氯化钛精制

精制工序的任务是要把氯化工序制造的粗四氯化钛提纯为精四氯化钛，供还原工序使用或作为氯化法制取钛白的原料。

粗四氯化钛是一种棕红色或深黄色的混浊液，其中含有少量固体物，其颜色与其组成有关，它的组成与氯化使用的原料、氯化方法和氯化工艺有关。粗四氯化钛的成分十分复杂，氯化使用的原料富钛料、还原剂和氯气中的杂质和氯化过程中的反应产物都可能进入粗四氯化钛中。尽管在氯化工序中已对从氯化炉逸出的四氯化钛进行了一些净化处理，但氯化的产品粗四氯化钛中的杂质种类仍然繁多，杂质数量达数十种，其中一些杂质含量很少，而 $SiCl_4$、$FeCl_3$、$VOCl_3$、$TiOCl_2$ 和一些有机杂质的含量较高，而且这些杂质对四氯化钛及其后续产品的性能危害最大，因此它们是分离提纯的主要对象。粗四氯化钛中的杂质对于用作制取海绵钛的原料而言，几乎都是程度不同的有害杂质，特别是氧、氮、碳、铁、硅等元素。

为提纯粗四氯化钛，工业上用如下方法：过滤除去固体悬浮物，用物理法（蒸馏或精馏）和化学法除去溶解在四氯化钛中的杂质。

蒸馏法是基于溶解在四氯化钛中的杂质（如金属氯化物）的沸点与 $TiCl_4$ 沸点的差别。在一定温度下，沸点不同的物质挥发进入气相的能力不同，以及平衡时它们在气相中的分压比和液相中的浓度比不同。工业上采用精馏法，利用各种氯化物沸点的差异，可以除去粗四氯化钛中的大部分杂质。但杂质 $VOCl_3$ 的沸点与 $TiCl_4$ 的沸点（136℃）接近，用精馏法很难除去。因此蒸馏之前，需用其他方法先将其中的钒除去。

5.5.1　除钒

在工业生产中，除钒有三种方法，分别是铜或铝法、硫化氢法和碳氢化物法。所有的这些方法都是利用四价钒化合物（$VOCl_2$）难溶于 $TiCl_4$ 中的性质而将五价的 $VOCl_3$ 还原成四价的 $VOCl_2$。

5.5.1.1 铜法和铝法除钒

用铜粉、铜丝、铜屑或铜基合金，可使四氯化钛中的 $VOCl_3$ 发生如下的还原反应：

$$VOCl_3 + Cu \longrightarrow VOCl_2 + CuCl$$

用铜粉除钒时，还可以除去溶解在 $TiCl_4$ 中的硫化物与某些有机物。当 $TiCl_4$ 中的 $AlCl_3$ 质量分数大于 0.1% 时，$AlCl_3$ 会使铜钝化，故先用增湿的木炭或食盐除 $AlCl_3$：

$$AlCl_3 + H_2O \longrightarrow AlOCl + 2HCl$$

用铜作还原剂得到的铜钒沉淀物，其组分的质量分数大致是：Cu 20.2% ~ 26.2%，TiO_2 10% ~ 12%，V_2O_5 7% ~ 9%，Cl_2 45%，其余为铝、铁等，可送去回收铜和钒。

用铝作还原剂时，有如下反应：

$$3TiCl_4 + Al \longrightarrow 3TiCl_3 + AlCl_3$$

$$TiCl_3 + VOCl_3 \longrightarrow VOCl_2 + TiCl_4$$

用铝作还原剂时的反应必须有起催化作用的 $AlCl_3$ 参与，铝与 $TiCl_4$ 的反应才能有效地进行。因此加入铝粉后通以氯气，当反应进行时即关闭氯气。将得到的 $VOCl_2$、$TiCl_3$ 和 $AlCl_3$ 的沉淀物送去提取钒。

5.5.1.2 硫化氢法

硫化氢法是在 90℃ 下向 $TiCl_4$ 中缓慢地通入 H_2S 气，有如下反应发生：

$$H_2S + 2VOCl_3 \longrightarrow 2VOCl_2 + S + 2HCl$$

此法使用的还原剂比较便宜，除钒效果好，沉淀物中含钒量高，但硫化氢毒性较大，操作要小心。

5.5.1.3 碳氢化物法

碳氢化物法是用少量的碳氢化物（如石油、矿物油等）加入到 $TiCl_4$ 中，加热到 130℃ 左右并搅拌，使碳氢化物碳化，新碳化的细散碳粒具有很大的化学活性，使 $VOCl_3$ 还原成 $VOCl_2$。

5.5.2 精馏法净化

四氯化钛的精馏净化是在不锈钢制的精馏塔中进行的。精馏过程分两个阶段：第一阶段是将塔顶的温度保持在 57 ~ 70℃，塔底温度保持在 139 ~ 141℃，蒸馏釜控制在 142 ~ 146℃ 和压力为 14.66 ~ 18.66kPa，以蒸馏除去 $SiCl_4$ 和其他低沸点的杂质；第二阶段是将 $TiCl_4$ 蒸馏出来，使其与高沸点的杂质分离开，因此塔顶温度控制在 136℃。蒸馏出来的 $TiCl_4$ 蒸气经冷凝后获得含杂质极少的无色透明或微带黄色的 $TiCl_4$ 液体，其杂质含量接近光谱纯的程度。精制工序中 $TiCl_4$ 的回收率为 96%。

5.6 镁还原法制取海绵钛

镁还原—真空蒸馏法是目前国际上工业生产海绵钛的唯一方法。该工艺包括镁还原—真空蒸馏、产品后处理、镁电解 3 个主要工序。工艺特点是实现了氯、镁的循环利用，即用金属镁还原四氯化钛制取海绵钛，还原反应的副产品氯化镁用于电解制取金属镁，电解获得的金属镁返回还原工序使用，而电解产生的氯气返回氯化工序用于制造四氯化钛。

镁还原—真空蒸馏法制造海绵钛的工艺方法，有非联合法和联合法两种。

非联合法是原来的方法，在还原完成并冷却之后，拆开还原反应器并组装连接冷凝器，然后再进行真空蒸馏，蒸馏完成后从冷凝器中取出冷凝物，并从冷凝物中回收利用其中的镁和氯化镁。非联合法存在许多缺点，目前国际上已不再使用，在我国还有少数小厂采用此种方法。

还原—蒸馏联合法，又称为还原—蒸馏一体化，还原完成之后即可趁热进行真空蒸馏。还原反应器经"过渡段"与冷凝器连接，可在还原之前连接好，或者还原完成后趁热连接。在蒸馏时冷凝了镁和氯化镁的冷凝器便用作下一炉次的还原反应器。

按还原反应器与冷凝器连接时间不同，又分为联合法和半联合法，在还原之前就将两者连接的称为联合法，在还原完全之后才将两者连接的称为半联合法。一般来讲，I形炉是在还原完成之后，才将还原反应器与冷凝器连接，而倒U形炉，既可在还原之前也可在还原之后连接。从提高设备利用率角度看，还原之后进行连接是比较合理的。

5.6.1 理论基础

用金属镁还原四氯化钛是在充满惰性气体的密闭钢制反应罐中进行。还原工艺原理主要涉及还原和真空蒸馏两个方面。

5.6.1.1 还原

四氯化钛液体以一定速度注入到底部盛有液体金属镁的反应罐中，气化成 $TiCl_4$ 蒸气与反应罐内的气态和液态金属镁发生反应：

$$TiCl_4(g) + 2Mg(g,l) =\!=\!= Ti(s) + 2MgCl_2(l) \tag{5-1}$$

该反应为放热反应。反应已经开始，就不需要外加热，还原过程可维持在 $1073 \sim 1223K$ 的温度范围内自动向右进行。实际还原过程可能经过生成低价氯化物的阶段：

$$\left\{ \begin{array}{l} 2TiCl_4 + Mg =\!=\!= 2TiCl_3 + MgCl_2 \\ TiCl_4 + Mg =\!=\!= TiCl_2 + MgCl_2 \\ 2TiCl_3 + Mg =\!=\!= 2TiCl_2 + MgCl_2 \\ 2/3TiCl_3 + Mg =\!=\!= 2/3Ti + MgCl_2 \\ TiCl_2 + Mg =\!=\!= Ti + MgCl_2 \end{array} \right. \tag{5-2}$$

在 $1073 \sim 1223K$ 的还原温度下，式（5-2）中的反应均可进行，但反应进行的程度与还原体系中镁的数量有关。当限定镁量时，优先生成 $TiCl_3$、$TiCl_2$，若镁量不足时，难以将钛的低价氯化物进一步还原为金属钛。镁量不足还可能发生钛与其氯化物之间生成 $TiCl_3$、$TiCl_2$ 的二次反应：

$$\begin{array}{l} TiCl_4 + TiCl_2 =\!=\!= 2TiCl_3 \\ TiCl_4 + Ti =\!=\!= 2TiCl_2 \end{array} \tag{5-3}$$

低价钛氯化物的生成是不希望的，因为低价氯化钛在启开设备时能与空气中的水分相互作用发生水解，生成的氧化物和 HCl 使海绵钛受到污染。另外，低价氯化钛有时能发生歧化反应，按式（5-3）中的反应逆向进行，分解产生极细的钛粉。这种钛粉易着火造成海绵钛的氧化和氯化。所以，还原过程必须保证有足够量的镁才能使 $TiCl_4$ 的还原反应完全，而不会生成钛的低价氯化物。

然而，在 $TiCl_4$ 的镁热还原过程中或多或少都会产生钛的低价氯化物，其主要原因有：

(1) 反应区还原剂不足，优先进行生成低价氯化钛的反应。

(2) 还原反应温度过低，低价氯化物难于被还原。

(3) 在反应罐内存在"冷区"，镁蒸气会在设备冷的表面上冷凝，加入 $TiCl_4$ 时，还原反应就会在这些表面上发生，这样的反应任何时候都会导致生成低价氯化钛。

(4) 由于设备不能保证连续操作，当过程停止时就难免不生成钛的低价氯化物。

(5) 在温度控制不严的情况下排放 $MgCl_2$，当有 $MgCl_2$ 蒸气时，也会促使低价钛的氯化物生成。

5.6.1.2 真空蒸馏

还原过程结束后，反应产物是 Ti、Mg 和 $MgCl_2$ 的混合物，故需要对其进行分离。一般采用真空蒸馏法将海绵钛中的 Mg 和 $MgCl_2$ 挥发除去。还原产物的分离之所以要在真空条件下进行，主要原因为：

(1) 钛在高温下具有很强的吸气性能，即使存有少量的氧、氢和水蒸气等也会被钛吸收而使产品性能变坏。

(2) 在常压下，凝聚相的金属镁和 $MgCl_2$ 只有在沸点下才具有较高的蒸发速度，而在真空条件下，温度较低时即可达到沸腾状态，具有较高的蒸发速度。生产上在 1073 ~ 1273K 下进行真空蒸馏，当反应罐内压力低于蒸馏温度下金属镁和 $MgCl_2$ 的蒸气压时，便能有效地将它们分离。

(3) 在真空条件下能降低蒸馏作业温度，从而可避免在反应罐壁处生成 Fe-Ti 合金，减少 Fe-Ti 熔合后生成的壳皮。

5.6.2 还原—蒸馏装置

还原—蒸馏装置主要由加热炉、反应罐和冷凝器等主体设备组成，并设有加料、控温、充氩和测压系统，以及真空系统和还原过程排热系统。此外，另有 $TiCl_4$ 贮槽、液镁抬包及 $MgCl_2$ 槽等附属设备。

加热炉一般为电阻炉，分区域控温。还原过程排热通风带和罐内反应区位置相对应；在真空蒸馏过程中使炉腔保持低真空状态，以防止反应罐体在高温下受压变形。钢制反应罐和冷凝器互换使用，即冷凝器连同蒸馏冷凝物（Mg、$MgCl_2$）用作下一炉的还原反应罐，反应罐经冷却取出海绵钛后用作另一炉的冷凝器，这样可实现蒸馏镁循环。用高温阀门或镁板隔断连接反应罐与冷凝器间的通道，由还原转入蒸馏作业时可适时开通。

5.6.2.1 半联合法装置

前苏联各钛厂普遍采用此种半联合装置，如图 5-5 所示。单炉生产能力约 4t 海绵钛。还原过程中 $MgCl_2$ 由罐底部排放。还原反应结束后，适当降低反应罐的温度，并将罐盖中部通道内的钢板（连同 $TiCl_4$ 加料管）拆下，换为镁板，并尽快组装好冷凝器等设备，使罐内还原产物保持在较高温度下直接转入真空蒸馏作业。

5.6.2.2 联合法装置

联合法装置反应罐和冷凝器呈水平排列，中间用管道连接，如图 5-6 所示。

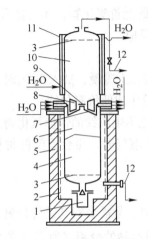

图 5-5 半联合法装置示意图

1—真空罩；2—电阻炉丝；3—活底；4—还原产物；

5—电阻炉；6—反应罐；7—反应罐盖；8—隔热板；

9—镁盲板；10—冷凝器；11—冷却套筒；12—真空管道

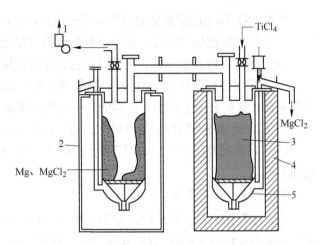

图 5-6 联合法装置示意图

1—真空泵；2—冷却器；3—还原产物；

4—加热炉；5—反应罐

罐盖上设有高温密封阀门，用来隔断或连通管道。反应罐置于电阻炉内，冷凝器置于冷却槽内，直接用水冷却。

5.6.3 生产实践

5.6.3.1 还原

还原作业是将反应罐经检查密封良好后，用吊车吊入炉中，充满氩气，待加热至 $700 \sim 750 \, ℃$ 之后，通过注入镁管将液体镁放入罐中，通入 $TiCl_4$。此时应关闭加热炉，调节 $TiCl_4$ 的流速，使反应罐的温度保持在 $850 \sim 900 \, ℃$ 之间。为了提高生产率，将空气通入罐外壁与炉膛的环形间隙中，使余热散发出去。

在还原过程中，需调节和控制反应罐的壁温，$TiCl_4$ 的流量最好是按规定的程序自动控制，保证在反应温度下反应过程以最大速度进行。在还原过程中，如果反应放出热量过多，反应段炉膛的加热器能自动关闭，以防止过热。反应终了时，为维持罐中的温度，更好地使 $MgCl_2$ 沉降，停止加热后（在镁利用率达 $60 \% \sim 65 \%$ 之后），反应罐需在 $900 \, ℃$ 下保温 $1h$。然后尽可能地排净 $MgCl_2$ 之后，关闭电炉。

在整个反应过程中，应始终保持罐内压力略高于大气压，以防止空气渗入。当反应罐在炉中冷却到 $800 \, ℃$ 时，将其从炉中吊出，放在冷却槽中，用喷水或吹风的方法，将反应罐冷却至 $25 \sim 40 \, ℃$。还原产物中的 Ti、Mg、$MgCl_2$ 的质量分数分别为 $55 \% \sim 65 \%$、$25 \% \sim 35 \%$、$9 \% \sim 12 \%$。随后将其进行真空蒸馏，以便将海绵钛中的镁和氯化镁分离出去。

5.6.3.2 蒸馏和成品处理

真空蒸馏是基于在温度 $800 \sim 1000 \, ℃$ 下，镁与氯化镁有较大的蒸气压，让它们在真空下挥发后冷凝在冷凝器上。而钛的蒸气压很小，留在原来的还原罐内，从而使钛与其他组分分离。

在真空度高于 $1.3Pa$ 的蒸馏罐内，将还原产物在 $900 \sim 950 \, ℃$ 下长时间加热，镁、氯化镁都可以挥发除去，并凝结在冷凝器上。

蒸馏设备的结构形式也有两种类型，即上冷式和下冷式。其区别虽然仅是蒸馏釜和冷凝器的相互位置的颠倒，但下冷式可以使熔融的 $MgCl_2$ 流下来而不单靠蒸发，因此可以缩短蒸馏周期和节省能量，但加热炉必须设在上部。

对于上冷式设备，操作为：在 400℃ 下保温 4~6h，脱除产物中吸附的气体和结晶水，然后逐渐升到 800℃ 下保温 3~5h，以脱除镁和大部分氯化镁。在这段时间内真空度不宜太高，以免由于来不及冷凝而使部分镁和氯化镁蒸气抽入真空系统。之后逐渐升温到 930~960℃，保持 40~60h，以脱除仅占总量 1%~2% 的残留氯化镁。在蒸馏后期，必须在 $6.67 \times 10^{-4} ~ 1.33 \times 10^{-5} kPa$ 的真空度下稳定一段时间，重复两次关闭真空阀门后 5~10min 内，真空度下降数字小于 2.67Pa 时，即可在高真空度下降温冷却 2~3h。然后充氩冷却，再将蒸馏罐移入水冷槽中冷却，用水（或空气）冷却到室温，才启开蒸馏罐。用风镐或顶杆机取出海绵钛，经破碎、分选、取样分析，并进行硬度检验后，分级、合批装入包装铝桶，经密闭、抽空、充氩便可出厂。

国内外镁还原法生产海绵钛的主要技术经济指标（从精四氯化钛起）为：从 95%~98% 钛渣到商品钛，金属回收率小于 80%；产品合格率 92%~96%；金属镁的直接利用率 60%~70%（镁的回收率 90%~98%）；每吨钛电能消耗 4000~10000kW·h（不包括镁电解）。

5.7　钛　的　精　炼

在海绵钛生产过程中，产品合格率一般为 92%~96%，还产出 4%~8% 的不合格海绵钛；在海绵钛熔锭时，成锭率为 85%~90%，有相当数量的边皮与车屑；在加工过程中，也有大量的残料与废料（总成材率低于 60%），均需进行回收和利用。

铸锭、加工过程中污染不严重的材料，可部分或大部分返回铸锭，或用氢化—破碎—细磨—脱氢方法制取供粉末冶金用的钛粉，或经旋转等离子设备制取球形钛粉。

对于冶炼厂的不合格海绵钛，加工厂污染严重的残钛，一部分可直接用于熔炼合金钢，也可以部分制取供烟火等工业用的钛粉。除此之外还可以用电解精炼或碘化法精炼的办法使其转化成合格金属钛，下面进行简要介绍。

5.7.1　电解精炼

电解精炼钛是将含杂质的粗钛压制成棒状阳极或者是放在阳极筐中。用碱金属氯化物作电解质，并在其中溶有低价氯化钛（$TiCl_2$、$TiCl_3$）。用钢制阴极，在电解中阳极发生溶解，钛以二价、三价离子形态转入熔盐中，在阴极上发生低价钛离子还原成金属钛的电化学反应，电解是在 800~850℃ 下进行的。

电解精炼是基于杂质元素与钛的析出电位的不同，钛及其他更负电性元素优先从阳极上溶解，以离子态进入熔盐中；而比钛更正电性的杂质元素留在阳极泥中。在废钛中常见的杂质有铁、铬、锰、铝、钒、硅、镍、碳、氮、氧等。其中铁、镍等电位较正，因而它们留在阳极泥中；在粗钛中以固溶体形态存在的氧在电解中以二氧化钛形态留在阳极泥中；氮不溶于氯化物熔体中，以氮化物形态留在阳极泥中或以气态逸出。铬、锰、铝、钒等的析出电位与钛相近，当电流密度较高时，与钛同时进入熔盐中并在阴极上放电析出。因此电解精炼对除铬、锰、铝、钒等是无能为力的。电解精炼钛的纯度为 99.6% ~ 99.8% 。

5.7.2　碘化法精炼

钛在较低温度下即能与碘作用，生成碘化钛蒸气，然后在高温的金属丝上发生分解，释放出来的碘在较低温区重新与粗钛反应，如此循环作用，由碘将纯钛输送到金属丝上。碘化法可以除去氧、氮等杂质，因为钛的氧化物和氮化物此时不能和碘作用。沉积钛的速度主要取决于碘化钛向金属丝表面扩散的速度和碘蒸气向金属丝表面扩散的速度。一般温度控制在 1300 ~ 1400℃，沉积速度已经足够快了。金属丝用钛丝制成，用调节电流和电压的方法来控制金属丝的温度。

碘化法精炼的钛，所含杂质铁、氮、氧、锰、镁等比镁还原钛低一个数量级，因此，碘化法精炼的钛具有良好的塑性和较低的硬度。

5.8　致密钛生产

只有将海绵钛或钛粉制成致密的可锻性金属，才能进行机械加工并广泛地应用于各个工业部门。采用真空熔炼法或粉末冶金的方法就可实现这一目的。熔炼法可以制得 3 ~ 10t 的金属钛锭。采用粉末冶金的方法只能获得几百千克以下的毛坯。

5.8.1　真空电弧熔炼法生产致密钛

真空电弧熔炼法广泛应用于生产致密稀有高熔点金属，这一方法是在真空条件下，利用电弧使金属钛熔化和铸锭的过程。由于熔融钛具有很高的化学活性，几乎能与所有的耐火材料发生作用而受到污染。因此，在真空电弧熔炼中通常采用水冷铜坩埚，使熔融钛迅速冷凝下来，大大减少了钛与坩埚的相互作用。

真空电弧熔炼法又可分为自耗电极电弧熔炼和非自耗电极电弧熔炼两种方法。自耗电极电弧熔炼是将待熔炼的金属钛制成棒状阴极，水冷铜坩埚作阳极，在阴、阳极之间高温电弧的作用下，钛阴极逐渐熔化并滴入水冷铜坩埚内凝固成锭。这种熔炼方法的阴极本身就是待熔炼的金属，在熔炼过程中不断消耗，故称为自耗电极电弧熔炼，如在真空中进行，则成真空自耗电极电弧熔炼。非自耗电极电弧熔炼是用钨棒或石墨棒作非自耗电极，待熔化的金属则成小块（或屑状）连续加入坩埚内熔化铸锭。由于非自耗电极电弧熔炼的电极会污染金属，现已不再采用。工业上广泛采用的是真空自耗电极电弧熔炼法。

在真空自耗电极电弧熔炼过程中，钛阴极不断熔化滴入水冷铜坩埚，借助于吊杆传动使电极不断下降。为了熔炼大型钛锭，采用引底式铜坩埚，即随着熔融钛增多，坩埚底（也称锭底）逐渐向下抽拉，熔池不断定向凝固而成钛锭。

由于熔炼过程在真空下进行，而熔炼的温度又比钛的熔点高得多，熔池通过螺管线圈产生的磁场作用对熔化的钛有强烈搅拌作用，因此，海绵钛内所含的气体氢及易挥发杂质和残余盐类会大量排出，故真空自耗电极电弧熔炼有一定的精炼作用。

熔炼过程的主要技术经济指标是钛锭的质量、金属回收率、熔炼生产率及电耗等。影响钛锭质量的因素有如下几个方面：

（1）真空度。真空有利于钛中氢气及其他挥发性杂质的除去。如含氢为 0.0224% 的海绵钛，在氩气氛中一次熔炼后，再在真空下进行二次熔炼（重熔），氢含量可降到 0.0027% 。海绵钛中的 Pb、Sb、As、Zn 等杂质也可在熔炼过程中除去。

在真空下熔炼可以得到比在氩气氛中熔炼更好的金属表面质量，因为真空下温度均匀，熔池深度大，使结晶的均匀性得到改善。

从除杂质有利出发，真空度高一些好。因为电弧区的压力总是比真空室的压力大 1~2 个数量级，为了降低电弧区压力，就应提高真空室的真空度，但无限制地提高真空度是困难的和不经济的。一般正常熔炼过程控制熔炼室压力在 0.133~0.655Pa 范围，此时，电弧区的压力在 1.33~13.3Pa 之间，这就是反应在真空电弧熔炼条件下气体杂质的净化效果并不十分显著的原因。真空度太高对于稳定电弧不利，因此，真空度必须适当。

（2）熔炼功率的确定和影响。电弧熔炼功率的大小，在铸锭直径和熔炼速度一定的情况下，直接影响铸锭的质量、金属回收率和电能的消耗。功率越大，金属熔池的过热程度就越大，精炼反应进行得越彻底，挥发性杂质除去程度越高，但又会造成金属的喷溅损失增大，还会导致电能消耗增加。功率过小，则熔池过热程度差，温度低将使金属的黏度增大，导致机械夹杂增多，某些杂质组成的气泡也难以上浮除去，造成铸锭的结构不均匀，甚至产生气泡等缺陷，因此功率必须选择适当。要维持稳定的电弧放电，其电极的电流密度不能小于最小电流密度。最小电流密度取决于电极直径，电极直径越小，所需的最小电流密度就越大。生产实践中所采用的电流密度要比最小电流密度稍大一些。

（3）稳弧及对熔池的搅拌。在熔炼过程中维持电弧的稳定，对获得合格产品起着重要作用。要十分注意电极和坩埚壁之间始终保持一定的距离（能自动控制），使此距离大于弧长，以防止边弧的产生。在工业上稳弧的重要措施是设置围绕坩埚的螺管线圈并通以直流电，使之产生一个附加磁场，消除电弧的飘移。螺管线圈的另一个作用是对熔池的搅拌，这不仅有利于挥发性杂质的排除，晶粒细化，而且使铸锭的组成均匀，从而提高了产品质量。

5.8.2　粉末冶金法生产致密钛

真空电弧熔炼法存在着一些缺点，如成本高、加工复杂、金属损失大、直收率低。结果熔铸铁部件的价格就很昂贵，这大大限制了钛的应用范围。如用粉末冶金方法直接用海绵钛生产钛制品，则有一系列的优越性，特别是生产小型钛制件和钛合金制件。有些特殊用途的多孔钛制品就只有用粉末冶金方法才能生产。

钛粉末冶金的流程很简单，包括钛粉末混合、精密压制、烧结、整形精制部件等过程。

5.8.2.1　钛粉的生产

粉末冶金的一个关键问题是获得合格的粉状钛原料。目前生产钛粉的方法有：海绵钛机械破碎法、氢化脱氢法、熔盐电解法、金属热还原法和离心雾化法。工业上用得较多的是海绵钛机械破碎法和氢化脱氢法。

（1）海绵钛机械破碎法。将镁热还原法制得的海绵钛，用破碎机、球磨机或碾磨机等机械进行破碎而获得粉末。但因钛有韧性难以获得微细粉末，加之破碎过程中的污染而使钛的纯度降低，这一方法虽不理想，但是用钠热还原法，控制好反应条件可获得微细化的海绵钛，稍加粉碎便可制成钛粉。

（2）氢化脱氢法。该方法是利用钛氢化后变脆易粉碎，氢化钛在高温下又易于分解脱氢转化为金属钛的原理，以海绵钛、残钛等为原料，经过表面净化、氢化、研磨、脱氢、筛分等处理获得钛粉的过程。氢化前用碱液或酸液除去钛表面的氧化膜，然后在钢制容器内于真空下将物料加热到1073K，使其表面活化后，再冷却到773～873K，通入经过净化处理的纯氢与钛发生氢化反应，生成氢化钛的反应非常剧烈并放出热量，因此，通入氢的速度必须缓慢，甚至用惰性气体稀释后通入。氢化过程产出的氢化钛的含氢量约3%～4%，若产品的含氢量不足1.5%，则难以破碎。氢化钛经冷却后，在惰性气体保护下研磨成细粉，再在真空和773～1073K的温度下脱氢即可获得纯钛粉。

5.8.2.2 钛的粉末冶金

粉末冶金过程首先是成型，即将钛粉在外力作用下压成具有一定形状、密度和强度的坯块，为下一步高温烧结创造条件。成型的方法很多，一般工业上采用金属模冷却成型法，即将钛粉加到特制的钢模中，用压力机加压成型，使用的压力为343.2～784.5MPa。

成型的坯块有大量孔隙，也不坚固，必须进行高温烧结，使之致密化。烧结是在金属钛熔点以下的温度进行，在烧结过程中由于粉末内部发生原子的扩散和迁移，以及粉末体内的塑性流动，导致粉末颗粒间接触面加大而增加烧结体密度。

影响烧结体致密程度的主要因素是粉末的性质、烧结温度、烧结时间和气氛等。为了防止污染，烧结是在真空感应炉内进行，真空度为0.133～0.00133Pa，温度为1273～1673K。烧结后的部件和材料可以进行冷、热加工。

以上是冷压真空烧结法。另一种真空热压法是将钛粉装入钢套中，把钢套焊密，在1173K左右进行热轧。钢管起保护套的作用，以防止钛粉在轧制过程中氧化。轧制之后把钢管切开，其中的钛坯块很容易与钢管分开。真空热压法比较简单，可以制取较大坯块。但因省去烧结工序，没有精炼的作用。

5.9 其他方法制备金属钛

5.9.1 钠还原法

钠还原法简称钠法，又称为亨特（Hunter）法或SL法，是最早研究用来制取金属钛的方法。

这种方法是以金属钠为还原剂，还原$TiCl_4$。1910年由亨特（Hunter）最初研究成功，由于可以利用制碱工业中的副产品纯NaCl制作金属钠，因此有很大的工业价值。

海绵钛的工业生产从1948年至今已有60多年的历史，钠法在海绵钛的工业生产历史中曾经占有很重要的地位，但是这种方法逐渐被镁还原法所取代，最后一家采用钠法生产海绵钛的工厂已于1993年关闭。

5.9.2　TiCl₄电解法

TiCl₄电解法曾经进行过半工业化生产。采用的电解质体系一般是将 TiCl₄、TiCl₃ 和 TiCl₂溶于由碱金属或碱土金属氯化物组成的溶剂中。因为钛是变价元素，所以 TiCl₄ 在熔体阴极上的电还原反应历程是由高价态向低价态逐级被还原的，即由 TiCl₄→TiCl₃→TiCl₂→TiCl→Ti。低价 TiCl 不稳定，会分解出细粒金属钛，阳极上则放出氯气。

采用 TiCl₄电解还原法在技术上必须解决以下问题：

（1）由于 TiCl₄在熔盐中的溶解度比较低，难以满足工业化大规模生产的需要，而钛的低价氯化物在熔体中的溶解度比较高。因此，要实现正常的熔盐电解法制取金属钛，首先需要将 TiCl₄转变为钛的低价氯化物且使之溶解于熔体中。

（2）由于钛是典型的过渡族金属元素，钛离子在阴极的不完全放电以及不同价态的钛离子在阴阳极之间的迁移可降低电解过程的电流效率，因此，必须将阴极区和阳极区隔开。

（3）为了创造良好的工作环境和降低钛的损耗必须使电解槽密封。

TiCl₄电解制取金属钛是一个一步还原过程，省去了制取还原剂的电解工序。产出的阳极氯气可以直接返回氯化工序使用，阴极产品可用简单的浸出法除盐处理便获得纯钛。此法生产流程短，是唯一曾被认为是可能取代 Kroll 工艺的方法，美国、日本、前苏联、意大利、法国、中国等都对其进行了长期和深入的研究，也建立了几家小型工厂，但后来由于实际生产中出现问题，如钛的各价离子间的氧化还原反应、隔膜破坏、枝晶生成等，未达到预计的技术经济指标，被迫停产关闭。

5.9.3　熔盐电脱氧固态二氧化钛制取钛

熔盐电脱氧固态二氧化钛制取金属钛是一种基于熔盐电解的特殊的生产金属钛的方法。在电解温度下，电解原料 TiO₂和电解产物 Ti 始终位于阴极附近并且为固态，因此这种方法也被称为固态原位电还原法。这种方法不仅适用于生产金属钛，而且还适用于生产多种高熔点金属及合金。

1967 年，日本的 Oki 等人首先利用 TiO₂在熔融 CaCl₂熔盐中进行直接电解得到 Ti。但是，利用上述方法得到的钛中氧含量很高，他们由此认为 TiO₂进行直接电解得到高纯金属钛技术是不可行的。但是，人们对电解金属氧化物制钛的研究一直在进行。1999 年，日本的 Takenaka 等人报道了熔盐电解 TiO₂制取金属钛的方法（简称 DC-ESR 工艺），利用此方法得到的金属钛经 EPMA 检测，钛含量为 95%。2000 年 9 月，剑桥大学冶金专家 D. J. Fray 等人在"Nature"上报道了一种二氧化钛熔盐电解制取金属钛的方法（简称 FFC 工艺），并用此方法得到了千克级的工业级金属钛，并与 Bti 公司合作进一步开发此工艺，以求在工业上得到应用。2002 年，Ono 和 Suzuki 等人报道了 OS 工艺。2004 年，Okable 等人提出了 EMR/MSE 工艺。这几种工艺都是在 CaCl₂熔盐中直接电解 TiO₂制取金属钛。

熔盐电脱氧固态二氧化钛制取金属钛法阳极析出的气体为纯氧气（惰性阳极）或 CO 和 CO₂的混合气体（石墨阳极），易于控制，无污染，因此该工艺是一种新型的无污染绿色冶金新技术，对于开拓新技术、新工艺在冶金中的应用具有重要的参考价值。

5.9.4 熔盐电解制取液态金属钛

加拿大魁北克铁钛公司（Quebec Iron & Titanium Inc.，QIT）公开了一项高温熔盐电解法连续制造金属钛和钛合金锭的方法。在电解槽中注入像熔融钛渣之类的含钛的混合氧化物熔液，形成熔池作为阴极材料，在该熔液上方是熔融盐电解质或离子导体固体电解质，安装消耗炭阳极或惰性稳定阳极或气体扩散电极在电解槽上，并将直流电源与阳极、阴极连接成电解回路。电解槽是密闭的，形成的金属液滴下沉至电解槽底部形成液体钛或钛合金熔池，而从氧化钛脱氧中释放出来的氧阴离子通过电解质移动到阳极，在此放电并与消耗炭阳极反应放出 CO_2 气体或在惰性阳极上放出 O_2 气体。

槽底部的液体钛或钛合金，在惰性气体保护下，可连续虹吸出或排出铸成金属钛或钛合金锭。此工艺的原料和产物均是液体，氧阴离子在液态中扩散速度大，脱氧速度快，产率高。但 QIT 高温熔盐电解法是采用 CaF_2（熔点 1380℃）为熔盐电解质，电解槽自上而下有 3 种熔液：CaF_2 熔盐电解质、钛渣（或其他含钛化合物）和金属钛（或钛合金）。这 3 种熔液对设备材质均有腐蚀性，生产过程中要有保护电解槽壁和槽底不受熔液腐蚀的措施。

5.9.5 预成型还原

Okabe 等人提出了 TiO_2 还原工艺 PRP（preform reduction process），即预成型还原工艺。

实验包括 3 个主要步骤：TiO_2 预制品的制作、Ca 蒸气还原和 Ti 粉的回收。将粉状 TiO_2 与熔剂（$CaCl_2$ 和 CaO）、黏结剂混合均匀后，在钢模中铸成片状、球状及管状等各种形状，然后在 1073K 下烧结成 TiO_2 预制品。实验中用 Ca 蒸气作还原剂直接对含有 TiO_2 的预制品还原，反应在 1073K 至 1273K 下进行 6h，然后用浸出法回收预制品中的 Ti。

PRP 工艺通过控制熔剂组成及预制品形状，可有效控制产物的形态，并且反应中避免了 TiO_2 原料与还原剂和反应容器的直接接触，可有效控制产物纯度。

5.10 钛白粉生产简介

钛白粉被认为是目前世界上性能最好的一种白色颜料，广泛应用于涂料、塑料、造纸、印刷油墨、化纤、橡胶、化妆品等工业。

钛白粉化学性质稳定，在一般情况下与大部分物质不发生反应。在自然界中二氧化钛有 3 种结晶：板钛型、锐钛和金红石型。板钛型是不稳定的晶型，无工业利用价值；锐钛型（anatase，简称 A 型）和金红石型（rutile，简称 R 型）都具有稳定的晶格，是重要的白色颜料和瓷器釉料，与其他白色颜料比较有优越的白度、着色力、遮盖力、耐候性、耐热性和化学稳定性，特别是没有毒性。

涂料行业是钛白粉的最大用户，特别是金红石型钛白粉，大部分被涂料工业所消耗。用钛白粉制造的涂料，色彩鲜艳、遮盖力高、着色力强、用量省、品种多，对介质的稳定性可起到保护作用，并能增强漆膜的机械强度和附着力，防止裂纹，防止紫外线和水分透过，延长漆膜寿命。

塑料行业是第二大用户，在塑料中加入钛白粉，可以提高塑料制品的耐热性、耐光性、耐候性，使塑料制品的物理化学性能得到改善，增强制品的机械强度，延长使用寿命。

造纸行业是钛白粉第三大用户，作为纸张填料，主要用在高级纸张和薄型纸张中。在纸张中加入钛白粉，可使纸张具有较好的白度，光泽好，强度高，薄而光滑，印刷时不穿透、质量轻。造纸用钛白粉一般使用未经表面处理的锐钛型钛白粉，可以起到荧光增白剂的作用，增加纸张的白度。但层压纸要求使用经过表面处理的金红石型钛白粉，以满足耐光、耐热的要求。

钛白粉还是高级油墨中不可缺少的白色颜料。含有钛白粉的油墨耐久不变色，表面润湿性好，易于分散。油墨行业所用的钛白粉有金红石型，也有锐钛型。

纺织和化学纤维行业是钛白粉的另一个重要应用领域。化纤用钛白粉主要作为消光剂。由于锐钛型比金红型软，一般使用锐钛型。化纤用钛白粉一般不需表面处理，但某些特殊品种为了降低二氧化钛的光化学作用，避免纤维在二氧化钛光催化的作用下降解，需进行表面处理。

陶瓷行业也是钛白粉的重要应用领域。陶瓷级钛白粉具有纯度高、粒度均匀、折射率高、有优良的耐高温性、在1200℃高温条件下保持1h不变灰的特性，不透明度高、涂层薄、质量轻，广泛应用于陶瓷、建筑、装饰等材料。

钛白的生产工艺根据采用的原料工艺路线可分为硫酸法、氯化法和盐酸法。

5.10.1 硫酸法

硫酸法生产涂料级钛白要经过五大步骤：原矿准备、钛的硫酸盐制备、水合二氧化钛制备、水合二氧化钛煅烧、二氧化钛后处理。其环节如下：干燥，磁选与磨砂，酸解，净化，浓缩，水洗，漂白与漂后水洗，盐处理，煅烧，二氧化钛打浆分散分级，无机表面处理，水洗，干燥，气流粉碎和有机处理，包装，废副产品的回收、处理和利用。可以生产锐钛、金红石型、搪瓷等各级别种类的二氧化钛产品。

硫酸法的优点为：以廉价的钛铁矿、钛渣、硫酸为主要原料，工艺历史悠久，技术较成熟，设备和操作简单，防腐材料易解决，无须复杂的控制系统，建厂投资和生产成本（未含对废、副产物处理费的成本）较低。其缺点为：以二氧化钛含量不高，杂质含量较多的钛铁矿、钛渣和硫酸作原料，致使工序多、流程长、间歇性操作，硫酸、蒸汽和水的耗量大，废副产物多（每生产1t钛白要产出3~4t硫酸亚铁和8~10t稀硫酸），对环境的污染严重且处理、利用较为复杂且耗费较大。

5.10.2 氯化法

氯化法生产涂料级钛白要经过原矿准备、钛的氯化物制备、钛的氯化物氧化、二氧化钛表面处理等步骤。其环节如下：矿焦干燥，矿焦粉碎，氯化，钛的氯化物精制，钛的氯化物氧化，二氧化钛打浆分散分级，无机表面处理，水洗，干燥，气流粉碎和有机处理，包装，废副产品的回收、处理和利用。

氯化钛白生产工艺研究始于20世纪50年代初，工艺发展到现在已经比较完善。首先是原料的准备，主要是石油焦和钛矿，应工艺要求，对二者进行干燥，使水分和含氢有机物降到一定的要求值，然后送入氯化炉进行氯化，钛等金属被氯化形成氯化物，气态的氯化物被气流输送到后面的收集槽分阶段冷却，高沸点、高熔点的氯化物首先分离出来，其次是低沸点的氯化物如四氯化钛冷凝出来，液体四氯化钛送精制工序进行除杂，通过加入还原剂将影响产品质量的杂质含量降低到要求值，精制好的精四氯化钛送入氧化工序，通过高温氧化转化为二氧化钛粉末，同时加入盐粒、钾盐、三氯化铝等以保证氧化初品的颜料性能和生产的连续进行。氯气送回氯化工序。二氧化钛粉末进行打浆分散砂磨分级，合格的料将送表面处理工序，按要求程序加入试剂，对二氧化钛颗粒进行表面处理，处理后的料浆进行洗涤，除去可溶性的盐分，洗涤合格的料浆送干燥工序脱去游离态的水，水分合格后利用中压过热蒸汽进行气流粉碎，同时进行必要的有机表面处理，粉碎合格的产品送包装岗位进行包装。

在氯化工序，目前有两种工艺，熔盐氯化和沸腾氯化两种，各适用于不同的钛矿，熔盐氯化中需要加入大量的盐（氯化钠），这些盐最终会从氯化炉以废盐的形式排出，变成废渣。沸腾氯化不加入盐，其他用料和熔盐氯化基本相同，反应温度比熔盐氯化高。

5.10.3　盐酸法

盐酸法生产涂料级钛白要经过原矿准备、钛的氯化物的水溶液制备、钛的氯化物的水溶液水解制得钛酸、钛酸盐处理及煅烧、二氧化钛表面处理等步骤。其环节如下：矿粉碎，盐酸酸解，钛的氯化物的水溶液净化，萃取，水解制钛酸，钛酸盐处理，煅烧，二氧化钛打浆分散分级，无机表面处理，水洗，干燥，气流粉碎和有机处理，包装，废副产品的回收、处理和利用。

盐酸浸取钛铁矿，分离不溶的残渣。浸出液进行高价铁还原为低价铁，冷却结晶出氯化亚铁以去除；除氯化亚铁后的含钛浸出液进行第一次溶剂萃取，萃取相含钛和高铁溶液，萃取余相为含亚铁的水溶液，返回工艺用于再生盐酸，回到浸取工序；含钛的萃取相进行第二次萃取，萃取相为含钛的水溶液，萃取余相为含高铁的水溶液，返回盐酸再生工序；经过萃取提纯后的氯化钛溶液进行水解，最好的水解是喷雾加热水解，得到偏钛酸，气相的盐酸和水返回盐酸再生系统。水解后的偏钛酸进行煅烧、湿磨、无机包膜、过滤洗涤、干燥、气流粉碎和包装。

盐酸法可生产纳米钛白粉、锐钛型和金红石型钛白粉。在冷却结晶分离出的氯化亚铁进行热解得到氧化铁固体，气体为氯化氢和水蒸气返回开始的浸取工序。其特征是盐酸循环使用，副产只产生氧化铁渣。

国内业界普遍认为盐酸法生产钛白粉工艺不成熟，但是目前国内有相当数量的钛白粉厂采用的是盐酸法。并且在这些工厂，盐酸得到充分的循环使用，投资规模相对较小，技术相当成熟。

盐酸法的优点为：可以以任何钛矿及盐酸为主要原料，工艺流程简单、投资少、"三废"少，可生产金红石型产品和锐钛型产品且着色力和色度均良好，经济和环保效益好；排放的废酸可回收再利用，副产品和氯化亚铁煅烧后可回收盐酸和氧化铁。其缺点为：国内目前普遍认为该技术不太成熟。

5-1 钛未能实现电解生产的原因是什么？

5-2 钛铁精矿还原熔炼分哪几个阶段，各自的目的是什么？

5-3 四氯化钛精制过程中除钒的常用方法有哪些，相应的原理是什么？

5-4 为什么 $TiCl_4$ 的镁热还原过程中会产生钛的低价氯化物？

5-5 为什么 $TiCl_4$ 的镁热还原产物分离要在真空条件下进行？

5-6 钛的精制方法主要有哪些？

5-7 真空电弧熔炼法生产致密钛的影响因素有哪些？

6 铝 冶 炼

学习目标：

（1）掌握铝电解的基本原理。

（2）了解铝电解原料的种类、用量和用途。

（3）掌握现代铝电解槽的基本结构。

（4）了解铝电解槽的发展过程。

6.1 现代铝电解的发展

20 世纪 80 年代以前，工业铝电解的发展经历了几个重要阶段，其标志性的变化有：电解槽电流强度由 24kA、60kA 增加至 100～150kA；槽型主要由侧插棒式（及上插棒式）自焙阳极电解槽改变为预焙阳极电解槽；每吨 Al 电能消耗由 22000kW·h 降低至 15000kW·h；电流效率由 70%～80% 逐步提高到 85%～90%。

1980 年开始，电解槽技术突破了 175kA 的壁垒，采用了磁场补偿技术，配合以点式下料及电阻跟踪的过程控制技术，使电解槽能在氧化铝浓度很窄的范围内工作，为此逐渐改进了电解质，降低了温度，为最终获得高电流效率和低电耗创造了条件。在以后的年份中，每吨 Al 最低电耗曾达到 12900～13200kW·h，阳极效应频率比以前降低了一个数量级。

20 世纪 80 年代中叶电解槽更加大型化，点式下料每次可达到 2kg 氧化铝，采用了单个或多个废气的捕集系统、微机的过程控制系统，对电解槽能量参数每 5s 进行采样，采用了自动供料系统，减少了灰尘对环境的影响。进入 20 世纪 90 年代，进一步增大电解槽容量，吨铝投资较之前更节省，然而大型槽（特别是超过 310000A 的电解槽）能耗并不低于 20 世纪 80 年代初期较小的电解槽，这是由于大型槽采取较高的阳极电流密度，槽内由于混合效率不高而存在氧化铝的浓度梯度，槽寿命也有所降低，因为炉帮状况不理想，并且随着电流密度增大，增加了阴极的腐蚀，以及槽底沉淀增多，后者是由于下料的频率比较高，而电解质的混合程度不足所造成的。尽管如此，总的经济状况还是良好的。

20 世纪 90 年代以来，电解槽的技术发展有如下特点：

（1）电流效率达到 96%。

（2）电解过程的能量效率接近 50%，其余的能量成为电解槽的热损失而耗散。

（3）阳极的消耗方面，其利用效率超过 85%。

（4）尽管设计和材料方面都有很大的进步，然而电解槽侧部仍需要保护性的炉帮存在，否则金属质量和槽寿命都会受负面影响。

（5）维护电解槽的热平衡（和能量平衡）更显出重要性，既需要确保极距以产生足够的热能保持生产的稳定，又需要适当增大热损失以形成完好的炉帮提高槽寿命。

我国的电解铝工业可自 1954 年第一家铝电解厂（抚顺铝厂）投产算起，至 2004 年已有 50 年历史，50 年来铝电解生产技术已取得巨大成就。2002 年我国原铝产量已居世界第一位。2005 年原铝产量已达到 760 万吨。截至 2005 年底，我国有铝电解厂 80 余家，其中年产量大于 20 万吨的有 12 家，正在改造、扩建和新建的生产能力很大。现已能设计、制造、装备 180kA、200kA、280kA、320kA、350kA 等容量的预焙阳极铝电解槽以及相应的配套工程设施，包括炭素厂、原料运送、干法净化与环保工程等。2004 年起开始向国外做铝电解全套工程技术出口。

在电解槽设计中，已掌握"三场"仿真技术，在模拟与优化设计方面采用了 ANSYS 和 MHD 等软件；能较好地处理电解槽的磁场、流场、热-电平衡等问题，为大型和特大型预焙槽的设计和制造奠定了基础。

我国近几年开发应用的 200kA 及其以上容量的大型预焙铝电解槽均取得了较好的技术经济指标，以目前已开发应用的最大容量铝电解槽——320kA 预焙槽为例，主要技术经济指标为：电流效率：94.43%；每吨 Al 直流电耗：13323kW·h；每吨 Al 阳极净耗：397kg。

环保采用干法净化后，厂区周边环境大气中氟化物的含量没有增加，烟囱与工作地带氟化物排放浓度分别为 2.44mg/m^3（国家标准为 15mg/m^3）、0.34mg/m^3（国家标准为 151mg/m^3）；劳动生产率为 376 吨/（人·年）。

以上数据表明，我国铝电解技术已达到国际先进水平，但是要看到我国多数中小规模铝厂离此水平还有相当大的差距，有待改进提高。

6.2 铝电解过程描述

铝电解是在铝电解槽中进行的（见图 6-1 和图 6-2），电解所用的原料为氧化铝，电解质为熔融的冰晶石，采用炭素阳极。电解作业是在 950~980℃下进行的，电解的结果是阴极上得到熔融铝和阳极上析出 CO_2。由于熔融铝的密度大于电解质（冰晶石熔体），因而沉在电解质下部的炭素阴极上。熔融铝定期用真空抬包从槽中抽吸出来，装有金属铝的抬包运往铸造车间，在那里倒入混合炉，进行成分的调配，或者配制合金，或者经过除气和排杂质等净

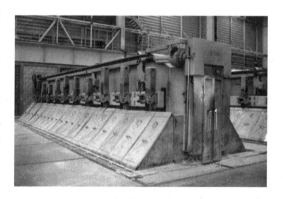

图 6-1 现代电解槽示例图

化作业后进行铸锭。槽内排出的气体，通过槽上捕集系统送往干式清洗器中进行处理，达到环境要求后再排放到大气中去。

从整流所供给的直流电流是通过槽上的炭阳极流经熔融电解质，进入铝液层熔池和炭块阴极的。铝液层熔池同炭块阴极联合组成了阴极，铝液的表面为阴极表面。阴极炭块内

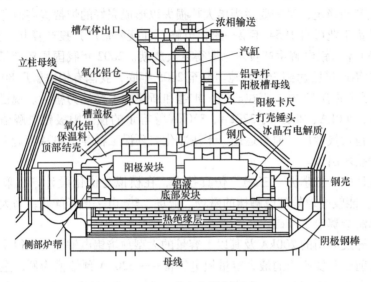

图 6-2 　现代电解槽剖面图

的钢棒汇集了电流，再由地沟母线导向下一台电解槽的阳极母线。操作良好的电解槽是处于热平衡之中的，此时在槽炭素侧壁形成了凝固的电解质，即所谓的"炉帮"。

氧化铝由浓相输送系统供应到槽上料箱，按计算机控制的速率通过点式下料器经打壳下料加入到电解质中。每吨 Al 炭阳极的消耗约为 450kg，消耗的炭阳极需定时用新组装好的阳极更换，约每 4 周一次，换阳极的频率由阳极的设计和电解槽的操作规程决定。残极送往阳极准备车间处理。

6.3 　铝电解用原料与辅助原材料

铝电解所用的原料为氧化铝，辅助原材料为冰晶石、氟化铝、氟化钙及阳极糊。

6.3.1 　氧化铝

铝电解的主要原料是氧化铝。它是一种白色粉状物质，熔点为 2050℃，沸点为 3000℃，真密度为 3.6g/cm³，表观密度约为 1g/cm³。其流动性很好，不溶于水，能溶于冰晶石熔体中。

当前氧化铝生产绝大部分采用铝土矿为原料。在工业上得到应用的氧化铝生产方法只有碱法。碱法生产氧化铝又有拜耳法、碱石灰烧结法和拜耳—烧结联合法等多种流程。碱法是用碱（工业烧碱 NaOH 或纯碱 Na_2CO_3）处理铝土矿，使矿石中的氧化铝转变为铝酸钠溶液。矿石中的铁、钛等杂质和绝大部分的硅成为不溶性的化合物进入残渣（赤泥）。铝酸钠溶液经过净化与分解后得到氢氧化铝，经分离、洗涤与煅烧后成为氧化铝。

用拜耳法生产的氧化铝，通常含有少量杂质，典型的杂质含量汇总见表 6-1。杂质含量随矿石种类不同而异。采用高硅铝土矿，如我国的一水硬铝石，其铝硅比为 4～7，则产品中硅和钠的含量很高。

表6-1 工业氢氧化铝和煅烧后氧化铝中的常见杂质

杂　质	化学成分（质量分数）/%	
	干燥的氢氧化铝	煅烧后氧化铝
SiO_2	0.020	0.03
Fe_2O_3	0.015	0.02
Na_2O	0.250	0.50
CaO	0.030	0.05
灼减	34.7	0.80
游离水	0.4	

现代铝工业对氧化铝的要求，首先是其化学纯度，其次是其物理性能。

6.3.1.1　化学纯度

在化学纯度方面，要求氧化铝中杂质含量和水分要低。因为氧化铝中那些电位正于铝的元素的氧化物，如 SiO_2 和 Fe_2O_3，在电解过程中会优先于铝离子在阴极析出，析出的硅、铁进入铝内，降低原铝品位；而那些电位负于铝的氧化物，如 Na_2O、CaO 会分解冰晶石，使电解质组成改变，并增加氟盐消耗。氧化铝中的水分同样会分解冰晶石，一是引起氟盐消耗；二是增加铝中氢含量；三是产生氟化氢气体，污染环境。P_2O_5 则会影响电流效率。我国生产的氧化铝，按化学纯度分级见表6-2。目前，中国铝业股份有限公司各分公司都按氧化铝国家有色行业标准 YS/T 274—1998 组织生产。

表6-2 氧化铝国家有色行业标准（YS/T 274—1998）

牌　号	化学成分（质量分数）/%				
	Al_2O_3	杂质含量			
		SiO_2	Fe_2O_3	Na_2O	灼减
AO-1	≥98.6	≤0.02	≤0.02	≤0.50	≤1.0
AO-2	≥98.4	≤0.04	≤0.03	≤0.60	≤1.0
AO-3	≥98.3	≤0.06	≤0.04	≤0.65	≤1.0
AO-4	≥98.2	≤0.08	≤0.05	≤0.70	≤1.0

注：1. Al_2O_3 含量为100%减去表中所列杂质总和的余量；
　2. 表中化学成分按在（300±5）℃温度下烘干2h的干基计算；
　3. 表中杂质成分按 GB 8170—87 处理。

世界各国对氧化铝的质量标准要求各不相同，很多国家除了对硅、铁、钠和灼减（水分）有要求外，还对钒、磷、锌、钛、钙等微量杂质含量做了规定，表6-3是原法国普基公司（Pechiney）的氧化铝质量标准。

6.3.1.2　物理性能

氧化铝的物理性能对于保证电解过程的正常进行和提高气体净化效率关系很大。通常要求氧化铝具有较小的吸水性、较好的活性和适宜的粒度，能够较快地溶解在冰晶石熔体中，加料时的飞扬损失少，并且能够严密地覆盖在阳极炭块上，防止它在空气中氧化。当氧化铝覆盖在电解质结壳上时，可起到良好的保温作用。在气体净化中，要求它具有足够

表 6-3　原法国普基公司（Pechiney）的氧化铝质量标准　　　　　　　　（%）

		以下任何杂质都不符合标准都会对技术指标产生不利影响	
杂质（Ⅰ）	P_2O_5		<0.0012
	CaO	推荐值	0.02~0.04
		可接受的	0~0.06
	K_2O	可接受的	<0.02
	Na_2O	推荐值	0.3~0.4
		可接受的	0.2~0.6
	Li_2O	推荐值	<0.009
		可接受的	<0.017
		以下任何杂质不符合标准都会降低原铝质量	
杂质（Ⅱ）	Fe_2O_3	推荐值	<0.0165
	SiO_2	推荐值	<0.013
	TiO_2	推荐值	<0.005
	V_2O_5	推荐值	<0.0035
	ZnO	推荐值	<0.0125

的比表面积，从而能够有效地吸收 HF 气体。工业用氧化铝通常是 $\alpha\text{-}Al_2O_3$ 和 $\gamma\text{-}Al_2O_3$ 的混合物，它们之间的比例对氧化铝的物理性能有直接影响。$\alpha\text{-}Al_2O_3$ 的晶型稳定，$\gamma\text{-}Al_2O_3$ 的晶型不稳定，与 $\alpha\text{-}Al_2O_3$ 相比具有较强的活性、吸水性和较快的溶解速度。

根据氧化铝的物理性能不同，可分为 3 类：砂状、粉状和中间状。3 种类型氧化铝的物理性能见表 6-4。

表 6-4　不同类型氧化铝的特性

氧化铝类型	安息角/(°)	灼减/%	累计/%	
			<44μm	<74μm
砂状	30	1.0	5~15	40~50
中间状	40	0.5	30~40	60~70
粉状	45	0.5	50~60	80~90

在 20 世纪 70 年代以前，我国铝电解以自焙槽为主，所用氧化铝多为粉状和中间状。70 年代以后，国际上广泛采用大型中间下料预焙槽和干法烟气净化系统，对砂状氧化铝的需求日趋增加。因为砂状氧化铝具有流动性好、溶解快、对氟化氢气体吸附能力强等优点，正好满足大型中间下料预焙槽和干法烟气净化系统的要求。我国在 20 世纪 80 年代初引进的 160kA 预焙槽（日本轻金属株式会社）所使用的氧化铝物理性能标准（引进合同规定标准）见表 6-5。

表 6-5　引进的 160kA 预焙槽所用氧化铝物理性能要求

类型	$w(\alpha\text{-}Al_2O_3)$/%	粒度（<44μm）/%	比表面积/$m^2 \cdot g^{-1}$	灼减/%
砂状	20~30	<12	>35	<1.0

近 10 年来，我国也发展了大型中间下料预焙槽和干法烟气净化系统，因此对氧化铝的物理性能提出了更高的要求。2003 年，继贵州铝厂成功地生产出合格的砂状氧化铝之后，山东铝业公司又实现了碳酸化分解生产砂状氧化铝的新工艺，中铝股份中州分公司生产的砂状氧化铝已达到国际标准。我国新建的山西铝厂和平果铝厂，都生产砂状氧化铝，这对推动我国大型预焙槽生产水平起到了积极作用。

6.3.2 辅助原料——氟化盐

铝电解生产中所用氟化盐主要是冰晶石和氟化铝，此外还有一些用来调整和改善电解质性质的添加剂，如氟化钙、氟化镁、氟化钠、碳酸钠和氟化锂。

6.3.2.1 冰晶石

冰晶石分天然和人造两种。天然冰晶石（$3NaF \cdot AlF_3$）产于格陵兰岛，属于单斜晶系，无色或雪白色，密度为 $2.95g/cm^3$，硬度为 2.5，熔点为 1010℃。由于天然冰晶石在自然界中储量很少，不能满足工业需要，故铝工业均采用人造冰晶石。

人造冰晶石实际上是正冰晶石（$3NaF \cdot AlF_3$）和亚冰晶石（$5NaF \cdot 3AlF_3$）的混合物，其摩尔比为 2.1 左右，属酸性，呈白色粉末，略黏手，微溶于水。人造冰晶石的质量标准见表6-6，该标准适用于由氢氟酸制得的冰晶石，其主要用于炼铝工业，也用于冶炼、焊接等工业。

表 6-6 人造冰晶石的质量标准（GB/T 4291—1999）

等级	化学成分（质量分数）/%									
	F	Al	Na	SiO_2	Fe_2O_3	SO_4^{2-}	CaO	P_2O_5	H_2O	灼减（550℃，30min）
特级	≥53	≥13	≤32	≤0.25	≤0.05	≤0.7	≤0.10	≤0.02	≤0.4	≤2.5
一级	≥53	≥13	≤32	≤0.36	≤0.08	≤1.2	≤0.15	≤0.03	≤0.5	≤3.0
二级	≥53	≥13	≤32	≤0.40	≤0.10	≤1.3	≤0.20	≤0.03	≤0.8	≤3.0

注：1. 表中化学成分含量按去除附着水后的干基计算（灼减除外）；

2. 数值修约规则按 GB 1250—1989 的第 5.2 条规定进行，修约位数与表中所列极限位数一致；

3. 产品中氟化钠与氟化铝的摩尔比一般在 1.8~2.9 之间，需方另有特殊要求时，应在合同中注明；

4. 需方要求灼减小于 2.5% 的冰晶石时，应在合同中注明。

6.3.2.2 氟化铝

氟化铝为白色粉末，是针状结晶，密度为 $2.883 \sim 3.13g/cm^3$，升华温度为 1272℃，在高温下也被水蒸气分解为 Al_2O_3，并释放出 HF 气体。氟化铝难溶于水，在 25℃ 时 100mL 水中溶解度为 0.559g。在氢氟酸溶液中有较大的溶解度，无水氟化铝的化学性质非常稳定。在铝电解中，它是冰晶石-氧化铝熔体的一种添加剂，主要用于降低电解质的摩尔比，降低电解温度。氟化铝在电解槽中的消耗速度较大，这是因为电解槽里挥发性的物质大多数是 $NaAlF_4$，另外氟化铝也因如下水解反应而消耗：

$$2Na_3AlF_6 + 3H_2O \longrightarrow Al_2O_3 + 6NaF + 6HF \tag{6-1}$$

现在烟气净化系统的效率较高，对易挥发组分的回收卓有成效。

氟化铝也是一种人工合成产品。铝电解所用的氟化铝质量标准见表6-7，该标准适用于由氟化氢或氢氟酸与氢氧化铝作用制得的氟化铝。

表 6-7 铝电解用氟化铝质量标准（GB/T 4292—1999）

等级	化学成分（质量分数）/%							
	F	Al	Na	SiO_2	Fe_2O_3	SO_4^{2-}	P_2O_5	H_2O（550℃，1h）
特一级	≥61	≥30.0	≤0.5	≤0.28	≤0.10	≤0.5	≤0.04	≤0.5
特二级	≥60	≥30.0	≤0.5	≤0.30	≤0.13	≤0.8	≤0.04	≤1.0
一级	≥58	≥28.2	≤3.0	≤0.30	≤0.13	≤1.1	≤0.04	≤6.0
二级	≥57	≥28.0	≤3.5	≤0.35	≤0.15	≤1.2	≤0.04	≤7.0

注：1. 表中化学成分含量以自然基计算；

    2. 数值修约规则按 GB/1250—1989 第5.2条规定进行，修约位数与表中所列极限位数一致。

6.3.2.3 氟化钙

氟化钙是白色粉末或立方体结晶；相对密度为3.18，熔点为1403℃，沸点为2500℃，加热时发光；能溶于浓无机酸，并分解放出氟化氢，微溶于稀无机酸，不溶于水。铝电解常用的氟化钙是一种天然矿石，俗称萤石，用它作为添加剂能降低冰晶石–氧化铝熔体的初晶点，增大电解质在铝液界面上的界面张力，减少熔液的蒸汽压。其缺点是稍微减小氧化铝溶解度和电解质的电导率。由于 CaF_2 来源广泛，价格低廉，故为许多铝厂使用，其添加量为4%~6%。工业所用氟化钙的质量标准见表6-8。

表 6-8 氟化钙的质量标准（部标）   （%）

等级	CaF_2	SiO_2	Fe_2O_3	MnO_2	$CaCO_3$	H_2O
一级	≥98	<0.8	<0.3	<0.02	<1.0	<0.5
二级	≥97	<1.0	<0.3	<0.02	<1.2	<0.5
三级	≥95	<1.4	<0.3	<0.02	<1.5	<0.5

6.3.2.4 氟化镁

铝工业在20世纪50年代里开始采用氟化镁作电解质的添加剂。氟化镁也是一种工业合成品，其作用与氟化钙相似，但在降低电解温度、改善电解质性质方面比氟化钙更为明显。实践表明这是一种良好的添加剂。工业铝电解对氟化镁的质量要求见表6-9。

表 6-9 氟化镁的质量标准

化学成分	MgF_2	Ca	SiO_2	Fe_2O_3	Na	H_2O
质量分数/%	≥98	≤0.1	≤0.9	≤0.8	≤0.1	≤1.0

6.3.2.5 氟化钠

氟化钠是一种白色粉末，易溶于水，同样是电解质的一种添加剂，但它主要用于新槽启动初期调整摩尔比。其质量标准见表6-10，该标准适用于由氢氟酸或硅氟酸与碳酸钠作用而制得的氟化钠。

6.3.2.6 碳酸钠

碳酸钠（Na_2CO_3）又称纯碱、苏打，是一种白色粉末，易溶于水，吸水性较强。它也是电解质添加剂之一，其作用与氟化钠相同，用以提高电解质的摩尔比。因为碳酸钠在高温下易分解成氧化钠，氧化钠再与冰晶石反应生成氟化钠，起到提高摩尔比的作用。

表6-10 氟化钠质量标准 （GB 4293—84）

等级	化学成分（质量分数）/%						
	NaF	SiO$_2$	Na$_2$CO$_3$	SO$_4^{2-}$	HF	水不溶物	H$_2$O
一级	≥98	≤0.5	≤0.5	≤0.3	≤0.1	≤0.7	≤0.5
二级	≥95	≤1.0	≤1.0	≤0.5	≤0.1	≤3	≤1.0
三级	≥84	—	≤2.0	≤2.0	≤0.1	≤10	≤1.5

注：1. 表中"—"表示不做规定；

　　2. 表中化学成分按干基计算。

$$Na_2CO_3 \longrightarrow Na_2O + CO_2 \uparrow \qquad (6\text{-}2)$$

$$3Na_2O + 2Na_3AlF_6 \longrightarrow 12NaF + Al_2O_3 \qquad (6\text{-}3)$$

由于碳酸钠比氟化钠更易溶解，价格低廉，因此在工厂多用碳酸钠。

6.3.2.7 氟化锂

锂盐作为铝电解质的组分所起的作用主要是降低电解质的初晶点，提高其电导率，此外还减小其蒸气压和密度。其缺点是减少氧化铝在电解质中的溶解度。氟化锂的质量标准见表6-11。

表6-11 氟化锂的质量标准

等级	化学成分（质量分数）/%							
	LiF	SO$_4^{2-}$	Cl	Ca	Mg	Si	Fe	Al
高等级	≥99.5	≥0.005	≥0.005	≥0.1	≤0.01	≤0.03	≤0.005	≤0.01
一级	≥99	≥0.05	≥0.008	≥0.1	≤0.03	≤0.06	≤0.01	≤0.03

工业上常用碳酸锂代替氟化锂。碳酸锂在高温下发生分解，生成 Li$_2$O，然后 Li$_2$O 同钠冰晶石发生反应而生成 LiF：

$$Li_2CO_3 \longrightarrow Li_2O + CO_2 \uparrow \qquad (6\text{-}4)$$

$$2Na_3AlF_6 + 3Li_2O \longrightarrow 6LiF + 6NaF + Al_2O_3 \qquad (6\text{-}5)$$

往酸性电解质中添加锂盐，且当 $n(LiF + NaF)/n(AlF_3) < 3$ 时，则生成化合物 2NaF·LiF·AlF$_3$（Na$_2$LiAlF$_6$）。往碱性电解质中添加锂盐，且 $n(LiF + NaF)/n(AlF_3) > 3$ 时，则化合物 Na$_2$LiAlF$_6$分解成 Na$_3$AlF$_6$和 Li$_3$AlF$_6$。

但是生产实践表明，必须限制锂盐添加量。这是由于在较高浓度下会有少量金属锂析出，锂对铝的加工性能（如对铝箔的压延性能）有不利影响。

6.3.3 炭阳极

现代铝电解对炭阳极的要求是耐高温和不受熔盐侵蚀，有较高的电导率和纯度，有足够的机械强度和热稳定性，透气率低和抗 CO$_2$ 及抗空气的氧化性能好。

铝电解槽使用的炭阳极有自焙阳极和预焙阳极两种。

6.3.3.1 自焙阳极

用于上插自焙阳极电解槽和侧插自焙阳极电解槽，两者是按导电金属棒从上部或侧部插入阳极而区分的，在电解槽结构上也是不同的，但阳极是连续工作的。自焙阳极采用阳极糊为炭阳极的原料。阳极糊加入到这类电解槽的阳极铝箱中，依靠电解的高温，自下而上地将其焙烧成为炭阳极，随着它的消耗，上部焙烧好的糊料随阳极下行继续工作，因此得以连续。由于阳极糊在自焙过程中产生大量沥青烟，对环境污染严重，我国已于2000年明令禁止，淘汰小型自焙阳极铝电解槽。

6.3.3.2 预焙阳极

由预先焙烧好的多个阳极炭块组成，每个阳极炭块组由2~4个阳极炭块及导杆、钢爪等组成。

预焙阳极多为间断式工作，每组阳极可使用18~28天。当阳极炭块被消耗到原有高度的25%左右时，为了避免钢爪熔化，必须将旧的一组阳极炭块吊出，用新的阳极炭块组取代，取出的炭块称为"残极"。由于预焙阳极操作简单，没有沥青烟害，易于机械化操作和电解槽的大型化，因此，国内外新建大型铝厂以及自焙阳极电解槽的改造都采用此种阳极。我国及国外所用炭阳极的质量标准分别见表6-12和表6-13。

表 6-12 我国现行炭阳极质量标准（YS/T 285—1998）

牌号	灰分/%	电阻率/$\mu\Omega \cdot m$	热膨胀系数/%	CO_2反应性/$mg \cdot (h \cdot cm^2)^{-1}$	耐压强度/MPa	体积密度/$g \cdot cm^{-3}$	真密度/$g \cdot cm^{-3}$
TY-1	≤0.50	≤55	≤0.45	≤45	≥32	≥1.50	≥2.00
TY-2	≤0.80	≤60	≤0.50	≤50	≥30	≥1.50	≥2.00
TY-3	≤1.00	≤65	≤0.55	≤55	≥29	≥1.48	≥2.00

注：1. CO_2反应性作为参考指标；
    2. 抗折强度由供需双方协商；
    3. 对于有残极返回生产的产品灰分要求，由供需双方协商；
    4. 表中数据按 GB 8170—1987 处理。

表 6-13 国外炭阳极的性能

性 能		方 法	典 型 范 围
焙烧后表观密度/$kg \cdot dm^{-3}$		ISO 12985-1:2000	1.50 ~ 1.60
电阻率/$\mu\Omega \cdot m$		ISO 11713:2000	50 ~ 60
抗弯强度/ MPa		ISO 12986-1:2000	8 ~ 14
抗压强度/MPa		DIN 51910	40 ~ 55
弹性模量/GPa	静态		3.5 ~ 5.5
	动态		6 ~ 10
线膨胀系数（20~300℃）/K^{-1}		DIN51909	$3.5 \times 10^{-6} ~ 4.5 \times 10^{-6}$
断裂能/$J \cdot m^{-2}$			250 ~ 350
热导率/$W \cdot (m \cdot K)^{-1}$		DIN51908	3.0 ~ 4.5
二甲苯中密度/$kg \cdot dm^{-3}$		ISO 9088:1997	2.05 ~ 2.10
空气渗透率/nPm		ISO 15906	0.5 ~ 2.0
CO_2反应性/%	残极率	ISO 12988-1:2000	84 ~ 95
	脱落度	ISO 12988-1:2000	1 ~ 10
	失重	ISO 12988-1:2000	4 ~ 10

性 能		方 法	典 型 范 围
空气反应性/%	残极率	ISO 12989-1:2000	65 ~ 90
	脱落度	ISO 12989-1:2000	2 ~ 10
	失重	ISO 12989-1:2000	8 ~ 30
微量元素/%	S	ISO 12980:2000	$0.5 \times 10^{-4} \sim 3.2 \times 10^{-4}$
	V	ISO 12980:2000	0.003 ~ 0.032
	Ni	ISO 12980:2000	0.004 ~ 0.02
	Si	ISO 12980:2000	0.005 ~ 0.03
	Fe	ISO 12980:2000	0.01 ~ 0.05
	Al	ISO 12980:2000	0.015 ~ 0.06
	Na	ISO 12980:2000	0.015 ~ 0.06
	Ca	ISO 12980:2000	0.005 ~ 0.02
	K	ISO 12980:2000	0.0005 ~ 0.003
	Mg	ISO 12980:2000	0.001 ~ 0.005
	F	ISO 12980:2000	0.015 ~ 0.06
	Cl	ISO 12980:2000	0.001 ~ 0.005
	Zn	ISO 12980:2000	0.001 ~ 0.005
	Pb	ISO 12980:2000	0.001 ~ 0.005

6.4 现代预焙铝电解槽的基本结构

现代铝工业已基本淘汰了自焙阳极铝电解槽，并主要采用容量在 160kA 以上的大型预焙阳极铝电解槽（预焙槽）。因此本节主要以大型预焙槽为例来讨论电解槽的结构。

工业铝电解槽通常分为阴极结构、上部结构、母线结构和电气绝缘四大部分。各类槽工艺制度不同，各部分结构也有较大差异。图 6-3 和图 6-4 所示分别为一种预焙槽的断面示意图和三维结构模拟图；图 6-5 和图 6-6 所示为我国一种 200kA 中心点式下料预焙槽的照片与结构图（总图）。

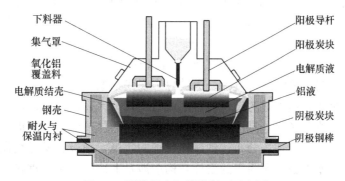

图 6-3 预焙铝电解槽横断面示意图

图 6-4　预焙铝电解槽三维结构模拟图　　　图 6-5　我国的一种 200kA 预焙铝电解槽

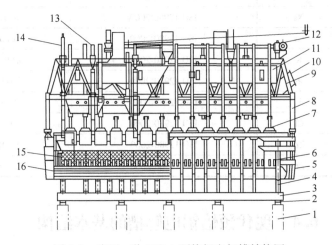

图 6-6　我国一种 200kA 预焙铝电解槽结构图

1—混凝土支柱；2—绝缘块；3，4—工字钢；5—槽壳；6—阴极窗口；7—阳极炭块组；8—承重支架或门；
9—承重桁架；10—排烟管；11—阳极大母线；12—阳极提升机构；13—打壳下料装置；
14—出铝打壳装置；15—阴极炭块组；16—阴极内衬

6.4.1　阴极结构

电解铝工业所言的阴极结构中的阴极，是指盛装电解熔体（包括熔融电解质与铝液）的容器，包括槽壳及其所包含的内衬砌体，而内衬砌体包括与熔体直接接触的底部炭素（阴极炭块为主体）与侧衬材料，阴极炭块中的导电棒、底部炭素以下的耐火材料与保温材料。

阴极的设计与建造的好坏对电解槽的技术经济指标（包括槽寿命）产生决定性的作用。因此，阴极设计与槽母线结构设计一道被视为现代铝电解槽（尤其是大型预焙槽）计算机仿真设计中最重要、最关键的设计内容。众所周知，计算机仿真设计的主要任务是通过对铝电解槽的主要物理场（包括电场、磁场、热场、熔体流动场、阴极应力场等）进行仿真计算，获得能使这些物理场分布达到最佳状态的阴极、阳极和槽母线设计方案，并确定相应的最佳工艺技术参数，而阴极的设计与构造涉及上述的各种物理场，特别是它对电解槽的热场分布和槽膛内形具有决定性的作用，从而对铝电解槽热平衡特性具有决定性的作用。

6.4.1.1 槽壳结构

槽壳（即阴极钢壳）为内衬砌体外部的钢壳和加固结构，它不仅是盛装内衬砌体的容器，而且还起着支撑电解槽重量，克服内衬材料在高温下产生热应力和化学应力迫使槽壳变形的作用，所以槽壳必须具有较大的刚度和强度。过去为节约钢材，采用过无底槽壳。随着对提高槽壳强度达成共识，发展到现在的有底槽。有底槽壳通常有两种主要结构形式：自支撑式（又称为框式）和托架式（又称为摇篮式），其结构如图6-7所示。

过去的中小容量电解槽通常使用框式槽壳结构，即钢壳外部的加固结构为一型钢制作的框，该种槽壳的缺点是钢材用量大，变形程度大，未能很好地满足强度要求。大型预焙槽采用刚性极大的摇篮式槽壳。所谓摇篮式结构，就是用40a工字钢焊成若干组"凵"形的约束架，即摇篮架，紧紧地卡住槽体，最外侧的两组与槽体焊成一体，其余用螺栓与槽壳第二层围板连接成一体，结构示意图如图6-8所示。

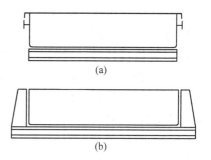

图6-7 铝电解槽的槽壳结构示意图
（a）自支撑式（框式）；
（b）托架式（摇篮式）

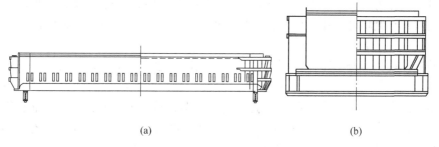

(a)   (b)

图6-8 大型预焙铝电解槽槽壳结构示意图
（a）纵向；（b）横向

现代大型预焙槽槽壳设计利用先进的数学模型和计算机软件对槽壳的受力、强度、应力集中点、局部变形进行分析和相应的处理，使槽壳的变形很小，并且还加强槽壳侧部的散热以利于形成槽膛。例如沈阳铝镁设计研究院设计的SY350型350kA预焙槽的槽壳设计为：大摇篮架结构（摇篮架通长至槽沿板，采用较大的篮架间隔）；槽壳端部三层围板加垂直筋板；大面采用船形结构以减少垂直直角的应力集中；大面采用单围带（取消腰带钢板与其间的筋板），并在摇篮架之间的槽壳上焊有散热片以增大散热面积；摇篮架与槽体之间隔开，使摇篮架在300℃以下工作。

图6-9所示是大摇篮架船形槽壳部分图。有人认为，图6-9（b）所示的圆角型与图6-9（a）所示的三角型相比，圆角型船形结构槽壳受力更好，且更有效地降低槽两侧底部应力集中。

对槽寿命要求的提高体现在电解槽大修中，就是对槽壳变形修复要求的提高。不仅要修理槽壳的外形尺寸，而且要定期对槽壳的结构进行更新，对产生了蠕变和钢材永久性变形的槽壳实施报废制度，更新整个槽壳。

6.4.1.2　内衬结构

内衬是电解槽设计与建造中最受关注的部分。现在世界上铝电解槽内衬的基本构造可分为"整体捣固型"、"半整体捣固型"与"砌筑型"三大类：

（1）整体捣固型。内衬的全部炭素体使用塑性炭糊就地捣固而成，其下部是用作保温与耐火材料的氧化铝，或者是耐火砖与保温砖。

（2）半整体捣固型。底部炭素体为阴极炭块砌筑，侧部用塑性炭糊就地捣固而成，下部保温及耐火材料与整体捣固型的类似。

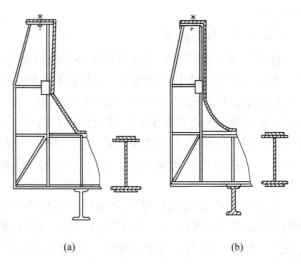

图 6-9　大摇篮架船形槽壳部分图
(a) 三角型；(b) 圆角型

（3）砌筑型。底部用炭块砌筑，侧部用炭块或碳化硅等材料制成的板块砌筑，下部为耐火砖与保温砖及其他耐火、保温和防渗材料。根据底部炭块及其周边间缝隙处理方式的不同，砌筑型又分为"捣固糊接缝"和"黏结"两种类型，前种类型是在底部炭块砌筑时相互之间及其与侧块之间留出缝隙，然后用糊料捣固；后种类型则不留缝隙，块间用炭胶糊黏结。

上述的整体捣固型与半整体捣固型被工业实践证明槽寿命不好，加之电解槽焙烧时排出大量焦油烟气和多环芳香族碳氢化合物，污染环境，因此已被淘汰，砌筑型被广泛应用。砌筑型中的黏结型降低了"间缝"这一薄弱环节，被国外一些铝厂证明能获得很高的槽寿命，但对设计和材质的要求高。因为电解槽在焙烧启动过程中，没有间缝中的炭素为炭块的膨胀提高缓冲（捣固糊在碳化过程中会收缩），因此若设计不合理或者炭块的热膨胀与吸钠膨胀太大，便容易造成严重的阴极变形或开裂。

内衬的基本类型确定后，具体的结构将按最佳物理场分布原则进行设计。当容量、材料性能以及工艺要求不同时，所设计出来的内衬结构便应该不同，但一旦阴极结构设计的大方案确定（例如选用"捣固糊接缝的砌筑型"），则不论是小型还是大型槽，其内衬的基本结构方案可以是相似的。区别往往体现在具体的结构参数上，而对于同等槽型和容量的电解槽，结构参数上的区别往往由设计理念、物理场优化设计工具和筑槽材料性能上的差异引起。

我国目前均采用捣固糊接缝的砌筑型。图 6-10 所示为我国大型预焙铝电解槽内衬基本结构方案的一个实例。内衬底部构成为：

（1）底部首先铺一层 65mm 的硅酸钙绝热板（或先铺一层 10mm 厚的石棉板，再铺一层硅酸钙绝热板）。

（2）在绝热板上干砌两层 65mm 的保温砖（总厚度 130mm），或者为加强保温而干砌三层 65mm 的保温砖（有种设计方案是在绝热板上铺一层 5mm 厚的耐火粉，用以保护绝热板，然后在其上干砌筑保温砖）。

（3）铺设一层厚 130～195mm 的干式防渗料（具体厚度视保温砖的层数而定，即两层保温砖对应 195mm 厚度，三层保温砖对应 130mm 厚度），或者在三层保温砖上用耐火粉找平后铺一层 1mm 厚钢板防渗漏，再用灰浆砌两层 65mm 的耐火砖。

（4）在干式防渗料上（或耐火砖上）安装已组装好阴极钢棒的通长阴极炭块组。

（5）阴极炭块之间有 35mm 宽的缝隙，用专制的中间缝糊扎固。

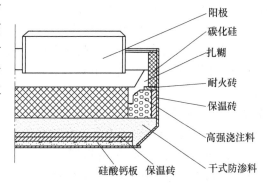

图 6-10　大型预焙阳极铝电解槽槽内衬结构图

内衬侧部（底部干式防渗料或耐火砖以上的侧部）的构成及特点为：

（1）对于与底部炭块端部对应的侧部，靠钢壁砌筑一道 65mm 的保温砖，或者布设 10mm 石棉板和 40～60mm 高温硅酸钙板；然后在该保温层与底部炭块之间浇注绝热耐火混凝土（高强浇注料）；并留出轧制人造伸腿的空隙。

（2）在浇注料上方砌筑一层耐火砖，再在该耐火砖上方砌筑一层 123mm 厚的侧部炭块（或氮化硅黏结的碳化硅砖），并使其背贴碳胶于钢壳壁上。

（3）侧部炭块顶上用 80mm 宽、10mm 厚的钢板紧贴住炭块顶部焊接在槽壳上，防止炭块上抬。

（4）底部炭块与侧部砌体之间的周边缝用专制的周围糊扎成 200mm 高的人造坡形伸腿。

大型中间下料预焙槽从工艺上要求底部应有良好的保温，以利于炉底洁净；侧部应有较好的散热，以促成自然形成炉膛。侧部炭块下的浇注料（或耐火砖砌）做成阶梯形，以抑制伸腿过长。

6.4.1.3　筑炉的基本规范

结合上述大型预焙槽的内衬结构实例，介绍当前我国大型预焙槽筑炉的基本规范，主要包括工艺要求与材料指标两个部分。其中所列材料是当前我国电解槽内衬常用材料，而非最好、最先进的材料。

A　槽底砌筑

a　槽底砌筑的工艺要求

槽底砌筑的工艺要求包括：

（1）清理与放线。槽壳清理干净后，依据电解槽内衬施工图，进行基准放线作业。

（2）铺石棉板。槽底铺一层 10mm 石棉板，接缝小于 2mm，石棉板间缝用氧化铝粉填平。

（3）铺绝热板（硅酸钙板）。绝热板的接缝小于 2mm，所有缝间用氧化铝粉填满，绝热板与槽壳间隙填充耐火颗粒，粒度小于 2mm；绝热板的加工采用锯切割；根据槽底变形情况允许局部加工绝热板，但加工厚度不大于 10mm。

（4）砌筑（干砌）黏土质隔热耐火砖。隔热砖加工采用锯切割；砌筑时按画在槽壳上的砌体层高线逐层拉线控制；第一层隔热耐火砖在绝热板上进行作业，所有砌筑缝小于

2mm，并用氧化铝粉填满，不准有空隙；隔热砖与侧部绝热板间填充耐火颗粒，粒度小于2mm，填实；第二层隔热耐火砖与第一层隔热砖应错缝砌筑，所有砖缝用氧化铝粉填满；第三隔热砖与侧部绝热板间填充耐火颗粒，粒度小于2mm，填实。

(5) 铺干式防渗料。将干式防渗料铺在耐火砖上，用样板挂平，铺一层薄膜，薄膜上铺纤维板，然后用平板振动机。要求分两层铺料、夯实达到设计要求的密实厚度，然后按预先划好的基准线测量9点，要求水平误差不大于±2mm/m，高度误差不大于±1.5mm，局部超出标准可进行整理，并保证阴极炭块组安装尺寸。

b 槽底砌筑用主要材料的指标

(1) 硅酸钙板。表6-14和表6-15所列为符合国家标准GB/T 10699—1998的硅酸钙板主要指标。

表6-14 硅酸钙板的性能指标

型号	牌号	导热系数（平均温度373℃）/$W \cdot (m \cdot K)^{-1}$	抗压强度	抗折强度最小值	密度/$kg \cdot m^{-3}$	线收缩率/%
I型	220号	≤0.065	≥0.50	≥0.30	≤220	≤2
	170号	≤0.058	≥0.40	≥0.20	≤170	≤2

注：最高使用温度槽底为650℃，侧部为850℃；规格为600mm×300mm×60mm。

表6-15 硅酸钙板的尺寸允许偏差和外观

项 目	尺寸允许偏差/mm			外观缺陷/个	
	长	宽	厚	缺棱	缺角
平 板	±4	±4	+3，-1.5	1	1

注：本标准为一等品。

(2) 黏土质隔热耐火砖。表6-16和表6-17所列为符合国家标准GB/T 3994—1983的黏土质隔热耐火砖主要指标。

表6-16 黏土质隔热耐火砖的性能指标

牌号	体积密度/$g \cdot cm^{-3}$	常温抗压强度/$N \cdot cm^{-2}$	导热系数（平均温度（325±25）℃）/$W \cdot (m \cdot K)^{-1}$	重烧线变化不大于2%的试验温度/℃
NG-0.7	0.7	≥196	≤0.35	1250
NG-0.6	0.6	≥147	≤0.25	1200

注：1. 砖的工作温度超过重烧线变化的实验温度，NG-0.7与NG-0.6相同；
2. 表内导热系数指标为平板法实验数据。

表6-17 黏土质隔热耐火砖的尺寸允许偏差及外形 （mm）

项 目		指 标
尺寸允许偏差	尺寸≤100	±2
	尺寸101~250	±3
	尺寸251~400	±4
扭 曲	长度≤250	≤2
	长度251~400	≤3

续表6-17

项　　目		指　　标
缺棱、缺角深度		≤7
熔洞直径		≤5
裂纹长度	宽度≤0.5	不限制
	宽度0.51~1.0	≤30
	宽度>1	不准有

注：宽度0.51~1.0mm的裂纹不允许跨过两个或两个以上的棱。

（3）黏土质耐火砖。表6-18和表6-19所列为符合国家标准 YB/T5106—1993 的黏土质耐火砖主要指标。

表6-18　黏土质耐火砖的性能指标

项　　目	指　　标
	N-4
耐火度/℃	≥1690
19.6N/cm² 荷重软化开始温度/℃	≥1300
重烧变化（1350℃，2h）/%	+0.2
	−0.5
显气孔率/%	≤24
常温耐压强度/0.2MPa	≥200

注：1. 电解槽使用黏土耐火砖牌号不低于N-4；

　　2. 导热系数（W/(m²·h·℃)）：$0.7+0.64(t/1000)$，密度：$0.35g/cm^3$。

表6-19　黏土质耐火砖的尺寸允许偏差和外观　　　　　　（mm）

项　　目		指　　标
尺寸允许偏差	尺寸≤100	±2
	尺寸101~150	±2.5
	尺寸151~300	±2%
	尺寸301~400	±6
扭　　曲	长度≤250	≤2
	长度231~300	≤2.5
	长度301~400	≤3
缺棱、缺角深度		≤7
熔洞直径		≤7
渣蚀厚度<1		在砖的一个面上允许有
裂纹长度	宽度≤0.5	不限制
	宽度0.51~1.0	≤60
	宽度>1	不准有

（4）氧化铝。表 6-20 为目前所使用的氧化铝的导热系数。

表 6-20　不同容量氧化铝导热系数

容量/g·cm⁻³	表面温度/℃	导热系数/kJ·(m²·h·℃)⁻¹	导热系数/W·(m²·℃)⁻¹
0.662~0.665	600	0.435	0.121
1.30~1.124	600	0.720	0.2
1.202~1.105	600	1.172	0.325

（5）石棉板。目前执行标准为 JC/T 69—2000。石棉板是以石棉为主要原料，加入黏结剂和填充材料而制成的板状隔热材料。一般要求石棉板组织结构均匀、厚度一致、表面光滑，但允许一面有毛毯压痕或双面网纹。不允许有折裂、鼓泡、分层、缺角等缺陷。石棉板烧失量不大于 18%，含水度不超过 3%，密度不大于 1.3g/cm³，横向拉伸强度不小于 0.8MPa。石棉板的规格通常有 850mm×850mm 和 1000mm×1000mm 两种，厚度 1.0~25.0mm，每 1m³ 石棉板的质量按 1200kg 计算。

（6）干式防渗料。表 6-21 所列为符合国家标准 GB/10294—88 的干式防渗料的主要理化性能指标。

表 6-21　干式防渗料的理化性能指标

项　目		指　标
$Al_2O_3 + SiO_2$/%		≥85
耐火度/℃		≥1630
松散容重/g·cm⁻³		≥1.5
堆积密度/g·cm⁻³		≥1.9
抗冰晶石渗透 950℃×96h/mm		≤15
导热率/W·(m·K)⁻¹	65℃	≤0.35
	300℃	≤0.40

B　阴极炭块组的制作

阴极炭块组的制作，包括炭块和钢棒的加工及其组装两部分。其制作方式与阴极钢棒的形状有关。阴极钢棒可采用方形、矩形或圆形、半圆形等多种形状。理论上而言，圆形棒周围应力分布均匀，尤其是能够克服矩形或燕尾槽型所带来的应力集中的问题，可降低阴极炭块破损的风险，并能够获得较低的铁/炭电压降。然而圆形棒与炭块的连接（黏结方式）在我国没有成熟技术。不少人建议使用半圆形断面，但我国尚无工业实践，目前还是采用方形或矩形棒，对应地将阴极炭块的沟槽加工成燕尾槽形状。

近 20 余年，世界上新建铝厂普遍采用通长炭块和通长阳极钢棒。从 20 世纪 70 年代中期开始，由于电解槽容量不断增大，采用大断面阴极炭块后，每个阴极钢棒带有两条沟槽的设计方案被采用，即每个阴极炭块与两个阴极钢棒相连接。

阴极炭块与钢棒的组装方式有炭糊扎固、磷生铁浇注、炭的黏结剂黏结等。其中，磷生铁浇注式组装的阴极寿命短，工艺流程繁琐、复杂、技术性强，高温作业，劳动强度大，效率低，成本高，废品率高，该法在国内大多被扎固法所取代。因此下面以扎固法为例进行介绍。

a 阴极炭块组制作的工艺要求

阴极炭块组制作的工艺要求包括:

(1) 钢棒下料后,在其两端面打上编号(最好打钢印或用油漆标记),测量并记录每根钢棒的弯曲程度;校正不合格的钢棒;砂洗四面,表面应露出银灰色金属光泽,砂洗完后检查并填写记录。

(2) 组装前用压缩空气将炭块燕尾槽内灰尘吹净,然后加热阴极炭块,与此同时加热阴极钢棒和炭糊,加热温度根据炭糊性质而定,一般在 40~110℃ 的范围(以炭糊说明书要求的温度为准)。

(3) 组装前再清扫一次燕尾槽内的灰尘;用电毛刷对钢棒进行打磨,表面不准有灰尘。

(4) 阴极钢棒轴向中心线必须与炭块钢棒槽轴中心线相吻合,偏差不准超过炭块长度的 1‰,钢棒组装后总长度偏差不大于 15mm,弯曲度不大于 4mm。

(5) 每次加糊后用样板刮平再捣固,共分 6 层左右捣固,每层捣固高度为 20~40mm;扎固时炭糊的温度应满足钢棒糊使用说明书的要求;每层捣固两个往返,捣固后糊与炭块表面呈水平,表面整洁,不准有麻面,捣固压缩比 (1.6~1.8):1,捣固风压不低于 0.5MPa,扎固捣固锤每次移动 1cm 左右,严禁捣固锤打坏炭块,防止异物进入糊内。

(6) 组装后测量炭块表面与钢棒表面,平行度公差值 3mm,不准高于炭块表面,用耐火泥抹平。

(7) 组装后阴极炭块组的质量要求。1) 导电性能:当用 2000A 直流电以工作面和阴极钢棒露出端为两极,其电压平均值不大于 350mV(在室温下);2) 外观:由燕尾槽向外延伸的裂纹宽度不大于 0.5mm,长度不大于 60mm,其他缺陷符合底部炭块标准,冷糊杂物清除干净;3) 炭块组堆放要按作业基准进行,要轻吊轻放,钢丝绳所压炭块部位要有防压措施工,严禁雨淋,受潮;4) 对炭块组检查采用抽查法,抽检比例 3%,如有质量问题提高抽查比例。

b 阴极炭块组制作用主要材料

(1) 阴极炭块。阴极炭块的种类很多,本书仅以当前国内外大中型预焙槽上使用最多的半石墨质炭块为例。我国铝厂目前较普遍使用的半石墨质阴极炭块行业标准为 YS/T 287—1999。该标准的炭块理化指标见表 6-22,尺寸允许偏差见表 6-23,加工后尺寸允许偏差见表 6-24,且外观符合如下规定:产品表面应平整,断面积不允许有空穴、分层和夹杂物;加工长度大于 1m 时,弯曲度不大于长度的 0.1%;炭块严禁受潮和油污染;炭块表面允许有符合表 6-25 中所述的缺陷。

表 6-22 半石墨质阴极炭块的理化性能指标

部位	牌号	灰分/%	电阻率 /$\Omega \cdot mm^2 \cdot m^{-1}$	电解膨胀率 /%	耐压强度 /$N \cdot mm^{-2}$	体积密度 /$g \cdot cm^{-3}$	真密度 /$g \cdot cm^{-3}$
底部	BLS-1	≤7	≤42	≤1.0	≥32	≥1.56	≥1.90
炭块	BLS-1	≤8	≤45	≤1.2	≥30	≥1.54	≥1.87

表 6-23　炭块尺寸允许偏差　　　　　　　　　（mm）

名　　称	允许偏差（不大于）		
	宽度	厚度	长度
炭块	±10	±10	±15

表 6-24　炭块加工后的尺寸允许偏差

名　　称	允许偏差（不大于）			
	宽度/mm	厚度/mm	长度/mm	直角度/(°)
底部炭块	±2	±4	±12	±0.4
侧部炭块	±3	±3	±5	±0.5
角部炭块	±5	±5	±5	

表 6-25　炭块表面的缺陷

缺陷名称	缺陷尺寸/mm
缺角	$a+b+c\leqslant50$，不多于两处
缺棱	$a+b+c\leqslant50$，不多于两处
面缺陷	近似周长 $a+b+c\leqslant100$，深度 $\leqslant5$
裂纹（0.5 以下）	长度 a 或 $b+c\leqslant60$

注：$a+b+c$ 的计算如图 6-11 所示。

（2）钢棒糊。以 GH 牌号的钢棒糊为例，其理化性能指标见表 6-26。

（3）硼化钛阴极。TiB_2 是最理想的铝电解可润湿性阴极材料。目前中南大学研发的常温固化硼化钛阴极涂层材料和中国铝业公司研发的硼化钛-炭复合材料均开始在大型预焙铝电解槽上应用。这种材料与低石墨质或低石墨化程度的炭块结合，可以显著改善阴极的抗钠膨胀性，而与高石墨质或高石墨化程度的炭块结合，则可

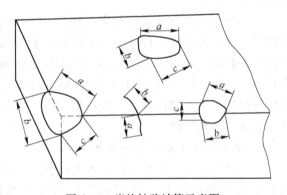

图 6-11　炭块缺陷计算示意图

表 6-26　钢棒糊的理化性能指标

指标牌号	灰分/%	挥发分/%	固定碳/%	体积密度/g·cm⁻³	耐压强度/MPa	比电阻/Ω·mm²·m⁻¹
GH	≤3	≥9~13	≥84	≥1.55	≥25	75

以显著改进阴极的耐磨性。此外还有一个很重要的优点是，它给阴极带来了一种炭素材料所不具备的性能，即与金属铝液的良好润湿性，因而可减少槽底沉淀，提高阴极工作的稳定性。硼化钛阴极涂层与价格较低的无烟煤基（无定形或半石墨质）炭块相结合的效果最为显著。无定形炭在长时间电解后会逐渐石墨化，在一年或更长一点的时间内大部分会转化成石墨。在工业电解槽上这种石墨化转化之所以未能体现在阴极电压的下降，是因为钠膨胀及熔融电解质与碳化铝的渗透抵消了石墨化所带来的电导率的改进。对此，中南大学

开发的常温固化硼化钛阴极涂层技术所采用的涂层厚度只要有 4～5mm 即可（这样涂层的造价相对较低），涂层本身寿命只需两年左右即可（因为阴极炭块的吸钠膨胀主要发生电解槽启动后的 1～2 年内），但其提高槽寿命和稳定槽况所带来的效益显著高于使用涂层所带来的投资费用增加。

C　阴极炭块组的安装

阴极炭块在槽底的排列有如图 6-12 所示的几种情况，其中图 6-12（a）、（b）、（c）三种比较，图 6-12（c）型最好。图 6-12（d）型对应通长炭块，这种类型接缝数量最少，一般认为该类型可使电解质和铝液渗漏的可能性以及由于上抬力和推挤力所引起的机械破损可能性均可降至最小。通长炭块不一定采用通长阴极棒，但发展趋势是通长炭块与通长阴极棒。

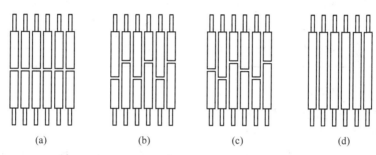

| (a) | (b) | (c) | (d) |

图 6-12　阴极炭块组安装类型

a　阴极炭块组安装的工艺要求

阴极炭块组安装的工艺要求包括：

（1）将砌筑完毕的槽底（干式防渗料）表面清理干净，按预先画好的作业基准线进行安装作业，以槽中心为准，由中央向两端进行。

（2）炭块组两端钢棒预先安装好挡板。已变形棒孔挡板要校正方可使用，不能校正的必须更换。

（3）用钢丝绳吊动炭块时，所压部位必须采取防范措施，以防损伤炭块；调整炭块组时仅撬动炭块，不可撬动钢棒；严禁损伤炭块、钢棒及挡板，安装要平稳，不平处可用粉料（防渗料）垫平。

（4）相邻炭块水平高度差不超过 3mm，长度偏差不大于 10mm；炭块间距符合内衬图要求，相邻炭块就位，用缝宽样板控制，测定三点，一般控制在规定值 ±2mm，然后取下样板用木楔临时固定。

（5）就位时，钢棒应放在窗口中央，阴极钢棒中心线与槽壳窗口中心线偏差为 ±3mm；阴极钢棒挡板紧贴槽壳钢板上，2～3mm 间缝用水玻璃石棉腻子塞满；腻塞棒孔后，炭块组不准移动；如需移动，窗孔间隙重新腻塞。

（6）水玻璃石棉腻子密封料的配比，按质量比为:水玻璃:（石棉粉 70% + 石棉绒 30%）= 1:1.5，混合均匀使用。水玻璃腻子应洁净，不准混入异物。

b　阴极炭块组安装用主要材料

阴极炭块组安装用主要材料有：

（1）硅酸钠水玻璃。符合国家标准 GB/T 4209—1996 的水玻璃的密度：1.32～1.38g/cm³；

波美度（20℃）35～37°Be；模数（M）3.5～3.7。

（2）石棉。目前采用的石棉理化性能指标见表6-27。石棉绒采用温石棉机选4级，4级石棉按纤维长度和含量分别为：4.8mm 为 5%～35% 以上；1.35mm 为 45%～70% 以上；砂粒粉尘含量不大于5.5%。石棉粉的技术性能：短纤维石棉10%；轻质耐火土钙镁细粉90%；体积密度 0.86g/cm³；耐热度不小于600℃；水分不大于5%；导热系数不大于 0.093W/(m·K)。

表6-27　石棉的主要理化性能指标

种类	密度 /g·cm^{-3}	莫氏硬度	纤维外形	柔顺性	强韧性	比热 /GJ·(kg·K)$^{-1}$	导热系数 /W·(cm·K)$^{-1}$	熔点 /℃	使用强度 /℃	最高工作温度 /℃	灼热减量(800℃)/%	吸湿量 /%	耐酸性	耐碱性	抗拉强度 /MPa
温石棉	2.2～2.4	2.5～4.0	白色光泽	柔软	强	0.836	0.07	1200～1600	400	600～800	13～15	1～3	弱	强	29.40
青石棉	3.2～3.3	4.0	深青色光泽小	柔软	稍弱	0.836	0.07	900～1150	200		3～4	1～3	强	弱	32.34

D　阴极炭块周围砌筑

a　阴极炭块周围砌筑的工艺要求

阴极炭块周围砌筑的工艺要求包括：

（1）四周紧贴槽壳为石棉板、硅酸钙板，缝隙小于2mm，缝隙用石棉绒-水玻璃糊实。

（2）两炭块钢棒间砌65mm黏土质隔热耐火砖（两层或三层，依内衬图而定），采用湿砌，砖缝小于3mm。

（3）捣打浇注料。按内衬图尺寸支好模板，固定阴极炭块四周；用搅拌机干混浇注料2min，然后加入清洁自来水（加水量在6.5%～7.5%之间），加完水后搅拌3～4min即可出料；搅拌好的浇注料应立即倒入模内（应采用多点投料为好），用插入式振动器振动，振至表面露出浮水为止；振动器提起时应避免留空洞，振动棒应缓慢均匀移动，不能在一点长时间振动，以防浇注料偏析；加第二层料振动时，切忌将振动棒插入第一层料内以防破坏第一层已初凝料层的组织结构；浇注完毕全高倾斜不大于5mm，其表面凹凸不大于2mm；浇注好后用草袋覆盖注体，若环境温度大于平均20℃，养生时间为24h，否则为48h。

（4）砌筑耐火砖。待浇注体达到养护时间后，浇注体上用耐火泥浆找平砌筑一层或二层（视内衬图而定）65mm高铝砖或黏土质隔热耐火砖，砖缝小于3mm，泥浆饱满，为砌筑侧部炭块做好准备。

b　阴极炭块周围砌筑用主要材料

（1）防渗隔热耐火浇注料（耐火混凝土）。不同厂家有不同标准，表6-28是其中一种的组成及性能。

表6-28　防渗隔热耐火浇注料（耐火混凝土）组成及性能指标

组成		Al$_2$O$_3$含量 /%	体积密度 /g·cm^{-3}	耐压强度 /MPa	烧后线变化 /%	导热系数 /W·(m·K)$^{-1}$	使用温度 /℃
骨科	结合剂						
轻质黏土砖	高铝水泥	35～45	2.0～2.3	12～38	0.4～5	0.5～0.8	1000～1300

注：导热系数为700～1000℃时的数据。

（2）耐火砖。某企业生产的高铝砖理化性能指标见表6-29。

表6-29 高铝砖理化性能指标

项 目		指 标			
		LZ-75	LZ-65	LZ-55	LZ-48
Al_2O_3含量/%		≥75	≥65	≥55	≥48
耐火度/℃		≥1790		≥1770	≥1750
0.2MPa 荷重软化开始温度/℃		≥1520	≥1500	≥1470	≥1420
重烧线变化/%	1500℃，2h	+0.1 −0.4			—
	1450℃，2h	—			+0.1 −0.4
显气孔率/%		≤23		≤22	
常温耐压强度/MPa		≥53.9	≥49.0	≥44.1	≥39.2

E 侧部砌筑

a 侧部砌筑的工艺要求

侧部砌筑的工艺要求包括：

（1）砌筑前将槽壳上的污垢和周围砖表面上的泥浆清理干净，砌筑块（炭块或碳化硅砖）要仔细检查，有缺陷的根据情况放在角部。

（2）炭块用干砌，碳化硅（SiC）砖用耐火泥浆砌筑，因此若使用碳化硅砖，先配制碳化硅耐火泥浆。砌筑从角部开始作业，立缝小于0.5mm，卧缝小于3mm，错台小于5mm。大面根据槽型可以砌筑成一条弧线。侧块背部紧贴槽壳钢板，背缝小于2mm。

（3）若需加条，则加条在角部两侧的第三块上进行，加条尺寸应不小于原炭块的1/2。

（4）砌筑和调整侧部炭块应使用木槌敲打，严禁使用金属锤敲打，以防损伤炭块。

（5）对于侧部块与槽壳间的缝隙，若侧部为碳化硅砖，则用碳化硅浇注料或侧部散热填充料填实；若为炭块，则用氧化铝，或炭胶或侧部散热填充料填实。

b 侧部砌筑用主要材料的指标

（1）侧部块。若使用炭块，则见"阴极炭块组的制作"；若使用碳化硅砖，则见表6-30的实例（牌号为SICATEC75）。

表6-30 氮化硅结合碳化硅砖的理化性能指标

指 标	测试条件	标 准
显气孔率/%	—	≤18
体积密度/g·cm⁻³	—	≥2.60
耐压强度/MPa	—	≥150
抗折强度/MPa	室温	≥42
	1400℃	≥45
荷重软化温度/℃	0.2MPa，T2	>1700℃

续表 6-30

指　标	测试条件	标　准
热导率/$W \cdot (m \cdot K)^{-1}$	1000℃	17（实测值）
抗氧化性/%	1150℃×20h	0.5（实测值）
抗碱性/%	1350℃×20h	2.47（实测值）

化学成分/%	SiC	—	≥72
	Si_3N_4	—	≥18
	Fe_2O_3	—	≤0.7
	Si	—	≤0.5
尺寸公差	厚度	0~100mm	±1.0mm
	长、宽	0~300mm	±1.5mm
		301~500mm	±2.0mm
		>500mm	±0.5%

（2）炭胶。侧部使用炭块时，用到炭胶。表 6-31 为一种炭胶的主要理化指标。

表 6-31　炭胶的主要理化指标

项　目	标　准
灰分/%	<5
挥发分/%	<45
固定碳/%	>50
针入度（20℃时）/0.1mm	450~650

（3）碳化硅耐火泥。侧部使用碳化硅砖时，用到碳化硅耐火泥。表 6-32 为一种碳化硅耐火泥的主要理化性能指标。

表 6-32　碳化硅耐火泥的主要理化性能指标

项　目		指　标	
		Sicabond	Sica-Glue
化学组成/%	SiC	≥70	≥70
	Fe_2O_3	<1	≤1.0
	SiO_2	<9	
最高使用温度/℃		1350	1350
粒度组成	>0.5mm	≤1	
	<0.074mm	>50	
抗折强度/MPa	110℃×24h	≥4.0	≥6.0
	1000℃×3h	≥5.0	
应　用		砌筑碳化硅砖	复合碳化硅砖与炭砖

（4）侧部散热填充料。表 6-33 列出了一种侧部散热填充料在不同温度下的导热系数。

表 6-33 　侧部散热填充料在不同温度下的导热系数 　　　　(W/(m·K))

种 类	室温	150℃	300℃
配方 1	0.55	0.98	1.40
配方 2	0.60	1.12	1.53

F　扎固

a　扎固立缝的工艺要求

扎固立缝的工艺要求包括:

(1) 阴极块加热前应用压缩空气将槽内清理干净,然后进行加热作业。

(2) 立缝加热用电加热器加热,冬季加热时间不少于12h,夏季加热时间不少于10h,加热温度同扎糊作业温度(遵照糊料产品说明书)。需加热的材料、工具同时加热。扎固辅糊前再次进行吹风清扫。

(3) 测量阴极炭块加热温度,每个炭块各测三点。

(4) 非工作人员禁止入槽内,作业人员的鞋底必须干净。

(5) 阴极炭块立缝均涂一层稀释沥青,厚度0.5mm左右。

(6) 按量加糊,应用样板刮平,再进行扎固作业,扎固次数不少于两个往复,每缝层捣固时间约45s。立缝一般分7~8次扎完,每槽约60min。操作点的风压不低于0.6MPa,压缩比不低于1.60:1。

(7) 扎固炭帽要在模板内进行,以防打坏炭块。炭帽应高出阴炭块上表面5mm,宽度40mm,铲去炭帽两侧毛边并用手锤压光使之表面平整、光滑、无麻点。

b　扎固周围缝的工艺要求

扎固周围缝的工艺要求包括:

(1) 周围糊扎固前应对周围缝加热,并在加热前进行吹风清扫,加热温度同立缝温度。

(2) 凡与糊接触部位(炭糊除外)均涂一层稀释沥青,厚度为0.5mm左右。

(3) 槽长、短侧各分7~10次扎完,斜坡高度符合内衬图要求(一般为200mm),工作点风压不低于0.6MPa,压缩比不低于1.60:1。扎固之前首先将阴极钢棒底下塞实。

(4) 扎固坡面时,为使层间衔接牢固,用爪型捣锤把表面打成麻面,然后再铺糊扎固。周围糊接头处用火焰加热器烘烤,不准将糊烧成碳化物,加热至立缝要求温度。

(5) 捣固后表面呈平面,光滑整洁,不准有麻面。

c　扎固用冷捣糊

目前已普遍使用冷捣糊扎固立缝与周围缝。表6-34所列是"湘Q/LC556"标准的冷捣糊炭素材料的理化性能指标。其中,LTC-1适用于阴极炭块间立缝和周围缝;LTC-2适用于阴极炭块与阴极钢棒接缝(钢棒糊)。

表 6-34 　冷捣糊炭素材料理化性能指标

项　　　目	LTC-1	LTC-2
挥发分/%	<12	<10
骨料最大粒径/mm	≤8	≤2

项　　目	LTC-1	LTC-2
灰分/%	≤12	≤10
成型后体积密度/g·cm⁻³	≥1.55	≤1.6
水分/%	≤1	≤1
固定碳/%	≥76	≥77
施工操作温度/℃	25~40	40~50

	项目	LTC-1	LTC-2
1300℃烧后	体积密度/g·cm⁻³	≥1.45	≥1.5
	耐压强度/MPa	≥25	≥20
	残余体积收缩/%	≤1.5	≤1.5
	显气孔率/%	≤22	≤22
	电阻率/Ω·mm²·m⁻¹	≤70	≤65
	破损系数	≤1.0	

注：破损系数是指炭素材料经电解实验后侵入试样内的电解质体积与试样原总孔隙体积的比值。

6.4.2　上部结构

槽体（金属槽壳）之上的金属结构部分，统称上部结构，它可分为承重桁架、阳极提升装置、打壳下料装置、阳极母线和阳极组、集气和排烟装置。

6.4.2.1　承重桁架

以6.4节开头部分所介绍的200kA预焙铝电解槽为例（见图6-6）为例，承重桁架如图6-13所示，下部为门式支架，上部为桁架，整体用铰链连接在槽壳上。桁架起着支撑上部结构的其他部分和全部重量的作用。

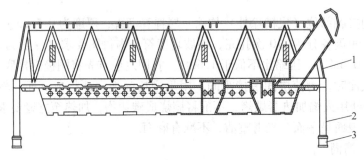

图6-13　某厂200kA预焙阳极铝电解槽桁架结构图
1—桁架；2—支架或门；3—铰接点

6.4.2.2　阳极提升装置

目前，国内预焙槽阳极提升装置有两种，一种是螺旋起重器式的升降机构；另一种是滚珠丝杠三角板式的阳极升降机构。

以6.4节开头部分所介绍的200kA预焙铝电解槽为例，阳极提升装置为螺旋起重器升降机构，它由螺旋起重机、减速机、传动机构和马达组成，如图6-14所示。4个螺旋起重机与阳极大母线相连，由传动轴带动起重机，传动轴与减速箱齿轮通过联轴节相连，减速箱由马达带动。当马达转动时便通过传动机构带动螺旋起重机升降阳极大母线，固定在大母线上的阳极随之升降。提升装置安装在上部结构的桁架上，其行程为 400mm，在门式架上装有与电动机转动有关的回转计，可以精确显示阳极母线的行程值。

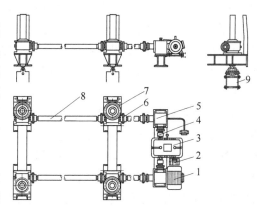

图 6-14 某厂 200kA 预焙阳极铝电解槽阳极提升机构图

1—马达；2，6—联轴节；3—减速箱；
4—齿条联轴节；5—换向器；7—螺旋起重机；
8—传动轴；9—阳极大母线悬挂架

随着电解槽容量增大，螺旋起重器数量相应增加。例如，300kA 槽需选用 8 个螺旋起重器（相当于 8 个蜗轮减速机），在每个传动轴（共两个）上分别安装 4 个，但碰到的问题很难做到 4 点在一条直线上，因而不能较好地实现齿轮咬合。

平果铝业公司 320kA 预焙槽的设计中，针对槽上部结构支撑大梁长，承载负荷大（72t）的特点，采用了分体式阳极提升机构的设计方案，即采用两段大母线梁，双电动机驱动，8 个螺旋起重器均匀负荷的分体式结构形式。A、B 两段大母线梁运行误差调控由计算机自动跟踪完成，但由于两段负荷不一样，很难实践 A、B 两段阳极底掌在一个水平面上，即一台电解槽可能在两个极距下工作，必须经常人工调整。为达到特大型槽 8 个螺旋起重器同步升降，可以将变速机构置于槽的中部通过 4 个水平轴与螺旋起重器相连。

采用滚珠丝杠三角板的阳极升降机构，仅用两个蜗轮杆减速器、两个标准滚珠丝杠与 8 个三角板，结构示意图如图 6-15 所示。其工作原理是：滚珠杠向前推，阳极下降；向后拉则阳极上升（由电动机正反转控制）。显然，这种机构比传统的螺旋起重器的升降装置简单，机械加工件少，易于制造加工，传动效率高 1 倍，造价低且耐用，易检修维护，又能简化上部金属结构，对扩大料箱容积，方便阳极操作均有益处。法国彼施涅公司 135 ~ 320kA 预焙槽均采用这种阳极升降装置。我国目前沈阳铝镁设计研究院设计的大型槽也采用了该种设计方案。

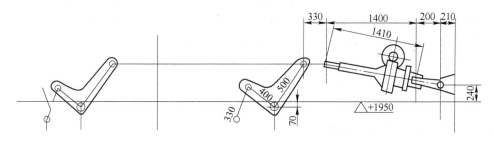

图 6-15 滚珠丝杠三角板式的阳极升降机构

6.4.2.3 打壳下料装置

早在 20 世纪 60 年代，美国在预焙铝电解槽上使用了线下料装置，多数位于两排阳极中央空间部位，每次打壳下料的间隔时间为 60～120min。打壳机构分为铡刀型、刀齿混合型，按照一定间距固定在槽纵向中央可升降的工字钢梁上，其上部安装线加料定容器。定容器由两条钢组成，两端用轴连接。这种结构与我国白银铝厂 20 世纪 80 年代购买日本千叶铝厂的 155kA 铡刀式中间下料预焙槽大体相同。

在氧化铝下料方面的重要突破是 20 世纪 80 年代发展起来的点式下料系统，它由槽上料箱和点式下料器组成。料箱上部与槽上风动溜槽或原料输送管相通，原料通过现代的气力输送系统可以从料仓直达槽上料箱。点式下料器安装在料箱的下侧部。点式下料器由打壳装置和下料装置两个部分组成，或者是将打壳与下料集合在一起的"二合一"装置，其中打壳装置实现在电解槽结壳表面上打开一个孔穴，下料装置实现将其定容室中的氧化铝通过打开的孔穴卸入电解质中。点式下料器动作一次向电解槽添加少量（且通过定容来定量）的氧化铝，每个定容器典型加料量为 0.5～3kg（视定容器的定容大小而定），定容精度可达到不大于 ±2%。

每台电解槽安装一定数量的点式下料器后，便可以通过理论计算确定正常的下料间隔时间。一般来说，正常下料间隔时间在 1.5～3min 的范围内。由于下料间隔如此之短，点下料技术常被称为"准连续"或"半连续"下料技术。点式下料系统与现代先进的计算机控制系统相结合，可以通过由控制系统自动调整下料间隔来调整下料量，从而形成多种准连续"按需下料"技术，满足现代铝电解工艺对氧化铝浓度控制的要求。

合理地选择每台电解槽安装点式下料器的个数、定容规格和安装位置是相当重要的。要考虑下料点所对应区域的电解质有较好的流动性；考虑氧化铝的溶解度及溶解与分布速度，避免造成电解槽内的浓度差；有合适的正常下料间隔时间以及发生阳极效应时能够快速加入足量的氧化铝。事实上，下料器的个数在一定程度上取决于电解槽容量大小，有一种说法是大约每 50kA 电流需安装一个下料器。法国彼施涅铝业公司的 AP18 预焙槽（180kA）和 AP30 预焙槽（300kA）均设计为 4 个下料器。我国预焙槽的下料器个数为：系列电流在 60～100kA 范围则每槽安装两个；160～300kA 安装 4 个；320～350kA 安装 5 个。有的电解工艺采用交替下料方式（如编号按顺序为 1～4 的 4 个下料器按照 1、3 与 2、4 两两交替下料），而有的采用每次全部同时下料的方式。来阳极效应时均采用全部下料器同时下料，一般动作 4～5 次，即可满足熄灭阳极效应的下料要求。下料器的最佳安装位置是靠近阳极角部的中缝处，下料器的锤头尺寸较小为好，使在壳面上打开的下料孔较小。希望向洞中央低速下料，而不应成堆卸料，因为氧化铝需要迅速扩散，以防止沉淀的形成。结壳上的洞最好保持敞开，以减小掉入电解质中的结壳量。

目前，我国普遍使用的点式下料器为筒式下料器。下料器的自动控制是通过计算机控制系统控制电磁阀来实现的（也可以手动控制）。通过几个电磁阀的组合，可以按照一定的程序向打壳气缸和定容下料气缸提供压缩空气，完成各种动作的顺序控制。

6.4.2.4 阳极母线和阳极组

A 阳极大母线

阳极大母线既承担导电、又起着承担阳极重量的作用。电解槽有两条阳极大母线，其两端和中间进电点用铝板重叠焊接在一起，形成一个母线框，悬挂在阳极升降机构的丝杆（吊杆）上。阳极组通过小盒卡具和大母线上的挂钩卡紧在大母线上。

B 阳极组的基本结构

阳极组由炭块、钢爪和铝导杆组成，炭块有单块组和双块组之分，按钢爪数量有四爪和三爪两种。图6-16所示为一种"单块组-四爪"阳极组的结构示意图。钢爪与炭块用磷生铁浇注连接，与铝导杆一般采用铝-钢爆炸焊连接。与单块组不同的是，双块组使用一根铝导杆连接着两块阳极。

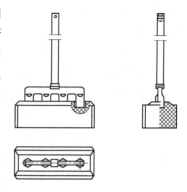

图6-16 "单块组-四爪"阳极组结构示意图

C 最佳阳极结构与安装尺寸的选择

阳极的结构尺寸影响到电解槽的电、热场及其分布（即影响电压平衡与热平衡），从而影响到电解槽的能耗指标、电流效率指标以及阳极消耗指标，因此优化阳极结构尺寸具有显著意义。

a 阳极炭块高度

阳极炭块的高度影响到下列几个方面：

（1）换极周期。换极周期是指一台电解槽槽内所有阳极更换完毕需多少天（昼夜），即一块新阳极能工作的天数。换极周期与阳极炭块高度等参数的关系式为：

$$\lambda = (H - H_L)/h_c \tag{6-6}$$

式中，λ 为换极周期，d；h_c 为阳极高度消耗速度，cm/d；H 为阳极炭块总高，cm；H_L 为残极高度，cm。

其中，阳极高度消耗速度（h_c）为：

$$h_c = \frac{8.054 d_{阳} \gamma W_c}{d_c} \times 10^{-3} \tag{6-7}$$

式中，8.054 为系数（它等于铝的电化当量乘以每日的24h，即 0.3356×24）；$d_{阳}$ 为阳极电流密度，A/cm^2；γ 为电流效率，%；W_c 为每吨 Al 阳极净耗量，kg；d_c 为阳极假密度，g/cm^3。

用式（6-6）和式（6-7）可以计算分析换极周期与阳极净耗、阳极电流密度、阳极体积密度、电流效率等参数的关系。例如，某大型槽阳极为24组（如我国160kA预焙槽），取换极周期为24天（每槽每天更换一组阳极），每吨 Al 阳极净耗为440kg 时，阳极体积密度为 $1.55kg/cm^3$，阳极电流密度为 $0.72A/cm^2$，残极高度为165mm，电流效率为94%，用式（6-6）和式（6-7）可计算出阳极炭块总高为536mm（目前，国内常用高度为540mm）。又例如，某大型槽阳极为28组（如我国200kA预焙槽），取换极周期为28天（每槽每天更换1组阳极），每吨 Al 阳极净耗为420kg，其余参数同上，可计算出阳极炭块总高度为578mm（目前，国内常用高度为580mm）。显然，其他条件相同时，阳极炭块越高，则阳极毛耗越小（因为残极高度一定），且换极周期越长。延长换极周期能降低阳极组装与阳极更换的工作量与相关消耗，并降低因阳极更换而打开电解质面壳所造成的热损失以及换极对电解槽运行的干扰频度。但换极周期的设计还应考虑到换极作业时间安排上的便利；并且阳极高度的增加还会影响到下面将述及的其他方面。

（2）阳极电压降。阳极电压降随着阳极高度的增大而增大，因而会增大电解能耗。例如，我国的阳极采用 540mm 的高度时，所对应的阳极炭块的电压降为 140mV 左右，如果阳极高度增加到 610mm，则阳极电压降平均升高约 20mV，若电流效率为 93%，则每吨铝多耗电 64kW·h。

（3）阳极保温（电解槽热平衡）。阳极高度过高，不利于阳极上覆盖的氧化铝的保温作用，即不利于电解槽热平衡的稳定。由于槽内阳极高度差较大，造成有的阳极块侧部加不上氧化铝保温料，高阳极块保温性能比低阳极块的保温性能差，高阳极块的热损失增加，这对窄加工面的电解槽更为不利。

（4）电解槽上部结构。阳极高度越大，则电解槽立柱母线越高，上部金属结构位置抬高，荷重加大。

（5）阳极电流分布。阳极高度越大，从阳极侧面流出的电流相对于阳极底部流出的电流的比例便越大（即阳极电流密度的修正系数便越小），这对电解技术经济指标不利。针对我国 160kA 预焙槽的仿真研究表明，在其他条件一定的情况下，当阳极高度从 500mm 增加到 600mm 时，阳极电流密度修正系数从 0.934 降低到 0.924。

从上述分析看到，最佳的阳极高度受到多方面因素的影响。早在 20 世纪 80 年代，蔡祺风用极值法得出了预焙阳极炭块最佳高度的数学表达式，并计算了 160kA 预焙槽阳极的最佳高度为 603mm。显然，最佳高度的计算结果不仅与考虑的因素多少有关，而且与各因素可准确量化的程度有关。其中，一些主要因素的变化会显著影响阳极高度的最佳值，例如，当电解用电电价增高时，阳极高度的最佳值便会降低。目前，我国预焙槽的阳极高度一般在 540~600mm 的范围，个别企业采用高达 620mm 的阳极，是否符合经济效益最佳的原则，值得进一步分析。

b　阳极炭块的长度与宽度

阳极炭块的长度与宽度（包括截面积）会影响到下列几个方面：

（1）阳极气体的排出。阳极炭块的截面积越大，对阳极气体的逸出越不利，因而对电流效率指标不利。

（2）阳极更换周期。由于阳极高度受到多方面因素的限制只能在一定的范围，因此阳极炭块的截面积越大，换极周期便越长。上面在讨论阳极高度时已指出，延长换极周期能降低阳极组装与阳极更换的工作量与相关消耗，并降低因阳极更换而打开电解质面壳所造成的热损失以及换极对电解槽运行的干扰频度；但另一方面，阳极越大，每次更换阳极时对电解槽的干扰幅度（如对阳极电流密度分布的冲击）便越大。此外，还要考虑工厂在阳极更换作业时间安排上的合理性与规则性。

（3）阳极电流分布。阳极越宽越长（截面积越大），经钢爪流向阳极侧面的距离便越远，因而从阳极侧面流出的电流相对于阳极底部流出的电流的比例便越小（即阳极电流密度的修正系数便越大），这对电解技术经济指标是有利的。此外，对于老槽改造，若能增大阳极截面积，则可以在不提高阳极炭块电压降的情况下强化电流；或者在不强化电流的情况下由于能减小阳极电流密度而减小阳极电压降。

（4）铝液中的水平电流。电解槽的设计应尽量减小铝液中的水平电流，而阳极的长、宽尺寸与阳极排布方式对铝液中水平电流的大小与分布有重要影响。当阳极炭块的宽度能与阴极炭块的宽度相匹配时，有利于减少铝液中的水平电流。但最佳的长度与宽度值显然与具体的槽型和结构尺寸相关。

（5）阳极钢爪的用量与排布。当采用的阳极过宽时，就必须采用双排钢爪。这必然使钢爪总断面积及用钢量增加，使钢爪在生产中散发大量热量。采用双块组就是为了避免采用过宽的单块阳极。

从上述分析看到，如同阳极高度一样，最佳的阳极长度与宽度也受到多方面因素的影响。目前，我国大型预焙槽（160～350kA）的阳极宽度基本上都是660mm（双阳极组中的阳极块宽度也为660mm），阳极长度则因槽型而异，一般在1400～1600mm。个别的老槽改造则采用了一些尺寸不在此范围的阳极。表6-35列出了一些国家大型预焙槽阳极设计参数。

表6-35　一些国家大型预焙槽阳极设计参数

公司（槽型）	德国 TOGINID	美国铝业 A697	法国铝业			中国铝业
			AP18	AP280	AP30	
电流强度/A	175	180	180	280	300	280
阳极块数	20	24	16	40	40	40
阳极断面尺寸/cm×cm	140×76.5	140×72	145×54（双阳极）	140×66	145×68	145×66
阳极钢爪数及排列方式	• • • •	• • • •	• • • • • •	• • • •	• • • •	• • • •
每个钢爪的阳极面积/m²	0.28	0.258	0.233	0.236	0.23	0.232

c　阳极至槽侧壁距离

阳极至槽侧壁距离（即加工面宽度）影响到下列几个方面：

（1）阴极电流密度。在阳极电流密度一定的情况下，加工面宽度越大，阴极电流密度越小。理论与实践均表明，阴极电流密度小，则电流效率低。

（2）物理场分布与炉膛的形成。加工面及阳极间缝越宽，则阳极投影面积以外的熔体面积越大，通过阳极侧部的电流也越大（即阳极电流密度修正系数便越小），上部散热面也越大（通过加工面上部的热损失大），对物理场（包括电场、磁场、流场、热场）的分布均会产生较大的影响。大加工面（500～600mm）的老式预焙槽对应的炉帮厚度较大，但采用低温（低过热度）工艺时凝固等温线波动范围大，因此炉帮结壳厚度不容易稳定，波动范围较大。另外，大加工面在低摩尔比、低温操作时容易出现边部结壳塌陷，在更换阳极时大量槽面结壳氧化铝容易落入槽内，必须人工扒至槽帮处，不仅劳动消耗大，而且不利于形成规整的炉膛和氧化铝浓度的控制。以上问题均会影响电流效率和能耗指标。现代窄加工面（大面加工面宽度250～300mm）预焙槽侧部采用散热型，强制性形成炉膛，并由于采用了良好的物理场设计方案，因此槽帮虽然相对较薄但稳定性较好。

（3）电流效率。这是从另一个角度来分析阳极加工面与阳极间缝宽度对电流效率的影响。区域电流效率的观点认为，电解槽各个区域由于极距、熔体流速、电解质温度等的差异，电流效率是不一致的，不同区域阳极下方的电流效率不同，而阳极投影面以外区域（即加工面和阳极间缝所对应的区域）的电流效率远低于阳极投影面正下方区域的电流效率，因此缩小加工面和阳极间缝的设计方案有利于获得高电流效率。

Goff等人研究了由阳极至槽壁距离从450mm缩小到250mm的实验槽与原型槽相比，

电流效率由 93.1% 提高到 94.9%。新安铝厂改进型 160kA 预焙槽首次在国内应用窄加工面，由过去老槽型的 520mm 宽加工面改为 350mm，电流效率比宽加工面提高 1.3% 左右。湖北华盛铝厂将 60kA 自焙槽系列改为 82kA 预焙槽系列，将大面加工面由 520mm 改为 275mm，在阳极电流密度为 0.8A/cm² 时电流效率达到了 93%。

以上分析与实例均支持缩小加工面，但加工面过窄也会带来问题：阴极电流密度高，对阴极炭块质量要求高；电解槽内熔体的体积相对较小，因此工艺技术条件（如熔体温度、熔体高度、氧化铝浓度、极距等）对外界干扰敏感，电解槽自平衡能力弱；对炉帮结壳的稳定性和炉膛的规整度要求很高，否则可能引起侧部破损，或引起换极困难。

根据国内外生产实践经验，中间点式下料的大型预焙槽的大面加工面宽度为 280～350mm，小面加工面宽度为 400～450mm。两排阳极炭块的中间缝宽度为 120～180mm。

d　阳极钢爪及其他

阳极钢爪的结构与安装尺寸影响到下列几个方面：

（1）承载负荷能力。钢爪尺寸越大、安装越深，则与炭块接触面积（包括周边接触面积与接触深度）便越大，承受负荷的能力便越强。

（2）钢材的用量。显然，钢爪尺寸越大，钢材用量便越大，阳极质量也增大。

（3）阳极电压降与阳极电流分布。钢爪直径越大，钢爪电流密度就越小，因而电流在阳极中分布就越均匀，且阳极的电压降也越小；钢爪深度越大，电流流经炭块部分的高度就越小，因而阳极电压降就会越小，且阳极侧面流出电流相对于阳极底部流出电流的比例就越小（即阳极电流密度的修正系数便越大）。仿真研究表明，在有限的变化范围内，钢爪直径和钢爪之间的距离对阳极侧面电流的影响很小。

（4）阳极热损失。钢爪尺寸越大，钢爪导致的阳极散热量便越大。

从上述分析看到，最佳的阳极钢爪结构与安装尺寸受到多方面因素的影响。目前，我国的钢爪电流密度一般按照 0.1A/cm² 左右选取，按通过的电流强度计算出钢爪断面。

铝导杆断面积，按每组阳极电流负荷确定，按经济电流密度选取，一般按 0.4A/mm² 选取。

铝-钢爆炸焊块，工作最高温度不应超过 400℃，否则强度急剧降低。铝-钢爆炸焊的界面抗拉应力应大于铝导杆。

D　底部带沟槽的阳极炭块

近年来，国外一些预焙槽上采用了底部开沟槽的炭素阳极。例如，从阳极底掌开一条宽 1cm，深度为 300～380cm 缝隙。窄阳极块开一条，宽阳极块开两条。早在 1990 年，美国 R. Shekhar 等人对底部开不同沟的惰性阳极对流场的影响进行了水模型实验，结果表明，阳极底部开槽有利于减少阳极底部气泡覆盖率和促进极间氧化铝的传质。预焙槽阳极采用不同排气沟时其周围电解质流场进行的仿真结果表明：

（1）阳极底部开沟促进了阳极气体向外界的排放，减少了其在阳极底部的停留时间和阳极底部气泡覆盖率，因此有利于减小阳极气体压降，从而有利于降低槽电压，达到节能目的。

（2）阳极底部开沟在促进阳极气体向外界排放的同时，还使电解质流速有所减小，有利于保持电解质流场的均匀与稳定，有利于槽内的传质传热，有利于减少阴极铝液与阳极气体发生"二次反应"的机会，从而有利于提高电流效率。

（3）气泡在阳极底部停留时间的减少和电解质流场的改进有利于降低阳极效应系数。

（4）针对排气沟为通沟和非通沟两种情况的计算表明，采用通沟时流体的剧烈程度要小些，这是由于通沟的存在减小了流体在阳极周围流动的阻力，使流体运动更平稳。

6.4.2.5 集气和排烟装置

预焙槽由上部结构盖板和槽周若干块可人工移动的铝合金槽罩密封，分别由若干块大面罩、角部罩和小面罩组成。

槽子产生的烟气由上部结构下方的集气箱汇集到支烟管，再进入墙外总烟管而到净化系统。

为了保证换阳极和出铝打开部分槽罩作业时烟气不大量外逸，支烟管上装有可调节烟气流量的控制阀，当电解槽打开槽罩作业时，将可调节阀开到最大位置，此时排烟量是平时的 2.5 倍，使作业时烟气捕集率仍能保证达到 98%。

6.4.3 母线结构

整流后的直流电通过铝母线引入电解槽上，槽与槽之间通过铝母线串联而成，所以，电解槽有阳极母线、阴极母线、立柱母线和软带母线；槽与槽之间、厂房与厂房之间还有联络母线。阳极母线属于上部结构中的一部分，阴极母线排布在槽壳周围或底部，阳极母线与阴极母线之间通过联络母线、立柱母线和软母线连接，这样将电解槽一个一个地串联起来，构成一个系列。

铝母线有压延母线和铸造母线两种，为了降低母线电流密度，减少母线电压降，降低造价，大容量电解槽均采用大断面的铸造铝母线，只在软带和少数异型连接处采用压延铝板焊接。由于用于母线的投资约占电解槽总造价的 35%，因此，从降低母线购置费（降低投资）的角度，应该减小母线截面尺寸，提高导电母线的电流密度，但母线截面尺寸的减小会增大导电母线的电阻，使生产运行过程中的电耗增高。因此，在母线装置的设计中应该确定能使建设期投资与运行期能耗总和为最小的经济断面，在该断面下的电流密度称为经济电流密度。

在大型电解槽的设计中，母线不仅被看成是电流的导体，而且更注重它产生的磁场对生产过程的影响。母线系统的电流和电解槽内的电流会产生一个强磁场，另外，铁磁体（特别是槽壳）将构成二级磁场源，该磁场源叠加于一级磁场，对一级磁场有削弱或增强作用。这两种磁场对电解槽的稳定性产生重要的影响，它们与熔体中的电流相互作用，产生一种洛伦兹力，使熔体界面变形和波动。为了获得尽可能高的电流效率和尽可能低的槽电压（低极距），一个非常有效的措施就是设法降低电解质/铝液界面的流速以及减少界面的波动和扭曲。因此，现代化的大型电解槽在设计电解槽结构和母线系统时，力图减小垂直磁场的绝对值，避免水平电流和力争垂直磁场的对称性或水平梯度，试图使设计的铝液表面限制在阳极投影面积之内。近十几年来，国际上把电解槽磁场设计和磁流体动力学设计作为开发大型电解槽的基础，也是铝电解槽物理场仿真与优化设计的主要内容之一，并由此产生了多种多样的进电方式和母线配置方案。这里仅给出目前国际上横向排列的大容量电解槽（大于 200kA）母线配置的三种典型方案：

（1）大面进电，阴极母线全部绕行配置。典型的有挪威 Hydro 230kA 实验槽。国内沈阳铝镁设计研究院推出的 200kA 槽系列也是采用这种设计。

（2）大面进电，阴极母线槽底强补偿配置。典型的有法铝 280kA 槽，我国 280kA 实验槽等，平果 320kA 槽的设计也是采用这一思想。

（3）大面进电，阴极母线槽底弱补偿方案。典型的有瑞士 EPT-18 系列，我国的 230kA 实验槽等。

6.4.4 电解槽电气绝缘

在电解槽系列上，系列电压达数百伏至上千伏。尽管人们把零电压设在系列中点，但系列两端对地电压仍高达 500V 左右，一旦短路，易出现人身和设备事故。而且，电解用直流电，槽上电气设备用交流电，若直流窜入交流系统，会引起设备事故，需进行交流、直流隔离。因此，电解槽许多部位需要进行绝缘。下面以某种 160kA 电解槽为例，绝缘部位和绝缘物见表 6-36。

表 6-36   160kA 电解槽电气绝缘表

序号	绝 缘 部 位	绝 缘 物
1	母线与母线墩之间	石棉水泥板
2	槽底支撑钢梁与支柱之间	石棉水泥板
3	槽壳与摇篮架之间	石棉板
4	支烟管与主烟道之间	玻璃钢管
5	槽上风动溜槽与主溜槽之间	玻璃钢型槽
6	槽前空气配管与槽上部结构之间	橡胶管
7	槽前操作风格板与槽壳之间	石棉水泥板
8	端头槽外侧风格板与厂房地坪之间	石棉水泥板
9	阳极提升马达与槽上部结构之间	胶木绝缘板
10	阳极提升马达与传动轴之间	环氧酚醛层压玻璃连接套
11	螺旋起重机与大母线之间	环氧酚醛层压玻璃布板
12	回转计与上部结构之间	胶木绝缘板
13	脉冲发生器与上部结构之间	胶木绝缘板
14	门式支柱与槽壳之间	石棉板
15	打壳气缸与上部结构之间	石棉布
16	打壳出头与集气罩之间	石棉布
17	阳极导杆与上部结构之间	石棉布
18	槽罩与上部结构、槽壳之间	石棉布
19	短路口螺杆与母线之间	环氧酚醛层压玻璃导管

6.5 铝电解的生产管理

现代预焙槽的生产管理首先要求企业采用先进的管理理念与思想方法，并在此基础上建立完整、统一、标准的管理体系、管理制度与作业方法。因此，本节将首先讨论现代预焙槽管理的思想方法，然后着重叙述与铝电解工程技术关系密切、主要属于技术管理范围的一些重要管理内容，包括：技术标准（槽基准）的管理、电解质组成管理、槽电压管理、加料管理、铝水高度和出铝量管理、电解质高度管理、阳极更换进度管理、阳极上覆盖料管理、原铝质量（铝液纯度）管理、效应管理、异常槽况（病槽）及事故的防治与管理等。

6.5.1 现代预焙槽管理的思想与方法

现代预焙槽炼铝随着新技术的应用、槽容量和生产规模的扩大、机械化与自动化程度的大幅提高，不再是过去恶劣环境下的重体力劳动、作坊式（经验型与粗犷型）的操作与管理，而是干净环境下的轻松工作、现代化大生产所要求的标准化及精细化的作业与管理。因此，现代预焙槽需要一批具有新的管理理念及思想方法的新型管理者。过去从事过自焙槽生产的人们应该尽快转变管理理念与思想方法。

6.5.1.1 车间管理遵循标准化、同步化和均衡化的原则

A 标准化

a 制定和执行标准的意义

对于连续性强、机械化自动化程度高、工序间环环相扣的大工业来说，成百上千的人集中在一起，从事着相同的劳动，制造着同样的产品，这就需要在操作方法、管理制度和产品标准上高度统一。因此，现代工厂中都把制订标准、执行标准作为生产管理的重要内容。

铝电解作为现代大工业的一个分支，既遵从普遍适用于大工业生产的管理规律，又具有区别其他工业的特殊性而具有固有的特殊规律。这些普遍规律和特殊规律溶渗于各项技术标准、作业标准和管理标准之中，而这些标准就是企业乃至整个行业知识与智慧的结晶。另一方面，大工业生产只有实施标准化才能做到步调一致、"协同作战"，才能实现"整体最佳"的目标。因此，铝电解生产管理者必须首先树立严格遵循标准的思想。为此，管理者首先必须学习掌握大工业生产的普遍规律和电解炼铝的特殊规律。在此基础上学习掌握各项标准，并不折不扣、全面贯彻落实各项标准，向违反标准的现象做斗争。

在过去的自焙槽车间内，由于缺少对过程的准确计量和监视，对槽子运行过程的判断基本停留于操作者的直观感觉，对槽子的处置是根据个人的经验。经验的个体性和处置的随意性是现代化大生产所不能容许的。自焙槽的管理者一旦转向管理现代预焙槽，他们会迅速熟悉新的操作方法，但过去的管理习惯则难以迅速改变。他们的管理习惯往往会破坏技术条件和操作方法的统一，使先进的装备不能获得优良的成绩。对他们来说，存在着摈弃作坊式习惯，树立现代大生产观念的问题。

b 制定（修订）标准

对于各项操作，都应建立统一的标准。标准中应包括以下内容：作业名称、作业对象、所需工具（或仪表）、作业环节分解、指示、联络、操作顺序、时刻、记录（含记录表形式）、安全、维护等方面。要求每项作业中的全部内容都必须按标准的规定进行，切实做到作业的每个环节都符合标准。

中国铝厂过去基本上无作业标准，只有一个简要的操作规程。规程只是用条款性的文字，极其简单地叙述了作业的技术条件和注意事项，不明确作业涉及以上各个方面的具体

要求，在请示、联络、记录、动作顺序等方面，都没有提及。

之所以在作业标准的内容上产生如此大的差别。原因之一是源于对"作业"一词的理解不同。按照传统的思想理解：作业就是手持工具完成一连串动作，只要动作完成了，就算完成了作业。但是，按现代工业管理思想，动作完成了并不算作业完结，还必须完成动作之后的清扫、请示、联络、记录等才算结束。原因之二是两者对操作环节的要求宽严不同。传统的思想认为，干了就行，并不苛求干的方法和人员、工种的组织，因而易出现完成同样作业方式各异的情景。而现代管理思想认为，操作的环节和动作本身就是作业标准的一部分，要使同一项作业的各个环节都显现出高度的统一，使各项作业的各个环节都纳入控制之中。

中国第一个 160kA 电解槽系列的操作标准，是按现代工业管理的思想制订的，其做法现在已逐步推广到了中国其他铝厂。随着中国企业管理水平的不断提高，标准涵盖的范围不断扩大。首先，不仅针对"操作型"作业（阳极更换、效应熄灭、出铝、抬母线等）制定作业标准，而且还把其他一些生产活动也规范化为若干种作业，并制定相应的作业规程。例如，与生产管理密切相关的有巡视作业；与出铝有关的有铝水输送作业、吸出管更换作业、吸出抬包的粗略清除作业、抬包的预热作业等；与开、停槽有关的有列间短路作业、电解质吸出与移注作业、电解槽系列通电及停电的联络作业、停槽作业等；与计算机控制系统相关的有槽电压的调整作业、电解槽异常的检出与处理、电解控制系统异常信息的处理、电解控制系统停止时的处置等；与工具制作、设备操作与维护有关的作业有氧化铝耙（铝耙）浇铸作业、铝电解控制系统操作与维护作业、多功能天车的操作与维护作业、原料输送与烟气净化系统的操作与维护作业等。其次，对工艺技术基准及一切管理工作也标准化，制定相应的技术标准和管理，除政治工作，经营、福利方面的标准外，在生产与技术管理方面，最低限应该为几类管理制定具体的标准，如：技术标准与技术条件管理，设备与工具管理，生产计划与管理，操作工序质量管理，产品质量管理，生产调度指挥管理，数据检测（含收集、传递、分析、汇报）管理，各级人员的岗位责任制及考核管理，生产与技术会议管理，原材料与工器具供应管理，全面质量管理活动的管理，奖金分配管理。

中国的一些工厂普遍重产品标准，轻操作标准，更轻管理标准。反映出重结果而忽视原因的倾向，这与全面质量管理的思路相悖，应当扭转，使管理发挥出第二生产力的应有作用。

c 执行标准

在电解铝厂，由于整流、阳极制造、铸造、化验、检修、车队等车间都围绕电解生产工作，提供电解车间电力、阳极和各种服务。这些车间工作质量的好坏将最终反映在电解生产指标之中。因此，执行操作标准并非仅是电解车间的义务，而是要求全厂各车间、岗位人人把关，全厂动员。不允许不执行标准的车间和岗位存在；不允许车间和岗位执行一部分标准，违犯另一部分标准的现象立足。

B 同步化

电解车间每天所进行的作业都有固定的时间和程序，这是由过程平稳所要求的，也是多功能天车作业能力决定的。因此，一到某一时刻，所有参与作业不同工种的操作者都必须到达现场，并且在指定的时间内完成作业。

根据电解车间作业时间表，排出了其他车间配合作业的节奏，从而形成整个工厂的工作节拍。电解车间和其他车间都必须遵守已经约定的配合时间表，到时同步动作，使任务完成协调、高效。

车间的一切人员不仅要遵守工厂规定的劳动纪律，而且必须严守作业时间表上的作业时刻，不得拖延和无故颠倒作业的顺序（特别是出铝时刻）。

C　均衡化

均衡化指进入电解车间物流和从电解车间移出的物流均衡。"均衡"含两重意义：第一，物流不能中断；第二，投入和产出都应保持在一定范围之内。维护投入产出的均衡是生产调度的重要内容。

（1）投入均衡。进入车间的 Al_2O_3、阳极块、氟化盐、电解质粉、工器具必须按时按量，不允许在某一环节出现堵塞或供应量过剩或不足。

（2）产出均衡。要求槽子产出量均衡，送到铸造的原铝量大致恒定。这就要求电解各项操作质量良好，技术条件搭配合理，槽况稳定。同时要及时返回阳极组装所有的导杆和残极，不要在车间积存。

简言之，槽子稳定是物流均衡的基础，物流均衡又是槽子稳定的客观表现。

为了实现均衡，工厂在下达生产计划时，要注意指标符合实际，指标过高过低（特别是前者）都会破坏技术条件的平稳保持。槽子的稳定遭到破坏，反过来影响到日后物流的均衡。

D　保持平稳

电解过程需要保持平稳和安定。所谓"平稳"包含两层意义：

（1）保持合理技术条件不变动、少变动，即使变动也应控制变动量，使变动幅度控制在槽自调能力所能接受的范围内，做到温度、电压、铝液高度波动小，槽帮规整稳定。

（2）尽量减少来自操作、原料、设备带来的干扰，创造技术条件得以平稳保持的环境。

6.5.1.2　依靠铝电解控制系统，尽量减少人工干预、确保人机协调

电解槽运行受到的外界干扰越小，铝电解控制系统对槽况的判断和对氧化铝及槽电阻（槽电压）的控制便越不容易出现失误。人工对电解槽的每一次干预都会打乱电解槽的正常控制进程，例如，手动调整一次电阻（移动一次阳极）不仅会打乱控制系统对槽电阻监控的正常进程，而且会导致控制系统暂停用于氧化铝浓度控制的槽电阻变化速率计算（如暂停 6~10min），因而影响氧化铝浓度控制的精度。虽然控制系统自动进行的阳极移动也会短暂地影响氧化铝的判断与控制，但经过周密设计的控制程序能合理地安排电阻调节的频度与幅度，将其对氧化铝浓度控制的不利影响降至最低程度，但人工调整对于控制系统来说是随机发生的。例如，控制系统在即将做出效应预报等氧化铝浓度控制的关键时刻，即使槽电阻有所越界也会暂缓调节电阻，以便继续跟踪槽电阻的变化确认是否达到了预报效应的条件，但若此时发生了手动阳移，则控制系统的这种跟踪与预报过程被打断，而失去了及时预报效应和及时采取措施（如采用效应预报加工）的良机。现代智能化的控制系统中应用了许多基于"槽况整体最优"原则的调控规则，例如对电阻调节而言，不是简单地实施"一越界便调整"的原则，现场发现电阻越界而控制系统未调整便要能清楚地知道

是何种原因引起（出于控制系统的自身策略还是控制系统故障或是对控制系统进行了限制或电阻超出了允许自控的范围等），这就需要作业人员与管理人员懂得控制系统的控制思想，确保人机协调，避免人机"对着干"。

6.5.1.3 重视设备管理

电解的主要操作、技术条件的调整、物流的进出都是建立在设备正常的基础上，越现代化的工艺对设备的依赖性越强。有人讲，设备好坏是电解死或活的问题，工艺的好坏是指标高或低的问题。一句话，设备不正常，标准化、同步化、均衡化均为奢谈。

在电解车间，最重要的设备是多功能天车、净化大风机、计算机控制系统和电解槽。

抓好设备管理的第一关是要求操作者正确使用，精心操作设备。按照操作标准的规定，开车前查看上班记录，并做检查，做到心中有数。开车后，全神贯注、细心操作、注意巡视，不干违反标准的危险、野蛮、"省事"的操作。工作结束后，要对设备进行清扫、擦拭、润滑、检查，并认真填好作业记录和专用的设备状况检查表。一旦出现异常应马上报告，更不允许带病运转。

对所有上岗人员，都必须进行正确操作、维护设备知识的考核。对操作重要设备，如电解多功能天车的人员要坚持"操作证"制度，无证者不得上岗。

要特别注意操作多功能天车人员的情绪和精神。发现异常时，区长或班长应立即令其停止作业防止事故。电解多功能天车的操作者工作时间较长（每班 5～6h），而且操作时精力消耗较大，故应在作业中穿插休息或换人操作。

要注意作业场所、道路的整理整顿。工具、托盘、氟化盐、脱落的残极都要按规定堆放，消除因现场混乱诱发事故的隐患。

要经常检查电解槽周围及楼下母线是否接地，清除它们上面所附杂物，防止烧坏槽控机及计算机室设备。

设备管理的第二关，就是要抓好检修关。检修部门应坚持巡视制度，检查作业人员的使用与维护情况，掌握设备现状和趋势，及时排除毛病及故障，防止故障扩大化。

电解车间应与检修部门共同排定计划检修时间表，到时停机、清扫，为检修提供方便。检修部门应在保证检修质量的前提下尽快修复。为了保证检修的质量和速度，检修部门应准备充足的备件和总成，使现场检修简化为备件或总成的更换，以便大大缩短检修时间。换下的零件或总成拉回检修车间，在干净环境和充裕的时间下可获得良好的检修质量。修复的零件或总成可用于下次检修。

6.5.1.4 重视全面质量管理（含过程改善）

全面质量管理是发动群众参加管理，实现人人把关的一种行之有效的管理形式。对于铝电解这个连续性强、多人参与、效果反应迟缓的行业，全面质量管理非常有用。

全面质量管理的基本思想是：以防为主，处理为辅；把管结果变成管原因，把处理事故变为抓日常工作的严格管理，使每个操作、每项技术条件都处于受控状态，且整个过程中，始终贯彻用数据说话。其做法可从以下几个方面入手：

（1）抓操作质量，使操作质量分布的特性值向最佳值靠拢。具体做法是对每项操作的质量都定出中值、上下控制限，要求每个职工对自己所做的操作都在控制图上打点。一旦点子失控或虽然在控，但呈缺陷性排列时，就须立即自寻原因，采取消除措施，做到自我诊断、自我控制、自我完善。

（2）为了造成声势和持之以恒，可结合劳动竞赛开展"工序质量讲评""操作能手评比""无缺陷活动"等活动，将电解车间的主要操作，如换极、出铝、熄灭效应、抬母线都纳入质量考核。

（3）抓技术条件保持，使各项技术条件分布的特性值向标准值靠拢。可对一台槽、或一个区、一个厂房的铝液高度、电解质高度、指示量、电解质电阻、效应发生时的状态等在控制图上打点，一旦异常，立即会诊进行处理。一段时间后求出某一条件的偏差、平均值，与前期比较，看受控、状态及分布是改善还是恶化。由于经常分析，经常调整，始终保持槽子技术条件受控，可有力地保证疗程目标、长期目标的实现，防止或减少干扰造成的技术条件大幅度波动。

（4）前面已指出，技术条件比操作质量更重要，因此应对技术条件保持情况进行考核，用考核的数据进行评比，并与经济责任制挂钩。

（5）无论操作质量，还是技术条件，在分析其受控水平时，一定要用数据说话，并注意将收集到的数据按厂房、区、班或个人分层解析。

（6）组织一支收集加工、分析槽子各种数据的队伍。能通过科学的分析、论断，把握目前槽的现状和问题，并提出解决措施，供车间领导决策。

（7）开展访问用户活动，即将下工序视为"客人"，尽量提供方便，提供符合质量的产品或服务。无论是在电解车间内部，还是对铸造、阳极组装车间都应如此，且长期坚持。

（8）广泛开展群众性的 QC 活动，号召热心质量管理活动、有一定组织能力和具有必要 TQC 知识的人自发组成 QC 小组，对操作的某一难点、技术条件保持上的某一难题进行研究和改善。但必须注意选题不要过大，涉及面也不要过宽。注意要日常积累数据，灵活用 QC 工具进行分析。小组要经常活动，不要流于形式。

6.5.1.5　讲求生产计划管理的科学性，克服生产计划中的主观随意性

生产计划指标过松或过紧会出现下列弊端：

（1）不利于保持电解槽技术条件的长期稳定。指标过松时，生产作业与管理人员思想松懈，并可能造成月末（或年末）压铝等现象；指标过紧时，则可能造成月末（或年末）拼命出铝的现象。这均会影响正常工艺技术条件的稳定保持。

（2）造成年内月份间技术经济指标和财务数字大幅度波动。实践表明，计划下达过松，往往产量和效益的指标超额太多，如果车间只按计划数交库上报，超产的部分便在车间保存下来（到季末或年末统一上交实物或账面铝），而超产部分所耗电力及原材料消耗不是在上交之月计入成本的，因此上交之月的技术经济指标及财务指标就会大幅度"改善"，甚至"改善"到荒唐的程度。

（3）不利于电解车间加强管理和改善过程。计划过松，完成计划唾手可得；计划过高，完成计划无望而放弃努力，都不能恰到好处地调动操作与管理者的积极性。

因此生产计划的制订应讲求科学性，应根据历史（最近 3~6 个月）的指标完成情况并考虑改善因素综合制订生产计划。要使现场操作与管理人员感受到，只要严格贯彻执行作业标准、百分之百地保持技术条件和操作质量，就必定能完成计划指标。要将产量、成本等经济指标的考核与对技术条件保持好坏的考核紧密结合起来，制定综合考评办法。要

制定合理的考评周期，例如将考评奖励周期拉长到 3～6 个月，允许周期内的月份有较少的欠产或超产，允许周期内的月份间以丰补歉，这样可避免短期行为。当考核周期内出现影响指标的重大因素时，应及时召集会议商议和调整计划。

6.5.1.6　运用基于数据分析的决策方法

随着计算机控制系统的不断进步，计算机控制系统能提供越来越丰富的反映电解槽状态变化的历史曲线和图表；人工现场测量也能取得一些有价值的数据和信息并且多数铝厂也将现场测量数据和信息输入到了计算机控制系统，使计算机报表的内容更加丰富。现场管理人员应该利用这些软件工具、报表与信息分析过程的状态，并结合槽前观察与判断，发现趋势不良的电解槽，以便尽早做出决策，采取措施。管理者掌握数据处理与分析的方法与工具以及基于数据分析的决策方法是管理者必修的基本功。过去那种单凭简单的槽前观察和判断便采取行动的做法是典型的作坊式与经验式做法，不能满足现代铝电解所追求的精细控制的要求。

6.5.1.7　预防为主，处理为辅

在电解生产中，管理的目的绝非为了处理病槽，而是为确保电解系列能在最佳（标准）状态下稳定运行，取得最佳的技术与经济指标。

常常遇到这样的情况：一些人对电解槽的基本管理不感兴趣，却卖力地研究病槽处理；某些班组当槽子平稳时就无所适从，似乎没有病槽就不能唤起他们的干劲和热情。诸如此类现象，反映了部分管理者仍有轻视预防，看重事后处理的思想。不预防，只处理，就会防不胜防，出现处理不完的病槽。这样，打乱正常生产秩序和管理制度，将使计划落空，队伍士气低落。一言以蔽之，有百害而无一利。使病槽妙手回春是技术，但使大批槽子长期平衡无病是更高一筹的技术。

做好预防工作，首先要保持正确而平稳的技术条件；其次要确保生产设备的正常运行和严格把住各项操作质量；并且还需提高阳极、氧化铝等主要原料的品质。另外，要重视槽子状态的解析，研究槽子动向，做到未雨绸缪，先发制槽，防患于未然。

电解生产是千百人共同劳动的作品。电解技术是众人合作的技术，唤起大家的热情，使多人、多工种都朝着一个目标去做，是做好预防工作的关键所在，管理者不单要发布具体的工作指示，而且要承担起鼓励、组织、检查和奖惩的职能。

6.5.1.8　要注意先天管理

幼儿先天不足，成人后大都体弱多病。这条人类健康的规律也同样适用于电解槽。

槽子预热、启动和启动后期管理是人们赋予槽子生命和灵性的阶段，也是槽子一生中内部矛盾最为激烈的时期。

这个时期，槽子由冷变热，逐步达到电解温度下的热平衡。这个时期，炭衬要大量吸收碱性组分，内部各种材料要完成热和化学因素的膨胀及相互错动。这个时期，槽内侧部要自然发育形成一定形状、稳定而难熔的槽帮，即要形成正常槽所必需的一切条件。

这个时期，弄得不好可能出现铝液渗入内衬破坏热绝缘；铝液从阴极棒孔穿出形成漏铝通道；槽底加温不够使炭素体大量吸收钠而潜伏早期破损，或在槽底形成顽固结壳；电压和电解质组成调整不好形成的槽帮易熔，经不起温度的波动。

因此，要像照料婴儿那样，精心对待槽子的预热、启动和启动后期管理。创造良好的

先天条件，今后槽子管理起来才会事半功倍。

6.5.2 电解槽工艺标准（槽基准）的制定与管理

铝电解槽的工艺标准（槽基准）规定了电解槽在正常运行条件下的最佳工艺技术条件（或简称技术条件）或技术参数。其中最重要的技术条件有：电解质组成（摩尔比）、电解质温度、氧化铝浓度、效应系数、槽电压、铝水高度、电解质高度等。最重要的技术参数有：设定电压、基准下料间隔时间、效应间隔时间等。

6.5.2.1 最佳工艺技术条件的制定

A 电解质温度、过热度与电解质组成

电解质温度是电解过程最重要的工艺参数之一。铝业界一直在想方设法降低电解质温度，因为温度降低意味着电能消耗的降低，并且，研究表明，降低电解质温度能提高电流效率。众多研究表明，电解质温度每降低10℃，电流效率可以提高约1%~2%（但前提是降低温度不带来其他工艺条件的恶化）。

降低电解质温度无疑通过两个途径：降低电解质过热度和降低电解质初晶点。

电解质过热度是指电解质温度与电解质的初晶点（或称熔点、初晶温度）之差。电解质温度必须高出熔点若干度（如10~15℃），即必须有一定过热度，电解生产才能正常进行。由于凝固的电解质是不导电的，过热度过低时，电解槽的热平衡稍有波动（如出铝、换阳极等人工作业干扰、槽面保温料变化、下料量变化等引起温度波动）就会引起槽况出现很大的波动，如电压波动、沉淀产生等，使电解槽无法正常运行。当然，过热度也不能过高，过高会影响电流效率，并加大能量消耗。至于要保持多高的过热度合适，要看电解槽操作与控制的平稳程度，以前全靠人工来控制下料和调整电压的电解槽，因为温度波动较大，所以过热度保持较高（20~25℃）。现代预焙槽采用点式下料器实现准连续的下料，并由先进控制系统精细地调节电压和控制下料过程，因而过热度可以保持较低（10~12℃），这是电流效率提高的重要原因之一。

以上讨论表明，降低过热度的程度是有限的，因为现代采用点式下料和计算机控制系统已经将过热度降低到10℃，再降的空间不大。因此，要实现较大幅度的降低电解质温度，就必须设法降低电解质初晶点。

电解质初晶点由电解质的组成决定，例如正冰晶石的熔点是1009℃，如果其中加入氧化铝，使氧化铝浓度保持在5%~10%，则对应的熔点降低到980~960℃，相应地，电解质温度需要保持在1000~980℃。为了降低初晶点，人们研究了多种可以改进电解质物理化学性质（包括降低初晶点）的添加剂，这导致了AlF_3、CaF_2、MgF_2、LiF等添加剂的使用使现代铝电解的电解质初晶点降低到了950℃以下，相应地，电解质温度降低到了970℃以下。特别是添加AlF_3，实质就是降低摩尔比，在现代大型预焙槽上得到了广泛应用。目前，许多工厂采用了2.1~2.2的摩尔比（相当于在正冰晶石中加入14.7%~12.7%的AlF_3），再加上电解质中还含有其他一些成分（如自氧化铝原料中元素Ca使电解质中自然积累了约5%的CaF_2），使电解质初晶点降低到930~945℃，相应地电解质温度降低到945~955℃。

我们知道，电解质组成的改进不仅通过降低电解质初晶点（从而降低电解质温度）来提高电流效率，而且还能通过改善电解质的其他理化性能直接对电流效率或能耗指标产生有益的作用，因此许多铝厂总是把调整电解质组成（并相应地调整其他技术条件）作为提高自己的技术经济指标的主要手段之一，但不同企业采取了不同的做法，例如我国近年有下列几种做法：

（1）第一类做法是尽可能地降低摩尔比（采用 2.0～2.1 的摩尔比），并相应地降低电解质温度，将正常电解质控制到 935～945℃。但维持这样的技术条件的难度非常大，一方面是对下料控制要求高，容易出现沉淀或效应过多的问题；另一方面是由于电解质电阻率增大，使工作电压的降低受到了限制。此外，过低的分子比被怀疑是槽寿命降低的一个原因，理由是增大了 Al_4C_3 的溶解损失，致使阴极和内衬的腐蚀增大。

（2）第二类做法是摩尔比保持在 2.3～2.5 的范围，不追求摩尔比和槽温的继续降低，也基本不考虑除氟化铝以外的其他添加剂，但强调保持合适的（较低的）电解质过热度。采用此做法的人认为，对于现代物理场设计（特别是磁场补偿设计）优良的大型槽（尤其是特大型槽），其电解质温度对电流效率的影响不是很显著，倒是电解槽的稳定性对电流效率的影响更加显著，因此通过保持较高的电解质初晶温度（而不是通过提高过热度）来保持较高槽温（955～965℃），可以保持电解槽有较好的稳定性和自平衡性能，不仅一样能获得高电流效率，而且槽子更好管理。这种做法在我国的确有成功的实例。

（3）第三类做法是重新对使用氟化镁和（或）氟化锂添加剂发生了兴趣。这些添加剂与氟化铝有共同的优点，最突出的共同优点是降低初晶温度（按添加同样质量分数计，添加剂降低初晶温度的效果顺序是 $LiF > MgF_2 > CaF_2 > AlF_3$），但也有同样的缺点，最突出的共同缺点是降低氧化铝的溶解度（按添加同样质量分数计，添加剂降低溶解度的效果顺序是 $LiF > AlF_3 > MgF_2 > CaF_2$）。之所以在这几种添加剂的选择上不断"摇摆"，主要是因为这几种添加剂所具有的不同特性：

1）氟化镁和氟化钙是一种矿化剂，能促进边部结壳生长，但氟化铝和氟化锂不具有这一特性。

2）氟化镁和氟化钙能增大电解质与炭间界面张力，因而能降低电解质在阴极炭块中渗透，有利于提高槽寿命，而氟化铝与之正好相反。

3）氟化镁和氟化钙增大电解质黏度和密度，因而不利于炭渣分离和铝珠与电解质分离（有损电流效率），而氟化铝和氟化锂则与之正好相反。

4）氟化锂、氟化镁和氟化钙不仅降低氧化铝溶解度，而且还直接降低氧化铝溶解速度，而氟化铝对氧化铝溶解速度没有直接影响（只是通过降低电解质温度而间接影响氧化铝溶解速度）。

5）氟化锂具有其他几种添加剂所不具备的优点，即能提高电解质电导率，因此常用于强化电流，或者电价昂贵的地区用于降低槽电压。但它也有其"独特"的缺点，就是价格昂贵。

由于上述添加剂具有共同特点（都降低初晶温度，都降低氧化铝溶解度），因此电解质中这些添加剂的总含量是有限的（特别是氟化钙的自然积累已达到了 5% 左右，因此非启动槽一般不添加，但采用相近性质的添加剂，如氟化镁时，要考虑这一因素），这就是说，必须对添加剂有所取舍或按一定的比例搭配。例如添加了氟化镁（2%～3.5%）和（或）氟化锂（1.5%～2.5%）后，摩尔比一般不能降低到 2.4 以下。

　　从铝电解100多年的历史来看，电解质组成的演变是渐进的，常常是一种组成风行一时，随后逐步改成另外一种组成，而原先的组成照样为许多工厂所采用。所以在同一时期内，各个工厂采用怎样的电解质组成（多大的摩尔比）及温度，要视各厂的电解槽类型、所采用的加料方式、所用的氧化铝品种和来源、烟气净化方式与水平、操作设备和自动控制系统的自动化程度与水平、作业人员的观念与操作水平等多方面因素而定。

　　尽管大幅度降低槽温遇到了困难，但低温铝电解依然是铝工业追求的目标。因为铝的熔点是660℃，要得到液体铝，电解温度只要达到800～850℃即可，大约高出铝的熔点150～180℃。要实现如此低的电解温度，可能需要对现行电解工艺（包括铝电解质体系、电极材料以及电解槽结构）进行重大变革，否则降低电解质温度与保持合适的氧化铝浓度和合适的极距（槽电压）之间的矛盾无法解决。

　　B　氧化铝浓度

　　对电解质中氧化铝浓度进行严格控制的要求是伴随着低温、低摩尔比以及低效应系数的要求而产生的。

　　众所周知，当氧化铝浓度低于效应临界浓度（一般在1%左右）时，会发生阳极效应，导致物料平衡被打破；当氧化铝浓度达到饱和浓度时，继续下料便会造成沉淀，或者氧化铝以固体形式悬浮在电解质中，也导致物料平衡被打破。随着氧化铝浓度向饱和浓度靠近，产生沉淀的机会便会增大，因为一方面氧化铝的溶解速度随着之变小；另一方面电解质的"容纳能力"变小，容易出现局部电解质中氧化铝浓度达到饱和，例如当从某一局部（如下料点）加入的氧化铝原料未及时分散开时，该局部的电解质中氧化铝浓度达到过饱和，导致沉淀产生。考虑到上述原因，氧化铝浓度一般控制在显著低于饱和浓度的区域。摩尔比降低以及由此引起的电解质温度降低，都会引起氧化铝饱和浓度降低。例如，当摩尔比为2.35、电解质温度为945℃时，氧化铝饱和浓度仅为7%，在这样的条件下，要实现既不来效应，又不产生沉淀，一般认为需要将氧化铝浓度控制在1.5%～3.5%的区域内。要在如此窄的范围内控制氧化铝浓度，就必须有先进的控制系统，而我国从20世纪90年代以来逐步发展起来的智能控制系统基本满足了低摩尔比操作对氧化铝浓度控制的要求。

　　将氧化铝浓度控制在较低的范围也正好满足了现代各种氧化铝浓度控制技术（或称按需下料控制技术）的要求，因为这些控制技术都需要通过分析下料速率变化（即氧化铝浓度变化）所引起的槽电阻变化来获得氧化铝浓度信息，当在低浓度区时，槽电阻对氧化铝浓度的变化反应敏感，因此将氧化铝浓度控制在较低区间（如1.5%～3.5%）有利于获得较好的控制效果。

　　综上所述，无论是从现代低摩尔比型工艺技术条件考虑，还是从现代氧化铝浓度控制技术考虑，都需要采用较低的氧化铝浓度，但采用低浓度并非从氧化铝浓度与电流效率的直接关系出发来考虑的，因为关于氧化铝浓度与电流效率的直接关系的研究并无定论。有的研究认为提高氧化铝浓度可提高电流效率；有的研究（尤其是大型预焙槽的工业实验研究）则得出降低氧化铝浓度可提高电流效率的结论；还有的研究者得出电流效率与氧化铝浓度的理论关系曲线是一条"U"形曲线的结论，即在中等浓度区电流效率最低。但是，若单纯从节约能耗的观点来看，氧化铝浓度在中等浓度区对降低槽电压是有利的，因为槽电压与氧化铝浓度的关系曲线也是一个"U"形曲线，在中等浓度区存在一个使槽电压为最小值的浓度值（例如摩尔比为 2.3～2.6 的酸性电解质，最小点在 3.5%～4.0% 之间），高于或低于该浓度值槽电压均会升高，因而对能耗指标不利。当然，通过降低极距可压制槽电压因为浓度过低（或过高）所导致的升高，但显然极距的降低对电解槽的稳定运行和电流效率指标不利。因此，我们认为，管理者不要机械地从氧化铝浓度化验值出发追求"低浓度运行"，而重在看浓度控制的效果，若一种浓度控制程序能确保槽况稳定、无沉淀且效应系数满足要求、给定的工艺技术条件能平稳保持，便说明它是成功的。

C 效应系数与效应持续时间

现代铝电解工艺希望效应系数越低越好，因为效应发生会导致槽电压高达 30～50V 直到效应熄灭，引起槽温急剧升高，能量损失和铝损失严重，特别是效应期间产生大量的严重破坏大气臭氧层的碳氟化合物气体，故此受到现代环保政策的严格控制。因此，现代电解工艺要求效应系数在 0.3 以下。西方发达国家的铝厂由于受到环保政策的控制，要求效应系数在 0.1 以下，先进生产系列的效应系数控制在 0.05 次/（槽·日）以下，同时尽可能地降低效应的持续时间（借助控制系统的自动快速熄灭效应功能，使效应持续时间仅为数十秒钟）。

效应系数大小不仅取决于氧化铝浓度控制的好坏，而且还受热平衡控制的好坏和阳极质量好坏的影响。我国大型预焙槽随着自控技术和阳极质量的改进，效应系数可以控制到 0.3 以下，规定效应的持续时间一般为 3～5min。

传统电解工艺保持较高的效应系数（1.0 左右），这一方面是受过去自控技术和阳极质量等因素的限制；另一方面是基于对效应的认识。传统观念认为，效应虽然对电解槽有上述不利影响，但也有好的一面：首先，效应发生是氧化铝浓度达到低限的标志，利用它可校正电解槽的物料平衡，消除电解槽中可能产生的沉淀（这一点对过去采用人工下料方式或无先进控制系统的电解生产系列而言，是控制物料平衡的有效手段）；其次，利用效应发生时阳极底掌下的炭渣容易排出的特点，可起到清理阳极底掌的目的。随着现代工艺技术的改进和操作观念的更新，电能价格的高涨，特别是随着环保要求的严格，效应的弊大于利的观点已普遍为人们接受，尽可能地降低效应系数和效应持续时间正成为我国铝业界的共识。

D 极距

极距是指铝电解槽阳极底部（阳极底掌）到阴极铝液镜面（即铝液与电解质的界面）之间的距离，简而言之，就是电解槽阴、阳两极之间的距离。它既是电解过程中的电化学反应区域，又是维持电解温度的热源中心。铝电解槽只有保持一定的极距才能正常生产。正常生产过程的极距一般在 4～5cm 之间。预焙槽的极距一般比自焙槽稍高，因为预焙槽的阳极块数多，很难使每块阳极都保持在同一极距。同时也不应有极距过低的炭块，这会引起电流分布不均，造成局部过热、电压摆动、阳极掉块，降低电流效率。由于出现这种问题的电解槽会表现出电压摆动，因此检测阳极电流密度分布（及各阳极块的电流分布的大小）可以找出极距过低的炭块。

由于改变极距便改变了阴、阳两极间电解质的电阻，于是便改变了极间电解质的电压降。极距改变 1mm，引起槽电压变化约 30～40mV，这是非常显著的。因此，调整极距是调整槽电压的主要手段。生产中所指的槽电压调节意指通过调整极距来改变槽电压。这便是生产中常把极距调节与槽电压调节两个概念等同起来的原因。

提高极距一方面能减少铝在电解质中的溶解损失，因而对提高电流效率有利；另一方面因为增大电解质压降而升高槽电压，而对降低能耗指标不利。因此，生产中有一个如何选择最佳极距的问题。研究表明，当极距低于4.5cm时，提高极距对电流效率的作用非常明显，并且提高电流效率对降低能耗的作用大于槽电压升高对能耗的不利作用。反之，若极距高于4.5cm，则极距升高对电流效率的作用逐渐变得不明显，因而提高电流效率带来的好处不能抵消升高槽电压（因而升高槽温）所带来的坏处。

基于上述分析可知，极距调节（或槽电压调节）需兼顾两个目的：一是维持足够高的极距；二是维持合适的槽电压从而维持合适的能量收入（最终维持电解槽的能量平衡）。工业现场一般不检测极距，也不设定极距的基准值，而是通过设定最佳电压值来保证极距足够高。此外，电阻针振与摆动判别标准的设定也很重要，因为电阻的稳定性好坏能反映极距的设置是否足够高。

E　槽电压

槽电压管理涉及下列5种不同含义的电压：

（1）目标电压，是为对电压施行目标管理而设定的一个指标。每月末由管理者根据槽子运行及操作情况而确定，是争取通过努力可望达到的目标值。

（2）工作电压（或称净电压），是指电解槽的进电端与出电端之间的电压降，也是槽控机实际控制的槽电压，它由反电动势（包括理论分解电压和阴、阳极过电位）、电解质电压降、阳极电压降、阴极电压降（炉底电压降）、槽母线电压降几个部分构成。它不包括效应电压分摊值。

（3）全电压，是工作电压与效应分摊电压之和。

（4）设定电压，是管理者给每台电解槽的槽控机设定的工作电压控制目标，换言之，槽控机（计算机）以设定电压为目标来控制工作电压。工作电压与设定电压的差值反映了现场是否存在异常电压，差值在0~0.03V内说明电压控制良好。

（5）平均电压，在一些控制系统中，全电压的日平均值常被称为日平均电压，或简称平均电压。有些企业则将平均电压定义为：槽工作电压的日平均值+槽外母线（主要是从整流车间到电解车间的连接母线，和穿越电解车间过道的连接母线）上的电压降（日平均值）+阳极效应的分摊电压（日分摊）。有些企业则从计算能耗的角度，将平均电压（或称统计平均电压）定义为：

$$V_{平均电压} = V_{全电压} + V_{公用母线分摊} + V_{停槽分摊} + V_{不明部分} - V_{通用起动槽电压} \tag{6-8}$$

式中，$V_{公用母线分摊}$为整流所到厂房内第一台槽立柱母线，最后一台槽周母线汇集点到整流所、厂房内各区之间连接母线以及厂房之间连接母线所消耗的电压降在系列生产槽上的分摊值；$V_{停槽分摊}$为系列内停槽母线所消耗的电压值在系列生产槽上的分摊值。

统计部门根据整流所和电解计算机室分别得到总电压，求出一个比值，即$V_{整流所总电压}/V_{计算机室总电压}$，也称黑电压系数。车间、厂房、区用$V_{全电压}$值乘上此系数，得到统计平均电压值，据此把握辖区内的平均电压指标。

工厂管理者在制定各类电压基准时应掌握槽电压与其他工艺技术条件及技术经济指标之间的辩证关系，把握一些重要理念，例如：

（1）电解质组成的变化对工作电压的影响。例如，降低摩尔比或添加氟化镁、氟化钙不仅直接导致电解质的电导率降低，而且通过降低电解质温度和降低氧化铝浓度工作区域间接导致电解质电导率下降。而电解质电导率的降低导致同等极距下电解槽的工作电压升高。针对大型预焙槽进行理论计算表明，若要保持极距不变，则摩尔比每降低 0.1，设定工作电压应提高约 50mV。因此，若摩尔比在 2.6 时的工作电压为 4.0V，则当摩尔比调整为 2.3 时，设定工作电压应调整为 4.15V 方可保持极距不缩小。因此，摩尔比降低后，往往使铝电解操作者面临两种选择，要么降低极距维持槽电压不变，要么维持极距不变，让槽电压升高。前种做法可能导致极距不够，槽电压摆动，抵消了降低槽温带来的好处；后种做法可能因电压升高而看不到降低槽温对电能消耗指标带来的好处，并且如果电压升高过多的话，还可能因能量收入增加过多，使降低槽温的目的事实上无法实现，或者会发现槽温虽然降低了，但槽膛却化空了（因为热收入增多，必定需要热支出相应增多，才能维持电解槽的能量平衡）。基于上述原因，管理者在制定设定电压标准时一般采取折中的方案，即降低摩尔比的同时，适当提高槽电压设定值，提高的幅度不一定达到能维持极距不变的程度，而是允许极距适当降低，只要槽电压不发生明显波动即可。这个度如何把握，需要管理者在生产实践中去探索。

（2）从节能电解能耗的角度出发，应尽量挖掘降低槽电压的潜力，但不能简单地采取降低槽控机中设定电压的做法。在工作电压的各项构成没有变化的情况下，改变设定电压意味着改变极距。而若极距降低影响了电流效率，则可能反而升高了电能消耗。从直流电耗的计算公式（直流电耗 = 2980 × 槽电压(V)/电流效率(%)）可以计算出，如果槽电压从 4.15V 降低到 4.11V 导致电流效率从 94% 降低到 93%，则不仅损失了 1% 的电流效率，而且吨铝直流电耗还升高了约 13kW·h。因此要慎用依靠降低极距（即降低设定电压）来降低槽电压的手段。

（3）除降低极距以外的任何其他降低槽电压的技术措施都是既对降低能耗有利，又对提高电流效率有利，因此应尽力而为之。例如，如果阳极电压降或阴极电压降能降低30mV，那么将设定电压降低 30mV 就不需要降低极距，即使出于热平衡的考虑不降低设定电压，也意味着"节省"下来的 30mV"奉献"给了电解质电压降，因而极距一定升高了（升高 1mm 左右），这么"一丁点"的极距升高看似无益，但对于稳定性处于"临界状态"的电解槽却非常重要。稳定性处于"临界状态"是指当电解槽的工作电压低于某一"临界值"时，槽电压便剧烈波动，而只要工作电压提高 20 ~ 40mV（意味着极距提高"一丁点"），槽电压便稳定了。对此，作者曾提出了一个"有效极距"的概念。当电解槽稳定性很差时，即使电解槽的平均极距很高，熔体的波动实际上造成电解槽的"有效极距"很低；而当电解槽的平均极距升高"一丁点"能使电解槽的稳定性显著改善时，相当于"有效极距"大幅增加，因此将对电流效率的提高产生显著的效果。因此，工厂要对槽电压的各项构成（阳极压降、阴极压降、各导电部件各连接处的接触电阻等）分别制定明确的定期检测与分析的规程与作业标准，并制定具体的分项考核目标。

F　铝水高度

现代预焙槽的铝水高度一般在 15 ~ 22cm 之间。电解槽内保持合适高度的铝水对于电解槽的正常运行具有重要意义：

（1）电解槽内必须有一层铝液作为电解槽的阴极。因为在电解槽内，电解质中铝离子放电成为金属铝的反应是在铝液镜面上进行的，而不是在阴极炭块的表面进行的。即电解槽真正的阴极是铝，而不是阴极炭块。这便是电解槽启动的时候要向电解槽中灌铝的原因。

（2）电解槽内需要一定高度的铝液保护阴极炭块和均匀槽底电流。由于金属 Al 液与炭阴极材料表面的润湿性很差，为了不使炭阴极表面暴露于电解质中，电解槽中不得不保持一定高度的铝液。如果铝直接在阴极炭块上析出，还会腐蚀阴极炭块。此外，还需考虑到电解槽随槽龄增长而出现槽底变形，铝液能填平槽底坑洼不平之处，使电流比较均匀地通过槽底。

电解槽内需要有足够高度的铝液才能保持电解槽中铝液的稳定（进而保持槽电压稳定）。若单从保护阴极炭块和均匀槽底电流的目的考虑，就没有必要保持20cm 左右的铝水高度，保持如此高的铝水的更重要原因是，铝液在电磁力的作用下发生运动并导致铝液与电解质界面的变形，并且铝液高度越低，铝液运动越强烈。现代铝电解槽的电磁场平衡设计得较好，已能实现将铝水平降低到15cm 左右，但继续降低仍然克服不了铝液波动、槽子稳定性差的问题。

（3）保持适量的铝液是保持良好热平衡的重要基础。由于铝液是热的良好导体，因此能起到均衡槽内温度的作用。特别是阳极中央部位多余的热量可通过这层良好导体输送到阳极四周，从而使槽内各部分铝液温度趋于均匀。调整槽内铝量可起到调整热平衡的作用，提高铝水高度可增大槽子的散热量，有利于降低槽温；相反，降低铝水高度可减小槽子的散热量，有利于提高槽温。现场作业人员常利用这一特性来调整电解槽的热平衡，但属于不得已而为之的措施。正常情况下应该尽量保持电解槽的工艺技术条件稳定。

铝水过低与过高会带来问题。铝水过低带来的主要问题是，槽电压波动，电解槽不稳定，不利于槽内热量的均匀与及时疏散，槽温升高，槽膛熔化，容易形成热槽（一种病槽）。铝水过高所带来的问题是，传导槽内热量多，槽温下降，槽底变冷而有沉淀，槽底状况恶化等系列问题。

综上所述，铝厂应该根据本厂电解槽的热平衡及物理场设计特性、工艺技术的特点、电解槽的操作稳定性等因素综合制定最佳的铝水高度基准值。

G 电解质高度

现代预焙槽的电解质高度一般在18～23cm 之间。电解槽内保持合适高度的电解质熔体对于电解槽的正常运行具有重要意义：

（1）电解槽需要足量的液体电解质来获得电解质成分（包括氧化铝浓度）稳定性。由于电解质熔体起着溶解氧化铝的作用，只有足量的电解质熔体才对加入的氧化铝原料有足量的"容纳"能力，氧化铝浓度的稳定性才好，电解槽适应下料速率变化的能力较强（经得起"饿"，也经得起"撑"）。对于现代中间点式下料电解槽，原料几乎全靠中间点式下料器加入，这不同于边部加工的自焙槽（原料从边部加入后很大部分先沉积在槽帮，其后慢慢溶解），因此若电解质水平低，则加入的原料沉淀到槽底的比例迅速增大，并且氧化铝浓度波动大，效应次数增加，电解槽的下料控制进入恶性循环。此外，由于电解槽中的液体电解质与凝固的电解质处于一种动态平衡之中，当槽温等参数变化时，动态平衡会被打破，例如槽温升高会引起固相熔化成液相，反之液相凝固成固相。由于固相与液相的组成是有差异的，若液体电解质的量过少，则固相与液相之间的转化会引起电解质成分较大的波动，这对生产过程的稳定不利。

（2）电解质熔体是电解槽中热量的主要载体，只有足量的电解质熔体才能使电解槽保持足够好的热稳定性，即电解槽适应热量变化的能力较强。

（3）电解质水平高则阳极与电解质接触面积较大，使槽电压降低。

但电解质过低与过高也会带来问题。电解质水平过低所带来的问题是，电解槽内的（液体）电解质组成（包括氧化铝浓度）的稳定性较差，热稳定性也较差，电解槽技术条件容易波动，容易产生沉淀，容易产生效应，并且不利于降低槽电压。电解质过高带来的问题是，阳极埋入电解质太深，阳极气体不易排出，使铝与阳极气体发生二次反应加剧，引起电流效率降低。同时还易造成阳极长包，电解槽的槽膛上口容易化空。此外，电解质太高意味着电解槽的能量收入偏高，不符合尽可能降低能量消耗的原则。

综上所述，铝厂应该根据本厂电解槽的热平衡与物料平衡设计特性、工艺技术的特点、电解槽的操作稳定性等因素综合制定最佳的铝水高度基准值。

　　H　槽膛内形

电解槽达到正常生产阶段的一个重要标志是槽膛（或称炉膛）内壁上已经牢固地长着一层电解质结壳（"槽帮"），使槽膛有稳定的内形。这层结壳是由沉积在电解槽侧壁上的刚玉（$\alpha\text{-}Al_2O_3$）和冰晶石等组成，它均匀地分布在电解槽侧壁上，形成一个椭圆形的环。由这一圈结壳所规定的槽膛内壁形状，称为"槽膛内形"。

构成槽膛的这层结壳是电和热的不良导体，能够阻止电流从槽侧部通过，抑制电流漏损，并减少电解槽的热损失，同时它还能保护着阳极四周的槽底。另一个重要作用是把槽底上的铝液挤到槽中央部位，使铝液的表面收缩，有利于提高电流效率。因此，现代铝电解生产上十分重视槽膛内形，要求槽膛规整而又稳定，让电流均匀地通过槽底，防止其局部集中。

铝电解槽因有槽帮的存在而在一定范围内具有很强的自我调节能力。最突出的是电解质温度和热平衡自我调节。因此，正常电解生产中某些操作不当，乃至槽况某时的较小波动，都会因有槽帮的存在，而由电解槽自我调节，重新向平衡状态靠拢，无需太多的人工干预。这就确保了正常生产和操作的顺利进行，乃至控制系统的容错运行，降低了操作和维护的强度。

槽帮在电解槽中对于侧部内衬材料来说相当于一种永远不受侵蚀的保护层，保护内衬不受电解质熔体的侵蚀。在电解槽中，保证槽帮的存在是延长铝电解槽寿命的重要条件和手段。

槽膛内形的典型尺寸如图6-17所示，主要有：

（1）槽帮厚度。指槽膛侧部（槽帮）最薄部位的厚度。该部位一般在电解质与铝液界面附近。

（2）伸腿长度。指槽膛底部的"伸腿"进入阳极投影之下的部分的长度。

（3）伸腿高度。指槽膛底部的"伸腿"进入阳极投影之下的部分的高度。

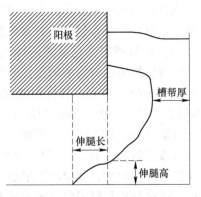

图6-17　槽膛内形的特征尺寸

槽帮厚度能反映槽膛大小，因此很重要。伸腿的大小和形状之所以重要，是因为理论研究和生产实践均表明，伸腿如果太平坦和太长，会导致铝液中产生很大的水平电流，从而产生很大的垂直磁力，引起铝液波动，最后结果是造成槽况不稳定（主要表现为槽电压波动），因而降低电流效率。

6.5.2.2 槽基准的制定程序及原则

不同企业给予的槽基准修改权限有所区别。一些企业对修改权限的限制较紧，最终必须经过分厂（技术科或质管科）审批。例如采取如下确定程序：在每个月的月末由各个小组长合议、研究，根据月报分析前三个月的生产实际成绩，再考虑现在槽子的情况，做成各个组的槽基准建议草案；工区汇总并组织审议后提交车间，车间汇总并组织审议后提交分厂（技术科或质管科），由分厂组织审议后制定出全系列的槽基准并落实执行。而有些企业对修改权限的限制较松，例如各个小组长合议、研究后，报值班长审定便可实施。对修改权限的限制较松的企业可能会对槽基准中许可修改的参数和修改范围做严格规定，例如有的企业不将摩尔比列入槽基准，即不允许小组长修改正常运行槽的摩尔比标准值。

槽基准的确定应遵循全系列尽可能一致、尽可能少改变的原则，即追求"共性"，照顾"个性"。全系列槽工艺技术条件的一致性越好同时全系列槽运行的稳定性越好，则全系列越容易进入到"整体最佳"的状态。反之，如果槽基准参差不齐，则全系列不可能处在整体最佳状态。

6.5.2.3 槽基准包含的主要内容

槽基准中包含的主要内容有：各项工艺技术条件或技术参数的标准值或标准范围；对各标准值或标准范围进行调整的基本原则，例如：

（1）摩尔比标准范围的调整原则。根据热平衡（槽温）、物料平衡（沉淀状态）、槽况稳定性（电压针振与摆动的发生情况）以及效应发生情况（效应系数、效应质量）的综合分析进行确定，但尽可能保持标准范围不变，一些企业不给予车间及车间以下管理人员对摩尔比的修改权。

（2）设定电压标准范围的调整原则。视热平衡（槽温）情况、效应的质量、发生效应的状况、电压针振与摆动的发生情况，尽可能地控制在最低的范围之内。

（3）铝水高度标准值的调整原则。根据最近的电流效率、效应质量、热平衡（槽温）、电压针振与摆动的时间来决定。

（4）电解质高度标准值的调整原则。主要根据热平衡（槽温）来确定标准值。例如，电解温度偏高则将电解质高度标准值调高 1～2cm；反之电解温度偏低，则将电解质高度标准值调低 1～2cm。

（5）效应间隔（或效应系数）标准值的调整原则。根据已经发生效应的实际情况来决定。

（6）基准下料间隔的调整原则。主要根据实际称量的氧化铝下料器下料量来确定（例如氧化铝原料来源发生变化时可能引起此项变化），辅助参考物料平衡（槽底沉淀）和效应控制情况（效应系数）等槽况信息。

6.5.2.4 槽基准的执行与变更

（1）槽基准由最终审定者交给计算站。

（2）现场作业人员可从计算站或值班长处得到新的槽基准。

（3）槽基准的变更：如果认为有必要的话，在月中就可以变更，由小组长提出报告，按前述的槽基准确定程序来确定。

6.5.2.5　记录与报告

（1）现场记录与报告。小组长把槽基准（建议草案）写在基准制作表上，再向值班长提出；审定执行的槽基准记录在作业日志上，并对槽基准发生变化的槽号和变化内容进行标记。在月中有必要变更基准的时候，以书面报告的形式向值班长提出。

（2）计算站记录与报告。计算站的计算机系统中详细存储每个月的槽基准以及变更情况和执行情况。

6.5.3　电解质组成管理

电解质组成管理的目标就是保持电解槽的电解质组成（其中主要是摩尔比）在工艺标准所规定的最佳范围。

在电解槽渡过了启动期后，引起摩尔比升高的因素占据主导地位。传统铝电解工艺采用以高摩尔比、高温（高过热度）为主要特征的工艺技术条件，即使摩尔比升高到使电解质为中性甚至碱性也不太在意，加之容许电解质组成在较大的范围内变化，因此对电解质组成的管理没有严格的要求。随着低摩尔比工艺技术条件在现代预焙槽上的广泛采用，需要及时补充氟化铝才能保持摩尔比的稳定，特别是由于低摩尔比电解过程容许的工艺参数的变化范围显著变小，对外界的干扰越来越敏感，摩尔比变化引起槽况波动变显著且持续时间变长，因此摩尔比控制的稳定性对电解槽状态的稳定性起着决定性的作用，因此电解质组成（尤其是摩尔比）的控制与管理变得越来越重要，这也是现代大型铝电解槽上安装有氟化铝添加装置的原因。

遗憾的是，直到今天，尚无能在工业现场直接、快速测定摩尔比的仪器，因此工业生产中，只能定期从电解槽中取电解质样品，到分析室进行检测。目前，工厂一般每隔4天左右取样检测一次。

随着技术的进步，电解质组成控制已逐步从过去完全由人工进行，发展到由计算机根据某些参数和控制模型来控制氟化铝添加装置的动作，实现氟化铝添加控制。氟化铝添加控制是现代铝电解槽计算机控制的重要内容之一，下面将介绍的一些过去属于人工管理的内容现在能交给计算机控制系统去完成。

6.5.3.1　电解质组成的调整方式

电解质组成的调整是依据电解质中主要组分偏离目标值的大小以及槽况的变化来进行的。由于直到今天尚无可在工业现场直接、快速测定电解质组成的仪器，因此工业生产中，只能定期从电解槽中取电解质样品，到分析室进行检测电解质中主要组分的含量。

电解质组成调整主要包括摩尔比调整（即过剩氟化铝含量调整），通过采用添加氟化铝、Na_2CO_3来实现。当摩尔比偏高时，增加氟化铝投入量；当摩尔比偏低时，减小氟化铝投入量或停止氟化铝的添加；只有在电解槽启动1个月内且摩尔比很低时，加 Na_2CO_3 来提高电解质摩尔比。电解质组成调整还包括氟化钙调整，主要是在氟化钙含量低于某一设定值时，添加氟化钙。若企业采用了氟化锂、氟化镁等添加剂，则在这些添加剂含量低于相应的设定值时，分别添加相应的添加剂进行调整。

在电解槽渡过了启动期后，引起摩尔比升高的因素占据主导地位。随着低摩尔比工艺技术条件在现代预焙槽上的广泛采用，需要及时补充氟化铝才能保持摩尔比的稳定，这也是现代大型铝电解槽上安装有氟化铝添加装置的原因，并且补充氟化铝维持稳定的摩尔比成为现代铝电解工艺控制电解质组成的主要内容。

过去，调整电解质组成的物料都是由人工在换极或出铝时手工加入的。但对于添加氟化铝，随着自动化程度的不同，铝厂应用的添加方式有下列几种：

（1）方式一：人工间歇式调整。即现操作管理人员定期或不定期地（即认为需要时）确定各个电解槽的电解质组成调整方案，并一次性（或分批）将氟化盐加入电解槽中。一般利用出铝或换极的时候添加。这种方式是过去自动化程度很低的电解槽（主要是自焙槽）上所采用的调整模式。

（2）方式二：氟化铝部分配入氧化铝原料，随氧化铝原料一道通过点式下料器自动添加，部分由人工间歇式添加。这是在中间点式下料预焙槽发展起来后形成的调整模式。由于现代预焙槽生产系列均采用浓相或超浓相的氧化铝自动输送方式，因此一些工厂将基本的氟化铝添加量从氧化铝配料端配入氧化铝中，进行混合后由自动输送系统源源不断地送到各台电解槽的料箱中，因此该部分氟化铝能够像氧化铝一样以"准连续"（或称"半连续"）地加入电解槽中。但由于各槽不能分开调节，且配料时混合的均匀性不易保证，因此配入氧化铝中的氟化铝的比例不能过高，其余部分依然由人工根据电解槽的"个性"间歇式添加。

（3）方式三：由槽上氟化铝添加装置自动添加。由于现代预焙槽已越来越普遍地安装有氟化铝自动添加装置（即安装一个专用于添加氟化铝的点式下料器），氟化铝可在计算机控制系统的控制下自动添加。计算机控制系统根据给定的添加速率，或者根据某些参数（电解质组成的人工取样检测值）和控制模型所计算出的添加速率来控制氟化铝添加装置的动作，即由槽控机通过改变专用点式下料器的打壳下料间隔来改变氟化铝的添加速率。

（4）方式四：主要由槽上氟化铝添加装置自动添加，部分由人工间歇式添加。人工间歇式添加主要发生在更换阳极时，目的是改善壳面性质，使结壳疏松好打，以利于更换阳极。

6.5.3.2　根据电解质组成分析值与目标值的偏差理论计算添加剂用量的方法

当某槽电解质的某种组分的分析值与目标值发生偏差时，理论上可以根据偏差大小及液体电解质量计算出添加剂的用量。下面以摩尔比的调整为例，推导计算公式，其中，摩尔比采用质量比表达（摩尔比 $= 2 \times$ 质量比）。

先考虑需要降低摩尔比的情况。设槽内液体电解质量为 P，调整前质量比为 K_1，调整后为 K_2，AlF_3 添加量 Q_{AlF_3}，添加前电解质中 AlF_3 质量为 $P/(1 + K_1)$，添加后为 $(P + Q_{AlF_3})/(1 + K_2)$，列出等式为：

$$\frac{P}{1 + K_1} + Q_{AlF_3} = \frac{P + Q_{AlF_3}}{1 + K_2}$$

整理得

$$Q_{AlF_3} = \frac{P(K_1 - K_2)}{K_2(1 + K_1)} \tag{6-9}$$

如果需要做摩尔比提高（主要在新槽非正常生产期）的调整，可采用同样方法导出 NaF 的添加量公式为：

$$Q_{NaF} = \frac{P(K_2 - K_1)}{1 + K_1} \qquad (6-10)$$

但在生产中，提高摩尔比现在不采用加氟化钠，而是加碳酸钠（Na_2CO_3，俗称苏打），碳酸钠加入电解质中发生下列反应：

$$3Na_2CO_3 + 2Na_3AlF_6 \Longrightarrow Al_2O_3 + 12NaF + 3CO_2$$

反应式表明，加入 Na_2CO_3 即产生 NaF，并消耗冰晶石中的 AlF_3，这对提高摩尔比更有效，而且 Na_2CO_3 比 NaF 廉价。

例 6-1 今有一电解槽，液体电解质为 8000kg，成分为 CaF_2 5%、Al_2O_3 5%，需将摩尔比从 2.7（质量比 1.35）降到 2.6（质量比 1.30），计算需加入的 AlF_3 量。

解： 电解质中冰晶石量为 8000(1 − 5% − 5%) = 7200kg，代入式（6-9）中，得

$$Q_{AlF_3} = \frac{P(K_1 - K_2)}{K_2(1 + K_1)} = \frac{7200(1.35 - 1.30)}{1.30(1 + 1.35)} = 118kg \qquad (6-11)$$

6.5.3.3 电解质组成调整的简单决策方法（传统方法）

在生产管理中，根据用上述方法获得的计算值，并参照生产实际情况将添加剂用量列成对照表，每次分析按结果与目标值的相差情况对照投入。与目标值相差太大的，进行多次调整，逐渐达到目标值。表 6-37 列出了某厂大型预焙槽吨铝 AlF_3 添加量标准。

表 6-37 某厂大型预焙槽吨铝 AlF_3 添加量对照表

标准值 − 分析值	吨铝 AlF_3 添加量/kg
≥0.10	36
0.10 ~ 0.05	30
0.04 ~ −0.04	20
≤ −0.05	10

除分子比之外，其他添加剂（如 CaF_2 等）也随生产进行而变化，调整也可通过简单计算列成表后进行对照添加。表 6-38 为某厂大型预焙槽吨铝 CaF_2 添加量标准。低得太多的也应做多次投放而逐渐调整。

表 6-38 某厂大型预焙槽 CaF_2 含量调整对照表

目标值（质量分数）/%	分析值（质量分数）/%	吨铝 CaF_2 投入量/kg
5	4.6 以上	0
	4.1 ~ 4.5	25
	4.0 以下	50

6.5.3.4 电解质组成调整的综合决策方法

以上介绍的简单决策方法仅仅依据电解质组成分析值与目标值的偏差来决定添加量，这是一种较粗糙的方法。它一方面对电解质组成的人工检测周期及测量精度有较高的要求，另一方面忽略了与摩尔比变化相关联的其他因素。

引起摩尔比波动的主要因素是槽温（热平衡），氟化铝的挥发损失也与槽温相关，原料、槽龄、内衬等因素的改变相对较缓慢。由于热平衡的波动会引起摩尔比的波动，特别

是摩尔比越低，热平衡的波动对摩尔比的影响便越大，因此当电解槽的热平衡不稳定时，更不能只依据摩尔比的分析值与目标值的偏差来确定氟化盐的添加量。对于酸性电解质体系，由于偏析导致液态电解质的摩尔比总是低于结壳的摩尔比，因此当槽温下降引起液态电解质部分凝固（结壳）时，会导致液态电解质的摩尔比降低；反之，当槽温上升引起部分凝固的电解质（结壳）熔化时，会导致液态电解质的摩尔比升高。正是由于槽温变化与摩尔比变化之间存在如此大的关联性，一些研究者提出了一些仅根据槽温计算氟化铝添加速率的摩尔比控制策略。但更多的铝厂根据槽温和摩尔比两个参数来决定氟化铝添加速率。

在一些配备有先进控制系统，并且有完备的数据检测与管理体系的铝厂，上述综合决策过程可以建立为计算机模型，由计算机控制系统根据输入的参数（如摩尔比、槽温、原料成分、槽龄等）来自动决策氟化铝基准用量与添加速率。

6.5.4 电压管理

生产现场进行电压管理最重要的是做好两件事：一是管理好设定电压，因为它是计算机控制系统进行电压控制（实际上是电阻控制）的基准；二是密切监视各槽工作电压，有效防治电压异常现象的发生。

6.5.4.1 不同电压（电阻）控制模式下的设定电压管理

对于槽电压的管理，最重要的是设定电压的管理，因为它是计算机进行电压控制（实际上是电阻控制）的目标。而要管理好设定电压，管理者首先必须掌握计算机控制系统的电压（电阻）控制模式与基本原理。不同的控制系统可能采用不同的控制模式，但大体包括恒电压、恒电阻、"混合型" 3 种控制模式。

A　恒电压控制模式下的设定电压管理

若采用恒电压控制模式，则控制系统以维持工作电压恒定（而不是电阻恒定）为控制目标，因此系列电流波动引起工作电压变化时，槽控机也会调整极距，使工作电压向设定电压 "回归"。当系列电流波动严重时，恒电压控制模式会导致控制系统频繁调节槽电压，甚至当系列中有一台电解槽来效应导致系列电流显著下降时（因而非效应槽的电压下降时），非效应槽的槽控机纷纷提升极距（使槽电压不因系列电流的降低而降低），而效应槽的效应熄灭使系列电流回升时，显然被提升了极距的电解槽的槽电压就会高出电压设定范围，因此效应熄灭后系列中出现纷纷下降阳极的现象。如此频繁的调节既对氧化铝浓度控制十分不利，又对槽况的稳定不利。因此，恒电压控制模式现在基本不被采用。若要采用，则必须适当放宽电压非调节区，并加大相邻两次电压自动调节之间的最小间隔时间（一般称为自动阳移的最小间隔时间）的设定值，以此限制电压自动调节的频度。

B　恒电阻控制模式下的设定电压管理

恒电阻控制模式是目前最普遍使用的控制模式。在这种控制模式下，控制系统实际上将人工给定的设定电压值换算成为与基准电流相对应的设定电阻值（注：基准电流是给定的标准系列电流值），然后以维持槽电阻恒定为目标进行极距控制（电压调节）。因此，在恒电阻控制模式下，管理者必须明确这样一个概念：设定电压是指当系列电流正好等于控制系统中设定的基准电流时的槽电压控制目标值。在恒电阻控制模式下，如果槽电压的变化是因为系列电流的变化所引起，控制系统是不会调节电压的，因为这种情况下，槽电阻并没有改变。因此，当系列电流变化幅度较大时，现场经常可以看到，槽电压尽管偏离设定电压较大，控制系统也不会调节，这样可避免系列电流波动时槽控机频繁调节槽电压，从而避免了频繁的电压调整对氧化铝浓度控制产生的不利影响。但不利之处是，当系列电流长时间偏离基准电流时（例如电网限电导致需长时间降低系列电流），工作电压就会长时间偏离设定电压值。

假设控制系统中的设定电压为 V_0，设定的基准电流为 I_0，控制系统根据槽电阻计算模型换算的槽电阻目标控制值（记为 R_0）为：

$$R_0 = (V_0 - B)/I_0 \qquad (6-12)$$

式中，B 为表观反电动势（它是一个设定常数，可视为工作电压中不随系列电流的变化而改变的部分，一般取 $B = 1.60 \sim 1.70V$）。如果实际系列电流从 I_0 变化到 I_1，维持槽电阻目标控制值（R_0）不变，那么与 R_0 对应的槽电压目标控制值（记为 V_a）变为：

$$V_a = R_0 I_1 + B \qquad (6-13)$$

将式（6-12）代入式（6-13）得：

$$V_a = (V_0 - B)I_1/I_0 + B \qquad (6-14)$$

如果要在恒电阻控制模式下获得恒电压控制的效果，解决的办法有两个：

（1）修改控制系统中的基准电流设定值，使之等于当前的（平均）系列电流值。这样，控制系统就会按照修改后的基准电流值将设定电压值换算成设定电阻值，控制系统再按修改后的设定电阻进行控制时，就会使槽电压向设定电压"回归"。

（2）修改设定电压值。假设控制系统中的设定电压为 V_0，设定的基准电流为 I_0，在恒电阻控制模式下，如果实际系列电流从 I_0 变化到 I_1，要使工作电压的控制目标值维持为 V_0 不变，则槽电阻目标控制值（记为 R_1）须为：

$$R_1 = (V_0 - B)/I_1 \qquad (6-15)$$

对应的设定电压（记为 V_1）须为：

$$V_1 = R_1 I_0 + B \qquad (6-16)$$

将式（6-15）代入式（6-16）得：

$$V_1 = (V_0 - B)I_0/I_1 + B \qquad (6-17)$$

在恒电阻控制模式下，当系列电流变化时若不进行任何处理（不修改基准电流设定值，也不修改设定电压），换言之，若系列电流变化时容许槽电压跟随着变化，槽电压的实际目标控制值可用式（6-14）来计算；当系列电流变化时如果要维持恒电压的控制效果，则利用式（6-17）可以计算设定电压的修改值。例如，若基准电流设定值为200kA，与其对应的设定电压为4.15V，并取 $B = 1.6$，那么当系列电流降低到195kA时，在恒电阻控制模式下槽电压的实际目标控制值为：$V_a = (4.15 - 1.6) \times 195/200 + 1.6 = 4.086V$；如果要维持恒电压的控制效果（即维持槽电压目标控制值为4.15V不变），则设定电压需要修改为：$V_1 = (4.15 - 1.6) \times 200/195 + 1.6 = 4.215V$。

C "混合型"控制模式下的设定电压管理

所谓混合型控制模式，是指既不采用纯粹的恒电阻控制模式，又不采用纯粹的恒电压模式，而是介于这两种控制模式之间。例如，给定一个可由操机员修改的"混合"系数，当系数取值为零时，代表恒电阻控制模式；当系数取值为1时，代表恒电压控制模式；当系数取值介于 0~1 之间时，为"混合型"控制模式。在"混合型"控制模式下，当系列电流从 I_0 变化到 I_1 时，如果不调整设定电压（V_0）和基准电流（I_0），则槽电压的实际目标控制值（V_a）为：

$$V_a = (1 - \alpha)[(V_0 - B)I_1/I_0 + B] + \alpha V_0 \qquad (6\text{-}18)$$

式中，α 为混合系数。

例如，若基准电流设定值为 200kA，与其对应的设定电压为 4.15V，并取 $B = 1.6$，那么当系列电流降低到 195kA 时，在混合型控制模式（$\alpha = 0.5$）下，利用式（6-18）可求得槽电压的实际目标控制值为 4.118V。该值高于恒电阻控制模式下的 4.086V，但低于恒电压控制模式下的 4.215V。管理者可以事先绘制出不同混合系数（α）下，槽电压的实际目标控制值（V_a）与系列电流（I_1）的关系曲线，然后选择与最中意的曲线相对应的混合系数，作为设定电压管理的依据之一。

6.5.4.2　根据槽况调整设定电压的基本原则

当系列电流基本恒定时，设定电压的调整依据槽况进行，进行调整的基本的原则是：

（1）设定电压是槽基准中的重要内容，因此对设定电压的调整应遵循槽基准管理的基本原则。

（2）槽况稳定时，设定电压不需要也不应该经常调整。稳定总是比变动好。严禁在槽况无异常也无干扰因素的情况下每天变动。

（3）设定电压是否调整主要根据电解槽的热平衡状况、稳定性（电压针振与摆动）、槽底沉淀和槽膛状态来进行决策。目前，一些企业为了尽可能少调整设定电压，并简化设定电压的调整决策，主要依据电解槽的稳定性来考虑设定电压的调整。另外一些企业考虑的因素要多一些，例如，出现以下情况时，考虑升高设定电压：

1）出现冷槽特征或导致热支出增大的因素（如效应多发或早发，槽帮长厚，电解质高度持续下降，为提高电解质高度而大量添加了冰晶石或氟化盐）。

2）槽稳定性变差（如最近 24h 中电压针振或摆动累计时间超过一定限度）。

3）出现炉底沉淀、结壳等病槽时。

4）设定电压因热槽特征而被降低到标准值以下，但现在槽况已恢复正常时。

5）其他非正常情况（如在 8h 内更换两块阳极时，更换阳极期间加入了电解质块时，系列较长时间停电后恢复送电时等）。

出现以下情况时，考虑降低设定电压：

1）出现热槽特征（如效应迟发，电解质水平连续在上限基准之上等），且槽稳定性未变差，因而容许适当降低设定电压时。

2）设定电压因槽况（或工况）异常而升高后，槽况（或工况）已恢复到正常情况时。

3）设定电压的调整应平稳进行。例如，某厂的设定电压更改的标准幅度应为：4.30V 以上时，每次 0.10V；4.20V 以上时，每次 0.05V；4.10V 以上时，每次 0.03V；4.00V 以上时，每次 0.02V。

但对于病槽和大量投入冰晶石提高电解质高度的情况，每次更改幅度可在 0.20~0.50V 范围内，在槽子恢复过程中，应根据情况及时调整，否则产生热量收支不平衡，恶化槽况，由于电压针摆的变更，针摆停止后应及时恢复。其他情况的变更，应按疗程原则进行调回，即 3~5 天，此间必须施行其他调整热平衡的措施（如调整吸出量和极上保温料），不能单靠变更电压来维持。

6.5.5　下料管理

对加料的管理实际上就是对铝电解槽物料平衡的管理。本节着重叙述对现场作业与管理人员来说，比较重要的三方面内容，即下料控制模式的管理、基准下料间隔时间的管理以及下料异常的检出。

6.5.5.1　下料控制模式的管理

由于现代预焙槽普遍采用了中心点式下料和具备自动下料控制功能的计算机控制系统，因此管理者除了应掌握与物料平衡相关的基本概念外，还应明了计算机控制系统的下料控制（即氧化铝浓度控制）的相关参数定义与基本原理。其中最重要的是弄清楚计算机控制系统中定义了哪些下料控制模式，各种模式下的控制原理、所使用的参数以及启动运行和退出运行的条件等。不同的控制系统定义了不同的下料控制模式，但一般定义有最基本的三类下料控制模式，即自动控制模式、定时下料模式和人工停料模式。

A　自动控制模式及其管理

自动控制模式是由计算机控制系统（槽控机）自动进行氧化铝浓度控制。在该控制模式中，控制系统（槽控机）以槽电阻的变化为主要依据来分析电解槽中氧化铝浓度的状态，并通过自动调整下料间隔时间（即下料速率）来调整氧化铝浓度，使其保持在所期望的范围之内。目前，我国控制技术中的下料自动控制模式分为两大类：一类是"设效应等待"的控制策略，即"定期停止下料进行效应等待"的控制模式；另一类是"不设效应等待"的控制模式。显然，针对不同的下料控制模式需要制定不同的下料管理策略。但无论是"设效应等待"控制模式还是"不设效应等待"控制模式，均涉及一个很重要的设定参数，即"基准下料间隔时间"。下面将专门讨论。

B　定时下料模式及其管理

在定时下料模式下，控制系统（槽控机）按照基准下料间隔进行下料（此种模式下，基准下料间隔时间就是定时下料间隔时间），而不根据槽况的变化调整下料间隔时间（但有的控制系统会根据系列电流的变化修正下料间隔时间）。现代铝电解生产中只在出现下列异常情况时启用定时下料模式：

（1）启动不久的电解槽（例如灌铝后数十小时内）。

（2）槽电阻针摆严重，或者槽况严重异常（如电阻严重异常、槽底严重沉淀等），导致下料自动控制失效。

（3）槽控机采样故障（无法获得下料自动控制所需的槽电阻数据）。

（4）系列电流异常（电流过低导致下料自动控制失效，或者电流检测故障导致无法获得槽电阻数据）。

现代铝电解控制系统一般都能在识别出以上非正常情况时，自动进入定时下料模式，并在异常情况消失后自动退出定时下料模式。对此，铝电解操作与管理者必须熟悉控制系统的控制模式自动切换功能。如果是由人工强制性地启动定时下料模式，一定要遵循严格的管理程序，规定定时下料启用的条件、退出的时间以及申请、审批与记录规程。

C 人工停料模式及其管理

人工停料模式是现代计算机控制系统提供给现场操作者一种处理严重沉淀槽的措施。一般做法是：当操作者认为某槽沉淀严重需要停止一段时间的下料时，可以通过一定的申报程序通知计算站，如"××槽号，从××时刻开始停料，到××时刻结束停料"。操机员接到通知后通过控制系统终端的操作菜单设定相应信息供控制系统（槽控机）执行。这样做虽然显得繁琐，但避免了现场操作的随意性，有利于标准化管理。如果企业的控制系统有这项功能，应该相应地制定人工停料模式的启用条件以及申请、审批与记录规程。

6.5.5.2 基准下料间隔时间的管理

基准下料间隔时间可视为在基准系列电流和正常槽况下，能使下料速率等于氧化铝消耗速率而应该采用的下料间隔时间。它是下料自动控制模式和定时下料模式均使用的重要参数。

需注意，有的控制系统不仅在自动控制模式中会修正下料间隔时间，而且在定时下料控制模式中也修正下料间隔时间。但定时下料控制模式中的修正一般只对系列电流偏离基准电流设定值的情形进行修正，因为控制算法的设计者考虑到：基准下料间隔时间的设定值是与基准系列电流的设定值相对应的，当系列电流变化时，氧化铝的消耗量便相应地发生变化，因此就应该修正基准下料间隔时间。有些控制系统在发现槽况异常（如电阻严重针摆）而自动转入定时下料时，会对基准下料间隔时间做适当的"放大"后作为定时下料的间隔时间，理由是异常槽况下电解槽的电流效率会降低，因此氧化铝消耗速率会降低，为了防止沉淀发生，下料间隔应该延长（减少定时下料期间的下料）。

在下料自动控制模式下，控制系统以基准下料间隔时间为"轴心"，来决定各种下料状态（如正常下料状态、欠量下料状态、过量下料状态）中的下料间隔时间。因此，延长基准下料间隔时间应该能使控制系统加入到电解槽中的物料减少；反之，缩小基准下料间隔时间应该能使控制系统加入到电解槽中的物料增多。但是，基准下料间隔的改变对控制系统的实际下料量的影响程度还取决于具体的控制系统的下料控制算法设计。对于一些智能化的控制系统，如果控制系统"认为"电解槽的氧化铝浓度偏低，那么即便将基准下料间隔调大（想少下料），控制系统也会通过较多地使用"过量下料"状态来弥补基准下料间隔增大所导致的下料量的不够。如果出现这种情况，那么在一段统计时间之内（如24h），控制系统进入过量下料状态的累计时间与进入欠量下料状态的累计时间之比明显变大，或者控制系统在过量下料状态中的下料次数与欠量下料状态中的下料次数之比会明显增大。因此，管理者可以应用这类比值来分析基准下料间隔的设定值是否合理。

智能化的下料控制程序可能会弱化，但不会忽视基准下料间隔的调整对物料加入量的影响，因此调整基准下料间隔时间依然是对控制系统的下料控制进行有效干预的主要手段。

出现以下情况需要可以变更基准下料加料间隔：

（1）由于缺料频繁来时，缩短加料间隔；由于物料过剩而产生沉淀或氧化铝浓度过高时，延长基准下料间隔。

（2）Al_2O_3容重减小时，需缩短加料间隔；增加时，需延长加料间隔（容重可提前从原料输送工段获得）。

（3）槽子有病、电流效率降低时，需延长基准下料间隔；槽子好转、电流效率恢复时，需缩短基准下料间隔。

（4）因某种原因已向槽子大量投料，需延长基准下料间隔；一旦投入的料已消耗完（一般以来效应为准），恢复到标准值。

基准下料间隔的变更要遵循严格的管理程序，并进行记录和报告。

6.5.5.3　下料异常检出

在实际生产过程中，造成下料异常的原因很多，有设备方面的原因、人为方面的原因和实际生产环境的原因等。有关下料异常的内容将在 6.5.12 节进行详细介绍。

6.5.6　铝水高度和出铝量管理

铝水高度的调整主要通过调整出铝量来实现，因此对铝水高度的管理和对出铝量的管理是密不可分的。大型预焙槽一般每天出铝一次（部分企业采用 36h 出铝周期），出铝时按照下达的出铝量指标，使用真空抬包从槽中抽取铝液。出铝前后，铝水高度一般相差 3～4cm。

6.5.6.1　管理的基本原则

企业要制定明确的铝水高度基准值（一般给定一个上、下限之差不超过 2cm 的范围值，如 18～20cm）和出铝量的基准值，并以实现基准值为目标开展相关工作。

铝水高度是电解槽工艺标准（槽基准）中的一项管理内容，应该按照槽基准的管理规程严格进行管理。生产中要严格保持确定的铝水高度，防止偏高偏低。实践表明，偏高比偏低危害性更大。长期保持较低的铝水平，不过是电流效率较低，不会有较大的险情。若要将铝水提高，只需减少几次出铝量或停止一两次出铝就能实现，但若长期铝水较高，出现炉底沉淀或结壳，处理起来十分困难，疗程很长。由于炉底导电不均匀，同样会产生较大水平电流而导致滚铝，形成大病槽。可见管理好铝水高度十分重要，但正确管理的前提是准确地进行铝水高度的测量，因此选择正确的测量方法并要求现场严格地执行测量作业标准是管理的重要内容。

由于正常铝电解槽的每日产铝量是相对稳定的，铝水高度超过正常速度的变化肯定是热平衡等因素引起的槽膛变化所造成的，出铝量的制定虽然以保持标准的铝水高度为目标，但却不能作为调节铝水高度的唯一手段（热平衡变化引起槽膛变化是导致铝水高度变化异常的主要原因，因此应配以热平衡调整），否则出铝量的大起大落会导致电解槽中的在产铝量较大范围波动，反而不利于电解槽热平衡走向稳定。因此，出铝量的制定一般以数天（如 5 天或 7 天）为一个周期进行计划，并且不能大幅偏离基准值（偏离基准值的范围不超过 ±10%）。归纳起来，出铝量管理应遵循下列原则：

（1）接近实际电流效率，尽量做到产出多少取走多少。

（2）保持指示量平稳，切忌大起大落。

（3）可以利用调整铝水高度来调整电解槽的热平衡，但一般只有对于热平衡已经不正常的电解槽才采用这种调节措施。

6.5.6.2 铝水高度测量与出铝计划制定的管理

A 铝水高度测量方法选择

正确的出铝计划离不开准确的铝水高度测量数据。铝水高度测量的方法有一点测量和多点测量两种。多点测量一般为三点（300kA 以上大容量槽为五点）。尽管一点和多点两种测量方法均采用相同的测定工具，但两种方法有以下不同点：

（1）测定位置不同。一点测量位置常取在出铝口，多点测量位置在大面。由于测量位置不同，获得铝水高度准确性不一样。对于炉底干净、无隆起的槽，三点测量的平均值一般高于一点测量 0.7 ~ 1.0cm，如图 6-18 所示。若炉膛不规整，一点测量的铝水高度值与全槽平均值的误差更大。

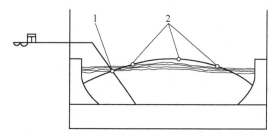

图 6-18 铝水高度测量示意图
1—一点测量点；2—三点测量点

（2）测量周期不同。一点法每天至少进行一次，多则数次；多点法则必须按照测定计划实施，测定计划表的测定周期同出铝计划表的制定周期，例如每 5 天（或每一周）进行一次。

（3）用途不同。一点测量只能用于每天了解铝水情况，主要用于掌握电解质水平；多点测量是用于制定后五天的出铝计划。

（4）难易程度不同。一点测量简单易行，随时可做，多点测量必须用天车打测量孔，工作量相对较大。

但作为铝水高度的技术条件管理和作为制定出铝计划的依据，必须采用多点测量法。每天再辅以一次一点测量了解变化，这样会使管理更趋完善。

B 多点测量基本程序及铝水有效值（MTVV）计算方法

多点测量的基本程序是：在出铝计划周期的最后一天出铝前数小时进行测量；测量完毕后计算出算术平均值，并将该槽当时的回转计读数一同报告给计算机室；计算机操作员将数据输入后，由计算机进行平滑处理，得出铝水有效值，供制定新一轮出铝计划表使用。

计算机进行铝水有效值计算（平滑处理）的计算公式为：

$$MTVV = \alpha M_0 + (1 - \alpha)[M_1 - (J - K)] \tag{6-19}$$

式中，$MTVV$ 为（本次的）铝水有效值，mm；M_0 为本次测量的铝水高度平均值，mm；M_1 为前次的铝水有效值，但有些企业取前次测量的铝水高度平均值，mm；J 为从上次测量到本次测量之间的阳极实际下降量，mm；K 为从上次测量到本次测量之间的阳极标准下降量，mm；α 为平滑系数，一般取值在 1/3 ~ 1/2 之间。

多点测量中应注意的事项有：

（1）注意对测量精度的管理。多点测量的平均值比上次测量的平均值相差 ±3cm 以上的要进行重新测定。

（2）注意对阳极回转计刻度读数的管理。因为计算机计算铝水有效值时要用到回转计读数来计算本次测量与上次测量期间的阳极下降量，因此在进行多点测量铝水、电解质高度时，要记录阳极回转计刻度读数。在抬母线时，要记录抬前和抬后的回转计刻度读数。

（3）正确进行数据记录并按照作业准则输入计算机。

（4）注意槽底沉淀对测量的影响。须注意，定义的铝水高度是指电解质以下，包括炉底沉淀在内的所有部分。测定时炉度有沉淀，千万不能刨出沉淀部分将剩余值作为铝水高度，不然就会不自然地提高铝水高度，使槽子走向冷态化。测量时若发现槽底有沉淀，必须采用适当方法处理。

C　基于 MTVV 值的出铝计划制定

过去按一点测量值确定指示量的做法虽然简单易行，但存在两大致命缺点：

（1）数据准确性差。反映不出槽内实际铝水状况，对炉底隆起的老槽，或炉底沉淀多的槽，按此下达指示量容易引发病槽。

（2）指示量不平稳。由于测量值的起落，必然造成指示量波动大。一旦指示量的波动幅度超过了槽子的自调能力，必然对炉膛和技术条件产生不良影响，甚至恶化槽况。

基于多点测量的铝水有效值（MTVV）法具有相当严密的科学性，是严格、平稳管理的体现。具体做法是，将 MTVV 值与基准高度相比较，一次做出一个周期（如 5 日，有的企业为 7 日）的总吸出量和每日指示量表（实例见表 6-39），交给出铝组执行。对异常情况（如：MTVV 值不在标准的高度范围时、前一次的出铝量误差较大或槽况发生急剧的变化时）或异常槽况则不按 MTVV 法，而由管理者（如工区长）根据当天槽况决定出铝量。

表 6-39　基于铝水有效值法的 5 日出铝指示量表（某厂 160kA 预焙槽）　（kg）

MTVV 值与基准值之差	五日总吸出量	第一天	第二天	第三天	第四天	第五天
20 ~ 11mm	5800	1200	1100	1200	1100	1200
10 ~ −5mm	5700	1200	1100	1200	1100	1100
−6 ~ −15mm	5100	1100	1000	1000	1000	1000

铝水有效值法有如下优点：

（1）多点测量平均数据，比一点测量准确，更真实地反映铝水高度及分布。

（2）平滑处理中，把本次测量值与上次有效值（或测量值）加五日内阳极下降量推算出的值进行加权平均，既考虑本次测量情况，又考虑了前次有效值情况和炉膛变化情况（由阳极下降量反映），可充分排除测量误差，将电解槽前后情况有机地连贯起来。

（3）做到了平衡管理，正常槽规定 5 日内相邻两天最大差值仅为 100kg，保证电解槽平稳出铝，起落幅度小。

（4）管理科学化、标准化，使人为影响因素尽量减小。

此法的缺点为：

（1）环节多，从测量、计算平均值及回转计读数记录、报告计算机，其中一个环节出问题，指示量表就打印不出来。

（2）测定工作必须定时定日，不能错过。

（3）要求吸出精度高，不能超过误差范围，更不能一日不出。

（4）病槽及非正常生产期槽不能使用此法。

（5）有效值超过计算范围，此法做不出出铝计划，需管理者人为决定。

但此法的缺陷正反映出了操作管理的严格性。管理混乱和生产不稳定无法实施此法，这就从工作程序上对我们提出了严格操作、严格管理的要求，正是我们的目的所在。一言以蔽之，我们要把企业办成先进企业，必须采取严格的、科学的管理方法。

6.5.7 电解质高度管理

对电解质高度的调整应以"疗程"思想来进行，避免对槽况产生冲击。

电解质高度的管理内容主要包括：

（1）电解质高度的判定。每天出铝前，在出铝端进行一点测定，结合定期（如每月）进行的多点测定的平均值，作为判断的参考资料；同时在换阳极时，视电解质液面高、低作为判断的参考资料。

（2）电解质高度的增减。可根据多点测量的高度，对照电解质料基准表来决定电解质料的添加量。例如某厂320kA电解槽的电解质料添加基准见表6-40。更换阳极时，当阳极换出后，在其位置进行电解质料添加。使用的电解质料包括：刨炉的电解质块；抬包结壳电解质块；冰晶石。

（3）调整电解质高度的相关处理。由于电解质高度受热平衡的影响很大，因此，在按照电解质的吨铝消耗量及时补充冰晶石和氟化铝的基础上，合适的电解质高度还需要通过保持合适的热平衡来维持，当电解质高度异常时，应通过恢复电解槽的正常热平衡来促进电解质高度恢复正常。对电解质高度严重异常的情况进行处理的极端措施是，通过从电解质中抽出（撤走）液体电解质，或向电解槽中灌入取自其他槽的液体电解质来调整，但该措施不常用。

表6-40 电解质料添加基准

五点测定值	判　　断	处　　置
26cm 以上	向值班长报告	不需要加入电解质
24cm 以上	与计算机室联络	停止加入残极上电解质块
20～22cm	增加电解质液	在6天内，每天加入100kg
18～19.9cm	增加电解质液	在6天内，每天加入150kg
17.9cm 以下	增加电解质同时报告班长	在10天内，每天加入125kg且电解质加入后再测定

6.5.8 阳极更换进度管理

6.5.8.1 阳极更换顺序的确定

阳极更换顺序的确定原则是：第一，相邻阳极组要错开更换；第二，电解槽两面炭块组应均匀分布，使阳极导电均匀，两条大母线承担的阳极重量均匀；第三，若按电解槽纵向划成几个相等的小区，每个小区承担的电流和阳极重量也应大致相等，为此，阳极更换必须交叉进行。

为了便于记录和管理阳极更换，生产现场对电解槽的阳极进行编号，所有的阳极分为A、B两侧，其中A侧指进电端的那一侧阳极；B侧指非进电端的那一侧阳极。阳极号以出铝端的第一块阳极作为1号阳极，按数字顺序排列到烟道端，例如，对于每侧有20根阳极的预焙槽，阳极标号依次为1～20。确定一块阳极的位置以阳极所在的侧和阳极编号，例如A16代表A侧从出铝端往烟道端数第16根阳极。

我国大型槽阳极更换周期一般为 25～27 天。有些大型槽设计为双阳极，即两块相邻的阳极构成一组，每次更换一组。对于以组为单位更换阳极的生产系列，除了需要对电解槽上每块阳极的位置进行编号外，还需要对每组进行编号（即有极号与组号之分）。例如，对于全槽有 40 块阳极（20 组）的预焙槽，阳极号和阳极组的关系见表 6-41。

表 6-41　阳极号与阳极组号对应表

阳极组	A1		A2		A3		A4		A5		A6		A7		A8		A9		A10	
阳极号	A1	A2	A3	A4	A5	A6	A7	A8	A9	A10	A11	A12	A13	A14	A15	A16	A17	A18	A19	A20
阳极号	B1	B2	B3	B4	B5	B6	B7	B8	B9	B10	B11	B12	B13	B14	B15	B16	B17	B18	B19	B20
阳极组	B1		B2		B3		B4		B5		B6		B7		B8		B9		B10	

给定了每台电解槽的阳极数量和阳极更换周期，便可以按照上述交叉更换的原则制定出阳极更换顺序表。

以某厂 200kA 预焙槽为例，全槽有 28 块阳极，每块阳极以 26 天为更换周期，更换顺序见表 6-42。按此顺序，A、B 两侧的阳极能交叉进行更换，每天更换一块阳极，除了 A7 与 A8、B7 与 B8 阳极是同一天更换外，其他相邻阳极更换日期相差 4 天。

表 6-42　某厂 200kA 预焙槽阳极更换顺序

序　号	1	2	3	4	5	6	7	8	9	10	11	12	13	14
A	1	5	9	13	17	21	25	25	3	7	11	15	19	23
B	10	14	18	22	26	4	8	8	12	16	20	24	2	6

再以某厂 320kA 铝电解槽为例，全槽有 40 块阳极，每块阳极以 27 天为更换周期，分为 20 组更换，更换顺序见表 6-43。由于阳极组数（20）小于阳极更换周期（27），因此每槽平均 1.35 天才能更换一组阳极，实际做法是每 27 天中有 20 天更换阳极，其中安插 7 天休息（不更换）。相邻的阳极组更换日期相差 7～8 天。

表 6-43　某厂 320kA 预焙槽阳极组更换顺序

序　号	1	2	3	4	5	6	7	8	9	10
A	1	7	13	19	5	11	17	3	9	15
B	12	18	4	10	16	2	8	14	20	6

6.5.8.2　阳极更换进度表的制订

将阳极更换顺序编程后输入计算机，便可在每天 23 点前打印出下一天的日更换表，工人按此表安排更换。同时每月最后一天的 23 点前打出下一个月全月全系列阳极更换顺序表，以备查对。

6.5.8.3　非正常情况下的阳极更换管理

非正常情况下的阳极更换管理如下：

（1）新槽换极开始日期的确定。从启动后两天开始换极（灌铝后的第二天）。

（2）停槽前的阳极更换。决定某个槽要停槽时，在停槽之日的前一天或前两天（按作业标准规定）开始停止更换阳极；对于计划停槽的情况，从 10 天开始使用残极；从停槽上换下来的残极，阳极高度在 30cm 以上的要再使用。

（3）临时更换阳极。因阳极脱落、裂纹、长包、掉角等必须临时换极时，首先选择用高度不小于所换阳极高度的残极替换，只有在无残极时，才可用新阳极替换；也有一些企业规定，比较下一次计划更换的时间，若在 10 天以内的使用残极，10 天以上的使用新极。

（4）因故推迟更换的情形的处理。由于天车故障等原因，不能当班更换的阳极，推迟到下一班进行，阳极更换顺序不变。当班换极时，优先更换压极，压极量较大时，换顺序不变，可缩短更换两组阳极的时间间隔，直到进入正常周期；但每台槽每 24h 换极组数不能超过两组，时间间隔必须在 8h 以上，目的在于减少换极对槽子运行的干扰，而且新极不能集中在一个区（如 A3、B3），特别情况需要多换，只能用使用过的残极或从邻槽拔来热残极，以缩短换上阳极的导通全电流时间，尽可能保证电流分布均匀。

（5）记录报告。碰到更换终止和临时更换的情况，要记入更换时间表和工作日志，并向相关人员报告。

6.5.9　阳极上覆盖料管理

阳极覆盖料，或称极上保温料，是维持电解槽热平衡、防止阳极氧化的重要因素，并且对于减少氟盐挥发损失也有一定作用。

6.5.9.1　阳极覆盖料管理的基本原则

生产中应尽可能保持足够厚的、稳定的覆盖料。尽管增减覆盖料的厚度可以调节电解槽的热支出从而调整槽子的热平衡，但现代预焙槽生产主张按工艺标准保持足够高的覆盖料，而不主张将变更覆盖料的厚度作为调节热平衡的手段。这是因为，首先，变更覆盖料的厚度对电解槽热平衡的影响的可控性差，覆盖层越薄，槽面散热占槽子总散热的比例就越大，则覆盖层厚度变化对热平衡影响的可控性便越差；其次，为了降低阳极被空气氧化的程度，希望覆盖层足够厚（以不覆盖到爆炸焊片为限），因此不希望采用变更覆盖层厚度这种"顾此失彼"的调节手段。

6.5.9.2　阳极覆盖料管理的内容

阳极覆盖料管理的内容为：

（1）阳极更换时的覆盖料投入量。应做具体规定，以利于标准高度的保持。例如某 320kA 槽生产系列规定阳极更换时覆盖料的加入量为 220～240kg。

（2）阳极上覆盖料高度。应规定标准高度，例如我国预焙槽一般规定标准高度为 16cm。在换阳极时，按图 6-19 和图 6-20 进行覆盖料的加入、管理。

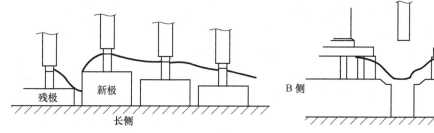

图 6-19　换极时阳极覆盖料示意图（大面视图）　　图 6-20　换极时阳极覆盖料示意图（小面视图）

（3）阳极上覆盖料高度的调整。阳极爆炸焊片被覆盖料覆盖了的时候，要把覆盖料扒开，让爆炸焊片露出来；阳极上覆盖料高度不够时，应及时调用天车进行覆盖料补充加料，防止阳极氧化。

（4）记录与报告。临时向阳极上加入覆盖料的槽号，要记入工作日志，同时向值班长报告。

6.5.10 原铝质量（铝液纯度）管理

铝的质量通常按铝中含杂质的多少来评定，铝中含有的金属杂质有二十多种，其中最主要的是铁（Fe）、硅（Si）、铜（Cu）几种，此外还含有多种非金属杂质如氢、氧、碳等，非金属多与铝或其他金属形成化合物存在于铝中。

铝中杂质含量越高，其质量品级越低，相应销售价格也越低。因此，铝的质量直接影响到企业的经济效益。但要提高成品铝的质量，必须有高质量的原铝（即铝液）。因此，电解出高质量的原铝来，便成为提高成品铝质量的关键。

6.5.10.1 与降低杂质来源相关联的管理

原铝中杂质来源有多种途径，因此生产管理中要针对各种途径制定管理标准并有效实施管理。

（1）把好原料质量关。要提高原铝质量，首先应把好原料质量关，坚持使用符合国家标准和行业标准的原材物料，降低从原料如 Al_2O_3、炭阳极、氟化盐中带入的杂质。此外，加入抬包壳皮时，注意抬包壳皮有没有杂质（如耐火砖头等）的投入。

（2）加强现场操作管理，尤其是阳极管理、电解质高度管理和铁制工具使用上的管理，避免铁制材料与工具在熔体中熔化。例如，提高阳极更换质量，准确设置阳极位置，尽量避免因设置不准而出现电流过载熔化钢爪引起阳极脱落；随时检查阳极行程情况，防止因阳极掉块、脱落、裂纹而熔化钢爪，不正常的阳极要迅速地换下来。掌握好电解槽各项技术条件，尤其是电解质高度，防止因电解质水平过高而浸泡即将更换的低阳极钢爪，引起熔化；为了避免工具熔化而污染原铝，铁制工具如大钩、大耙等不得在液体电解质或铝液中浸泡太久，发红变软后即应更换，不好的工具不要使用，假如工具掉进了电解槽里，要迅速地取出，阳极效应发生时不要把工具放入电解槽内；此外，防止下料器的打壳锤头因长期磨损而脱落掉入槽中，因此必须随时观察运动部件的磨损情况，及时更换，掉入槽内的必须及时拿出。

（3）保持电解槽热平衡稳定，加强对槽膛形状和槽底破损的防治与管理。原料中的杂质有相当一部分沉积在槽膛边部的电解质结壳中，对正常运行的电解槽，槽膛稳固，这些杂质不会进入液态铝中，但一旦出现电解槽变热，造成槽膛熔化，沉积在边部结壳中的杂质便会进入液态电解质中，随着电解过程最终进入铝液，引起原铝中杂质含量增高。此外，许多电解槽底部都有不同程度的裂纹，在电解槽正常运行时，这些裂纹被沉积物所填充并固化，一定程度地起着保护炉底的作用，但电解槽处于热行程时，高温会使这些沉积物熔化，裂纹会继续扩展并加深，穿透底部炭块而引起阴极钢棒熔化，而且通过裂缝浸入的铝液会还原耐火材料中的铁硅氧化物，使铁、硅进入铝液中，使其杂质含量增高。所以，电解槽应建立起稳固的热平衡，保持正常运行，不仅可以高产低耗，而且可以优质。生产实践证明，大凡正常运行的电解槽，原铝质量也往往良好。

（4）加强对环境卫生的管理。除了生产操作和技术条件之外，电解厂房的整洁，也是保证原铝优质的重要条件之一。生产中应保持厂房内干净，地坪完好，墙壁、窗户完整，防止尘土进入槽内污染原铝；要进行槽四周的清扫整理，防止铁、硅等杂物的混入。

6.5.10.2 铝液试样分析

准确的铝液试样分析是有效进行原铝质量管理的前提。对于铝液试样分析的管理，关注的主要内容是：

（1）铝液取样频度。企业要做出明确的规定。目前我国铝厂一般每一个星期从电解槽出铝孔取一次铝液试样，送中心化验室分析。

（2）铝液取样方法及试样编号。按照企业制定的铝液取样方法及试样编号要求进行。

（3）原铝试样分析。对于正常槽的分析，要进行分析结果的正确性判断，即把本次原铝试样分析结果与上次的进行比较，若误差为铁在 0.2% 以上，硅在 0.05% 以上，则要再取样进行分析；对于纯度异常的电解槽，可以进行临时取样分析，例如每天取样一次进行分析。

（4）记录与报告。对于再分析、临时分析的槽号，以及分析的结果要记入工作日志，并且向相关人员报告。

6.5.11 效应管理

6.5.11.1 效应管理的目标与思路

现代铝电解企业进行效应管理的目标是：

（1）通过维持理想的工艺技术条件（尤其是保持理想的物料平衡与热平衡），使效应系数尽可能达到预定目标。前面已指出，现代铝电解工业追求无效应运行，对于效应系数指标与国际先进水平尚有较大差距的我国铝电解企业，还应该通过不断地改进设备、工艺与操作管理水平来改进铝电解槽的工艺技术条件，以达到不断降低效应系数的目的。

（2）除了对理想效应系数的追求外，还应该尽可能使效应持续时间达到预定目标，并朝着不断缩短效应持续时间的方向努力。此外，还应该追求效应发生的均匀性（克服单槽或系列槽效应系数忽高忽低的现象）。

为了实现效应管理的目标，效应管理应该遵循下列思路：

（1）效应管理是一项系统工程，它是建立在其他各项作业与技术管理的基础之上的。效应的发生是铝电解槽正常运行条件（尤其是物料平衡与热平衡）遭到破坏的标志，因此效应参数（包括效应系数、效应持续时间、效应电压、效应发生的均匀性等）是否先进，成为现代铝电解生产控制、操作与管理水平的综合量度；反过来，生产控制、操作与管理水平也决定了效应管理所能达到的高度。有人形象地比喻，效应管理是屋顶，其他各项管理（尤其是与物料平衡和热平衡相关的管理，如下料管理、电压管理、电解质成分管理、电解质高度管理、铝液高度管理、阳极覆盖料管理等）是基础和柱子。一旦某个（或某些）失控（或失调），都会造成效应管理这个屋顶的崩塌，其中以下料管理、电压管理和铝液高度管理最为重要。

（2）正因为效应管理是一项系统工程，就不能对效应参数偏离目标的电解槽采用"头痛医头、脚痛医脚"的做法。虽然效应发生的最直接原因是氧化铝浓度过低，但绝不能简单地调整控制系统的下料参数（如基准下料间隔），因为现代计算机程序对物料因素有较强的控制能力，反倒是对热工因素的处理能力较弱（因为槽温不能自动检测、散热因素不能自动调控），对阳极故障等恶化电解槽稳定性的问题更是束手无策，而正是这些计算机不能有效监控的因素常常是导致效应参数恶化的真正原因，更应该引起作业与管理人员的高度重视。在正常的工艺技术条件下，现代先进的计算机控制系统具有将氧化铝浓度控制在 1.5%～3.5% 范围之内的能力，但若电解槽的热平衡与槽电阻稳定性遭到破坏，氧化铝浓度控制效果就会急剧恶化，进而进入恶性循环，使热平衡、物料平衡及电解槽的稳定性与理想状态的偏差越来越大。此时，效应管理的重点是找出和消除导致电解槽运行状况（包括工艺技术条件）恶化的真正因素，系统地考虑制定和实施工艺技术条件调整方案，阻止恶性循环的进一步发展，创造出加料控制程序得以发挥作用的环境，使工艺技术条件逐步回归正常范围。

（3）企业在不断追求降低效应系数的目标时，必须稳步进行，不可冒进。应充分分析效应系数降低过程中电解系列的技术经济指标变化趋势，谨防作业人员迫于考核压力采取不利于技术经济指标的错误手段降低效应系数（例如多下料、升高摩尔比和槽温等）。同时，应该分析效应发生的均匀性，一般来说，"错误手段"压低的效应系数会导致单个电解槽乃至全系列电解槽的效应系数忽高忽低（即效应系数不均匀）。如果能在较高的水准上使全系列效应系数降低，即效应系数降低的同时，其他效应参数（效应持续时间、效应电压、效应发生的均匀性等）均能保持理想状态（甚至相应地得到改进），则必定能带来降低能耗和改进环保指标的效果，那么企业可以考虑制定新的效应管理目标和实施步骤。

（4）企业制定的效应系数目标值一般是针对全系列而言的，对于具体的电解槽，应容许一定的"弹性"，对于运行状态很好的新槽，可以容许其效应系数比设定值更低，而对于启动槽、异常槽和高槽龄槽，允许效应系数高一些（例如，一些以 0.1 为设定值的铝厂允许异常槽的效应系数为 0.2～0.5）。

（5）效应管理与铝电解控制系统中使用的下料自动控制模式有重大关系，因此企业在制定效应管理的具体策略时，应该首先透彻掌握计算机控制系统的下料控制模式与策略。

6.5.11.2 下料自动控制模式的选择对效应管理的影响

目前，我国铝电解控制系统的下料自动控制模式分为"设效应等待"与"不设效应等待"两大类。

作业与管理者首先必须弄清楚控制系统中所选用的下料自动控制模式的基本原理，并相应地去管理与所选控制模式相对应的设定参数。例如，"设效应等待"控制模式中用到"效应等待周期"（即从上次效应发生时刻或效应等待失败而退出等待时刻到本次安排效应等待时刻之间的时间长度）、"效应等待极限时间"（即停止下料进行效应等待的最长许可时间，若超过该时间则认为效应等待失败而恢复正常的下料控制）、"效应等待成功率"（这是一个描述效应等待好坏效果的参数）等。其中效应等待周期是一个需要认真管理的参数，因为该参数会对效应系数指标产生决定性的影响。"不设效应等待"控制模式中没有这些参数，但可能也有一些与控制效应系数相关的设定参数，通过调整这些设定参数使控制系统尽可能将电解槽的效应系数调控到目标范围。此外，不同控制模式虽然使用了一些类似的术语（如突发效应、延时效应等），但具有不同的含义，因此要求不同的效应管理策略。

6.5.12 异常槽况（病槽）及事故的防治与管理

6.5.12.1 异常槽况（病槽）及事故防治与管理的基本原则与重点

当铝电解槽工艺技术条件中的某个或某些偏离了正常范围时，均可以视为槽况异常。当某个或某些重要工艺技术条件显著偏离正常范围，特别是电解槽赖以正常运行的两大条件——热平衡和物料平衡遭到严重破坏，因而电解槽技术经济指标严重恶化时，便视为病槽。在人们心目中，病槽意味着较严重的异常槽况（但病槽与异常槽况两个术语并没有严格的定义区别，因此下面的讨论中不做严格区分）。在现代铝电解生产中，病槽被作为生产事故来对待。此外，生产中还有两类常见的事故，即操作管理事故（如漏槽、难灭效应、操作严重过失等）和设备引发事故（如槽控机控制失灵导致"拔槽"或"坐槽"，电气设备或母线短路导致的安全或爆炸事故等）。

按技术条件是否异常来归类，异常槽况可分为：槽电压（槽电阻）异常、氧化铝浓度异常、槽温异常、摩尔比异常、电解质高度异常、铝液高度异常、效应参数异常等。但此种分类方法不易表达病槽的主特征，因此生产中常按病槽的主特征进行分类，例如槽电压异常（包括槽稳定性异常）、热平衡异常（热槽与冷槽）、物料平衡异常（下料异常）、阳极故障（阳极工作异常）、槽膛异常、槽底异常（槽底沉淀等）、其他事故型病槽（如难熄效应、电解质含碳或碳化铝、滚铝等）。其中一些病槽的主特征是"重叠"的，例如槽膛异常、槽底异常、阳极故障、滚铝等均会表现为槽电压异常（槽稳定性异常）。本节将重点讨论几个最常见的异常槽况（病槽）及其防治。

管理者不能单纯依据病槽的"主特征"来制定处理方案，一方面是因为具有同一种"主特征"的病槽往往产生的根源是完全不同的，例如热槽可以由能量输入过大引起，也可能由冷槽转化而来，也可能由物料平衡遭破坏而引起，也可能由阳极质量问题而引起，因此要根治热槽就必须找出并消除病槽的成因；另一方面，电解槽出现异常槽况（病槽）时，常常呈现出多种特征的病态共存，并互为因果，形成恶性循环，并出现病槽"主特征"不断转化的情形，因此如果单纯针对病槽在某一阶段的"主特征"制定处理方案，容易犯"头痛医头，脚痛医脚"的错误，正确的处理原则是，从各项工艺技术条件之间的相互关系出发，制定使各项工艺技术条件逐步恢复正常的综合治理方案。

过去落后的槽型及粗犷型的操作与管理方式经常导致电解槽"犯病"，因此病槽处理技术的好坏成为衡量操作与管理者能力的重要标准。现代设计优良的电解槽具有较强的自平衡能力，配备有先进的计算机控制系统，只要能推行先进的管理思想与方法，牢固树立"预防为主，治理为辅"的管理思想，并严格执行标准化作业与管理，就能（也要求）将异常槽况消除在萌芽状态，并杜绝严重病槽的发生。现代铝电解工业实践表明，病槽与事故多发的企业往往是设备运行及生产操作与管理尚处于"磨合期"的新企业，或者是生产管理观念陈旧、依然停留于经验型与粗犷型的操作与管理模式的老企业。

随着铝电解生产设备、工艺及管理的不断进步，病槽及事故防止与管理的重点发生了重大变化。过去生产系列中那种"随机"出现的病槽已越来越少见，对生产全局的影响也越来越小，因而也不再成为管理者关注的重要问题。倒是一些可引起全系列槽况波动或出现异常的全局性重大问题需要铝电解管理者给予重点关注，例如：

（1）原材料供给的重大波动可能引起系列槽况波动甚至异常。例如，阳极质量的波动可能引起全系列槽稳定性变差，阳极故障及大量碳渣的出现使控制系统无法对物料平衡与热平衡实施有效的控制，可能导致热槽、槽底沉淀等多种异常槽况（病槽）的出现；氧化铝原料质量的波动可能影响整个输料系统的工作，特别是氧化铝溶解性能变差时可能引起控制系统的原有物料平衡控制参数不能适应，导致炉底沉淀的产生、效应系数的提高，继而影响到槽热平衡的稳定。

（2）重要生产辅助设备发生故障，破坏了标准化、同步化和均衡化的作业与管理流程，使相关区域甚至全系列电解槽的槽况走向异常。例如，整流供电系统故障导致系列停电会影响系列槽生产稳定，恢复供电后可能出现大面积的异常情况与病槽；铝电解计算机控制系统的故障（如系列电流采样故障、系统通信故障等）会严重影响控制系统正常控制功能的发挥，严重时可导致全系列或若干区域电解槽的失控或误控，使失控或误控区电解槽状态走向异常；多功能机组的故障可能使换极与出铝操作无法按作业标准实施，成为电解槽发病的原因。

（3）面对包括上述情况在内的各类突发性事件，处理措施不当或不及时，可能导致大面积异常槽况与病槽的出现。

6.5.12.2　槽电压（槽电阻）异常或控制不良的检查与处理

槽电压（槽电阻）异常或控制不良的判断与处理是铝电解计算机控制系统的主要功能之一，这里仅对槽电压异常的几种类型做简要的介绍并叙述与人工处理相关的内容。

A　槽电压（槽电阻）异常的检查与处理

在系列电流正常的情况下，槽电压异常等同于槽电阻异常，因此以下均统称为槽电压异常。槽电压异常是最常见的槽况异常，许多异常槽况均能表现到槽电压的异常上来。

槽电压异常主要表现为：

（1）槽电压（或槽电阻）越限，即超过了控制系统的控制范围，例如槽电压低于3.8V或高于4.5V。为了安全起见，槽电压越限时不允许控制系统进行调节。

（2）槽电压（或槽电阻）强烈波动，或称电压针摆，这是电解槽稳定性异常的表现。先进的控制系统目前将电压的强烈波动分为两种基本的类型进行解析与报警：电压摆动（即强烈的低频波动，或称低频噪声）、电压针振（即强烈的高频波动，或称高频噪声）。当不严格区分时，两者便统称为电压针摆。控制系统在检出电压摆动的强度或针振的强度分别超过相应的设定值后，判断为电解槽处于"电压针振"或"电压摆动"状态。

作业人员一定要事先明确电压异常的判定标准。对于大多数控制系统，电压越限与电压针摆的判定标准是可以在计算机站的参数设定菜单中修改的。因此，同样的控制系统在不同企业应用时会有不同的设定值。例如，有的铝厂以追求电压针摆尽可能小为目标，将电压针振与摆动的判断标准分别设定得很低（例如，分别设定为80mV与30mV），超过这样的限度便会报警，并自动提升阳极（提高电压）来消除或减弱针摆；而有的铝厂以追求最小的平均槽电压为目标，不愿意控制系统频繁地判断出电压针摆而自动提升阳极，故将电压针振与摆动的判断标准设定得很高（例如，分别设定为200mV和80mV）。

控制系统发现槽电压异常后，会启动自动语音报警，并且槽控机上的相应指示灯会点亮。因此作业人员能根据控制系统的声光报警来获得信息。作业人员也可以通过巡视作业发现电压异常。在得知电压异常后，要及时巡视和采取处理措施：

（1）观察槽况，并检查槽控机上的两路独立的电压显示是否一致，确认是槽控机的采样故障还是电解槽本身的问题。

（2）若发现是槽控机采样故障，与计算机室联络获得更详细的关于异常情况的信息，并切断槽控机的电压自控功能，进行手动调整；若非槽控机采样故障，继续进行下列各项。

（3）如果电压严重异常，查看电解槽是否有明显的事故，如漏槽、槽壳发红、阳极脱落、阳极下滑、阳极开裂、阳极发红等。若有，则立即按相应的事故处理程序进行处理。没有发现明显的事故，则继续下面的有关检测与处理内容。

（4）通过槽控机查看当前的槽工作电压、针振与摆动强度、出现异常的持续时间（或异常的起始时间），以及近期是否有不断反复出现的异常等，以便对电压异常的严重程度做到心中有数。此外，根据电压异常的类型确定检查槽况的侧重点，例如电压超越上限则重点检查是否漏槽、效应来临等；电压跌破下限则重点检查是否压槽、滑极（阳极下滑）等；电压针振则侧重检查与阳极工作状态及极距状态相关的因素；电压摆动则侧重检查与槽膛内形和槽底状态相关的因素。

（5）电压针摆严重时，测定并检查阳极电流分布，如果分布不均匀，检查是否有阳极故障（如阳极长包、阳极开裂等），若有则确定是否需要更换有故障的阳极；若无，则继续确定是否需要进行调极处理（即根据电流分布的测定结果，将通过电流过大的阳极的安装位置升高，但较少采用将通过电流过小的阳极的安装位置降低的处理措施）。

（6）如果阳极无明显故障，而电压针摆严重，则检查是否有炭渣聚集，如果是，则打捞炭渣。

（7）如果阳极无明显故障，也无炭渣聚集，但电压针摆严重且针摆发生的时间不长（如一到数小时），则分析是否有效应来临的趋势（效应来临前有可能因极距压低或阳极底掌下形成导致电压不稳定的气膜层）。由于效应来临导致的针摆一般在效应发生后自动消除，或者因控制系统自动提升了阳极并加大了下料量（例如进行了效应预报后的大下料）而自动消除。若发现控制系统的确采取了这些处理，则作业人员应先观察控制系统处理后所产生的效果。若有效果，则避免重复处理，否则再决定是否需要人工干预（如人工抬阳极或大下料）。

（8）当槽电压严重异常时，在进行上述检查的同时检查是否存在电解槽破损（槽底或边部破损）、或槽底严重沉淀或结壳，或槽膛严重不规整。如果确认槽底破损，则按照破损槽修补的有关作业规程确定是否需要修补，或在确定需要修补时进行修补，并确定相应的技术条件调整方案。若不属于槽底破损，只属于槽底沉淀或结壳，或槽膛严重不规整，则继续下列各项检查内容，找出导致这些问题的根本原因，并针对性进行处理。

（9）如果电压异常但未发现上述问题（或未找出导致问题的根本原因），查看该槽最近的人工作业记录（包括控制系统中关于人工作业的记录），看是否因为人工作业质量问题引起了电压异常，包括检查人工作业是否正确地通报到控制系统中（只有熄灭效应不用通报），因为若没有正确通报，则槽控机有可能对人工作业引起的槽况变化进行了错误的处理，例如将抬母线、拔出残极或出铝引起的电压上升作为效应预报，导致错误的大下料而引起沉淀，从而引起电压异常变化。

（10）如果电压异常但未发现上述问题（或未找出导致问题的根本原因），检查是否因下料异常而引起，因为下料异常会导致氧化铝浓度异常变化，包括可能引起上述的效应来临的情况，或者引起大量沉淀的产生而致使电流分布不均或槽底压降升高。如果确认下料异常是导致电压异常的重要原因，则转入6.5.12.3节叙述的"氧化铝下料异常的处理"。

（11）如果电压异常但未发现上述问题（或未找出导致问题的根本原因），检查是否因控制系统的控制参数设定不当、控制效果变差而逐步引起电压异常，这尤其容易引起槽电压的稳定性逐步变差，而槽稳定性变差后反过来又引起控制效果进一步变差，这种"恶性循环"最终使电解槽进入电压针摆状态。这种情况引起的电压异常往往有一个逐步积累的过程，因此通过与计算站联系调阅该槽的有关控制参数和历史曲线，可以分析导致控制效果变差的最初和最主要原因，或者分析是否存在不正确的参数设置，或现行参数设置是否不适应变化了的槽况。

（12）无论上述何种原因引起的电压越限，都需要作业人员将电压调节到可控范围（即不越限的范围），才能使控制系统恢复对电压的自动控制。对于电压针摆，不同的控制系统（或同一控制系统中的不同控制参数设置）所允许的针摆后电压自动调节范围与调节程度是不同的，因此作业人员应该事先了解控制系统在检出电压针摆后的附加电压大小、有效的电压调节范围和为了消除电压针摆而提升阳极的次数与程度，以便判断是否需要进行人工干预（人工调节电压）。为了尽快消除针摆，可以手动调整电压，但不主张频繁调整电压。

（13）除了可以立即解决或消除的突发性事故与事件（如滑极、阳极脱落、效应来临等）引起的电压针摆外，大多数情况下电压针摆的消除需要一个过程。因此，计算机控制系统中一般都为电压针摆消除后设立了一个恢复期（如2h），在恢复期中，电压的实际保持值高于正常的电压设定值（例如高50~100mV）。在一些电解系列能观察到这样一种现象，即恢复期过后控制系统将电压调整到正常设定值附近，电压又出现针摆；控制系统确认针摆后提升阳极，针摆又逐渐消失；经历恢复期后控制系统再将电压调整到正常设定值附近，电压针摆又重现。这种情况说明极距在一种"临界"状态，可能需要调整设定电压，或调整其他技术条件（而不是单靠降低极距）来降低槽电阻，保持正常极距。

（14）对于电解槽破损这种难以有效修复的因素引起的电压针摆，必须按照针对破损槽所制定的技术条件来保持槽电压和其他相关控制参数，以便消除或减弱电压针摆，甚至可能提高针摆的判别标准以容许电压较大范围的波动。对于可以有效修复的因素引起的电压针摆，应尽可能通过调整工艺技术条件（尤其是通过恢复到正常技术条件）来使电解槽逐步回归正常状态。除非进入十分严重的状态或不可自控的状态，否则应尽量避免"外科手术"式的处理方式，例如扎边部一般只在炉帮发红时采用；扒沉淀的做法几乎被禁止。即使采用了这样的极端措施，也仍然需要着眼于正常技术条件的恢复，否则只能治标，不能治本。

（15）对于不能通过简单处理而消除的异常电压，作业人员应该按照企业的有关规程向相关人员报告，由相关技术人员与管理人员制定科学的处理方案。

B 槽电压（槽电阻）控制不良的检查与处理

槽电压（或槽电阻）控制不良的情况包括：槽电压调节过于频繁（班报或日报上的累计阳移次数太多）、槽电压波动范围大（从槽控机或历史曲线可发现工作电压经常显著高于或低于设定电压)、工作电压与设定电压的偏差大(班报或日报上的平均工作电压与设定电压偏差大)、阳极下降量过大或过小(班报与日报上的累计阳极下降量过大或过小)等。作业人员应在巡视电解槽时注意槽电压的控制情况,并及时分析计算机班报和日报,发现问题时进行检查与处理:

(1)手动操作阳极上升、下降,看阳极提升机动作(包括制动)是否正常,有故障则及时联络相关人员处理。

(2)无上述问题时,检查是否有阳极下滑,有则及时处理。

(3)若无上述问题,检查是否存在阳极问题(如阳极长包等),或各阳极下的极距差异过大,或存在炭渣聚集,或存在尚未熔化的金属异物等;同时检查槽电压的稳定性,因为这些问题的存在一般会并发电压针摆(或经常性反复的电压异常)。存在上述问题时,容易出现局部压槽或短路,因此易出现控制系统提升阳极时,槽电压便超出设定上限,而下降阳极时,又出现电压跌出下限并同时并发电压针摆,如此反复,导致电压调整效果不理想或调节过频。作业人员应针对具体问题进行处理,例如更换问题十分严重的阳极,测量阳极电压分布并调极,打捞炭渣,清除异物等。

(4)若无上述问题,则问题可能来自电解质熔体、炉膛及相关技术条件的异常变化。例如,近24h阳极下降总量过大(与前一天相比),则可能漏铝或炉帮化空,故要检查炉底及炉帮;近期热平衡或物料平衡控制不稳定,则电解质电阻率波动大(在控制系统中,电解质电阻率用阳极下降或上升的槽电压或槽电阻变化量来表示,并分别简称为阳降电阻率和阳升电阻率),而电解质电阻率波动大时,控制系统难以准确跟踪其变化,导致目标调节量与实际调节量的差异大,如假设槽控机期望通过提升阳极1s提高槽电压30mV(即正常的阳升电阻率为30mV/s),而若事实上提高了槽电压80mV(即实际的阳升电阻率达到了80mV/s),则会出现电压过调,其后槽控机只好再下降阳极,而下降阳极中又可能引起电压向下方向的过调,如此振荡式的反复调节便引起电压调节过频,这对槽况的稳定十分不利。若出现这种情况,临时性的措施是通知计算站调整电压控制的有关参数,限制电压调节的频度与幅度,减小调节振荡,但根本性的措施是尽快使电解槽恢复正常的工艺技术条件。

(5)上述的一些处理过程及处置内容应按照企业的有关作业规程与计算机站联络,并将异常发生的内容报告值班长。

6.5.12.3　物料平衡异常或控制不良的检查与处理

由于现代铝电解工艺多采用低摩尔比与低温工艺技术条件,氧化铝在电解质中的溶解度与溶解速度均较低,物料平衡的保持难度较大,因此物料平衡遭破坏而引起的病槽成为相对较常见的病槽。

电解槽的物料平衡遭破坏有两种形式,一是物料不足,二是物料过剩。但两种情况都产生相同的结果,即使电解槽发热。

当电解槽中氧化铝物料不足时,阳极效应频频发生,产生大量热量使电解质温度升高,熔化边部伸腿,瓦解炉膛,使铝液高度下降,出现热槽。当电解槽中氧化铝物料过剩时,槽底逐渐产生沉淀,饱和了氧化铝的电解质对炭渣分离不好,电解质电阻变大,发热量增多,使电解质温度升高,槽底沉淀也使底电阻增大,产生大量多余热量,使槽底变热,成为热槽。

引起物料平衡遭破坏的原因可以分为两大类，一类是下料故障与事故，另一类是各种因素引起的下料控制异常。

A 下料故障与事故的检查与处理

下料故障与事故包括下料器故障、下料孔（即由打壳锤头打开的槽料面下料通道）不通畅、槽料面崩塌、人工作业引起大量额外下料等。

下料器故障（包括下料器堵塞、下料量严重偏离定容量）可能在计算机报表上体现出来，例如存在下料器堵塞或下料量显著小于定容量的问题时，24h 下料次数可能会显著高于正常范围（因为计算机可能使用了较多的过量下料），当越出计算机的可调范围时，可能引起效应系数显著增大。通过现场观察下料器的动作，或称量下料量，可确认下料器故障，应及时通知相关人员修理。在下料器得到修复前，告知相关人员通知计算站临时性地修改基准下料间隔（严重时采用定时下料）。

若在效应发生时发现下料器故障，例如打壳锤头没有动作，或下料孔不通畅造成氧化铝不能加入槽内，则用天车上的打击头在大面打开几个洞，并用天车加入氧化铝或用氧化铝耙扒阳极上氧化铝加入槽内后再熄灭效应；若下料口通畅，但没有氧化铝下料时，用氧化铝耙扒阳极上氧化铝入槽内或用天车加入氧化铝入槽内后再熄灭效应，效应熄灭后，阳极上氧化铝被扒开的地方要用天车补充氧化铝，并通知相关人员修理下料器。

如出现槽料面崩塌、人工作业引起大量额外下料等情形，根据严重程度，告知相关人员通知计算站临时性地扩大基准下料间隔（严重时停止下料，直至等待效应发生）。

如发现下料孔堵塞，先要将上方的堆积料扒开，再利用槽控机上的手动打壳按键，使打壳锤头多次打击壳面，严重时借助其他处理措施，直到打开下料孔为止。更重要的是，平时巡查时及时发现问题并及时处理，这样便很容易打开下料孔。

B 下料控制异常的检查与处理

下料控制异常表现为氧化铝浓度控制效果不佳（如氧化铝浓度过低、效应频繁，或者氧化铝浓度过高、槽底沉淀与结壳严重），体现在计算机班报与日报表上的有累计下料次数异常、效应系数异常；体现在下料控制曲线上就是控制曲线形状异常，如欠量下料偏多（即长时间处于欠量下料状态），或过量下料偏多等；体现在电解槽状态上就是工艺技术条件会发生明显的波动。

下料控制异常与电解槽稳定性差、技术条件恶化往往互为因果，并形成恶性循环。下料控制异常往往有一个逐步积累的过程，因此通过与计算站联系调阅该槽的有关控制参数和历史曲线，可以分析导致控制效果变差的最初和最主要原因，或者分析是否存在不正确的参数设置，或现行参数设置是否不适应变化了的槽况。主要的处理措施包括：

（1）若属于控制参数设置不正确，应尽快改正。

（2）若槽电压稳定性很差（电压针摆严重），控制系统无法实施正常的氧化铝浓度控制，则应由相关技术人员与管理人员制定针对性的综合处理方案（如制定临时性的下料控制参数与电压控制参数设置方案），交由计算站执行，并通知现场作业人员监视调整后的效果（须记得一旦恢复到可进入正常自控的状态，要及时恢复）。

（3）若下料控制异常已经导致了非常严重的物料过剩与槽底沉淀，可遵照下料管理作业标准中关于基准下料间隔调整的相关规定，适当延长基准下料间隔，并可通知计算站给该槽设定一段时间的停止下料或无条件欠量下料，使沉淀得到消化，与此同时，可适当提高电解质高度，增加对氧化铝的溶解量，尽快消除沉淀，防止产生热槽。若已经产生了热槽，则应配合采用针对热槽的处理措施，使热平衡尽快恢复正常。

（4）若下料控制异常导致了物料投入严重不足（体现为效应显著增多），可遵照下料管理作业标准中关于基准下料间隔调整的相关规定，适当缩小基准下料间隔，尽快满足电解过程的物料消耗的需要，防止因效应过多而使电解槽热平衡遭到破坏，成为热槽。若已经产生了热槽，则应配合采用针对热槽的处理措施，使热平衡尽快恢复正常。

（5）若上述（2）、（3）、（4）三项中所述措施见到了效果，也还需要着眼于正常技术条件的恢复，否则只能治标，不能治本。

（6）对于长时间无法消除的下料控制异常，作业人员应该按照企业的有关规程向相关人员报告，由相关技术人员与管理人员制定综合处理方案。

现代铝电解工艺主张创造条件使下料控制逐步回归正常，而不主张采用极端的人工措施处理，例如扒沉淀、长时间停料等，这些措施扰乱电解槽的动态平衡，并扰乱电解槽的正常控制过程，反而使电解槽不容易恢复正常状态。

6.5.12.4 热平衡异常的检查与处理

当电解槽的热收入与热支出不平衡时，电解槽会走向冷行程（生产中称为冷槽），或者热行程（生产中称为热槽）。

A 冷槽的检查与处理

a 冷槽的成因

冷槽（或称冷行程），最本质的特征是电解质温度低于正常范围。当电解槽的热收入小于热支出，电解槽就会走向冷槽。而引起热收入小于热支出的原因是多方面的。例如：

（1）槽电压设定（或控制）值低于正常范围，导致热收入小于正常的热支出。

（2）电解槽的散热高于正常值，导致热支出大于正常的热收入。而引起散热偏大的原因又是多方面的，例如，氟化铝添加过量导致分子比降低，由此引起的过热度升高增大了电解槽对外散热的"动力"（尤其是通过侧部炉膛和炉面对外散热增大）；出铝偏少导致铝液高度过大，由此增大了电解槽通过槽底和侧部对外散热量；阳极覆盖料不足，增大了电解槽通过炉面对外散热量。

（3）电解槽的下料量显著高于正常值，加热和溶解多余的物料导致热支出大于正常的热收入，但此类冷槽很容易最终转化为热槽。

（4）换极等人工操作不规范（如换极的时间过长或额外下料量过多）引起散热过大。

b 冷槽的症状

冷槽在初、中、后期表现出的症状及其轻重程度有区别：

（1）冷槽初期，从可检测的技术参数（控制系统检测或人工检测的参数）来看，表现为：电解质温度下降，电解质高度下降而铝液高度上升，计算机报表中的电解质电阻增大，时常出现异常电压或电压针摆等。从现场可观察到的现象有：电解质颜色发红，黏度大，流动性差，阳极气体排出受阻，电解质沸腾困难，火眼中冒出的火苗软弱无力，颜色蓝白。

（2）冷槽发展到一定时间（中期），"冷槽初期"中所述的技术参数（电解质温度、电解质高度、铝液高度、电解质电阻、电压针摆等）继续恶化；阳极效应频繁发生，时常出现"闪烁"效应和效应熄灭不良。"冷槽初期"中所述的现场观察到的病状继续变严重。冷槽引起其他类型的病槽出现，如炉膛不好（炉膛局部长肥大，部分地方伸腿伸向炉底，炉膛变得不规整），炉底不好（由于热平衡遭破坏引起物料平衡的正常控制被破坏，致使炉底沉淀加剧），甚至出现阳极故障（阳极电流分布不均可能引起阳极脱落）等。

（3）冷槽发展到后期，最主要的表现为炉底有厚厚的沉淀或坚硬的结壳，炉膛极不规整，部分地方伸腿与炉底结壳结成一体，中间下料区出现表面结壳与炉底沉淀连成一体，形成中间"隔墙"，阴、阳极电流分布紊乱，电压针摆大，有时出现滚铝；电解质高度很低，效应频频发生，效应电压很高，并伴有滚铝现象；电解槽需要很高电压才能维持阳极工作（4.3V 以上）。冷槽发展到最严重时，电解质全部凝固沉于炉底，铝水飘浮在表面，槽电压自动下降到2V 左右，一抬阳极便出现多组脱落，从而被迫停槽。

c 冷槽的处理

初期冷槽处理方法很简单，只要及时发现苗头，找出成因，消除导致冷槽的因素，便能使热平衡恢复正常。例如，若属于槽电压设定或控制值偏低导致的能量输入不足，则立即找出导致这种问题的原因并使工作电压恢复到正常范围，或者将工作电压调整到稍高于正常范围以加快热平衡的恢复，待热平衡恢复到一定程度时将槽电压调整到正常范围；若属于氟化铝添加量偏大（或者出铝量偏小，或者阳极覆盖料不足）导致的能量支出过大，则立即找出导致这些问题的原因并使氟化铝添加量（或出铝量，或阳极覆盖料厚度）恢复到正常范围，或者临时性超正常范围调整以加快工艺技术条件回归正常的速度，但应及时"调头"到正常范围，以防"矫枉过正"；若属于换极等人工操作不规范（如换极的时间过长或额外下料量过多）引起散热过大，则临时性地适当提高工作电压，或加强阳极保温，或延长基准下料间隔使热平衡回归正常。现代铝电解生产由于配备有先进的计算机控制系统，并执行严格的技术管理，一般能通过发现工艺技术条件的异常来及时发现冷槽的症状，并及时采取措施使工艺技术条件恢复正常，冷槽症状自然消失，很少发展到冷槽中、后期。若发展到了冷槽中、后期，可以视为生产事故。

如果初期冷槽发现和处理不及时，到了中期，电解槽便显示出各种病状。此时，简单地将被破坏的技术条件调整到正常范围虽然有效，但槽况恢复时间会较长，因此需要针对性的制定治理方案（包括技术条件的调整方案），治理方法可从下列几方面进行：

（1）适当提高电压设定值使工作电压提高，达到增加热收入，提高槽温，提高电解质高度，提高极距（减小电压针摆），抑制炉膛变小的目的。

（2）调整控制系统中与下料控制相关的参数，使下料间隔延长，并安排一定量的效应等待，使效应系数适当提高，利用效应等待期间停止下料来促进炉底沉淀的消耗和发生效应时的高热量熔化炉底沉淀，但决不能利用多来突发效应的办法提高效应系数，这样反而会增加炉底沉淀。

（3）调整操作制度，主要是出铝制度，通过适当多出铝来提高炉底温度，生产中称为"撤铝水"。但在撤铝水过程中仍应以电解槽平稳为前提，这就要求撤铝水不能太快。若一次出铝太多，一是电解槽波动大，二是铝液高度突然下降太多，会出现炉底沉淀局部露出铝水表面的情况，跟随下降的阳极底掌很容易与沉淀接触，造成电流分布混乱，引起电解槽滚铝，另外，还可能使下降的阳极接触边部伸腿，引起阳极长包。实际操作中常采用

"少量多次"的出铝制度。在沉淀快消除完之时，出铝更要慎重，以防撇铝水过头，引起电解槽向热槽转化，必要时应停止吸出，及时调整铝水到正常范围。同时将其他技术条件及时调整过来，使电解槽顺利转入正常运行状态。

　　B　热槽的检查与处理

　　a　热槽的成因

　　热槽（或称热行程），最本质的特征是电解质温度高于正常范围。当电解槽的热收入大于热支出，电解槽就会走向热槽。而引起热收入大于热支出的原因是多方面的。例如：

　　（1）槽电压设定（或控制）值高于正常范围，使热收入过大。

　　（2）分子比升高引起电解质的初晶温度上升。

　　（3）出铝过多、阳极覆盖料过厚、下料过少等原因引起热支出小于热收入。

　　（4）各类异常槽况（如电解槽稳定性极差）导致电流效率下降，使正常情况下应该用于产铝的电能转为发热，使热收入大于热支出。

　　b　热槽的症状

　　热槽在初、中、后期表现出的症状及其轻重程度有区别：

　　（1）热槽初期，从可检测的技术参数来看，表现为：电解质温度上升，电解质高度上升，铝液高度下降（炉膛变大），使用效应等待控制策略时会出现效应滞后现象而且效应电压偏低，计算机报表中的电解质电阻下降，此外，一些初期热槽出现槽电阻过于平稳的现象。从现场可观察到的现象有：电解质颜色发亮，流动性极好，阳极周围出现汹涌澎湃的沸腾现象，炭渣与电解质分离不好，在相对静止的液体表面有细粉状炭渣漂浮，用漏勺捞时炭渣不上勺，表面上电解质结壳变薄，中间下料区的下料口结不上壳，多处穿孔冒火，且火苗黄而无力。

　　（2）热槽发展到一定时间（中期），"热槽初期"中所述的技术参数继续恶化，所述的现场观察到的病状继续变严重。尤其严重的是，槽膛遭到破坏，部分被熔化，槽面中部因电解质温度高而无法结壳，边部表面结壳也部分消失，无火苗上窜，出现局部冒烟现象；炭渣与电解质分离不清，严重影响了电解质的物理化学性质，电流效率很低，槽底产生氧化铝沉淀，这层沉淀电阻较大，电流流经它时产生高温而使槽底温度很高，用铁钎插入数秒钟后取出，铝水、电解质界限不清，而且铁钎下端变成白热状，甚至冒白烟；分离不出去的碳渣便与电解质、氧化铝悬浮物形成海绵状炭渣块黏附在阳极底掌上，电流通过这层渣块直接导入槽底，使阳极大面积长包，同时这层渣块电阻很大，电流通过时产生大量焦耳热使槽温变得很高。

　　（3）中期热槽若处理不及时或处理不当，便很快转化成严重热槽（后期），其特征为电解质温度很高，整个槽无槽帮和表面结壳，白烟升腾，红光耀眼；电解质黏度很大，流动性极差；阳极基本处于停止工作状态，电解质不沸腾，只出现微微蠕动，含碳严重，从槽内取出电解质冷却后砸碎，断面明显可见被电解质包裹的碳粒；由于电解质黏度大，氧化铝不能被溶解，在电解质中形成由电解质包裹的颗粒悬浮物，其后沉入槽底，使槽底沉淀迅速增多，电解质高度急速下降；槽底温度很高，铝水与电解质混为一潭，用铁钎插入后取出，根本分不出铝水与电解质界限，犹如一锅稀粥；电解质对阳极润湿性很差，槽电压自动上升，甚至出现效应电压（由于电解质电增大，槽电压上升到 6~12V），现场戏称严重热槽为"开锅"。

　　c　热槽的处理

对于初期热槽，只要找出和消除其成因便很容易使电解槽恢复正常，例如，若槽电压较高或槽电压有降低的余地，则适当降低槽电压设定值；若摩尔比偏高，则适当增大氟化铝添加量；若铝液高度偏低则适当减少出铝量；若下料控制不正常则尽快恢复正常。总之，使偏离正常的技术条件尽快恢复正常就可使热槽症状逐步消除。

但是，初期热槽若未及时处理，一两天内就会转化成中期热槽或严重热槽。到此阶段，处理过程为首先清除阳极病变，先通过测量阳极全电流分布，找出有病变的阳极，提出来并清除底部渣块，打掉突包，个别严重的可采用残极更换（平时积存下来的厚残极，它可以在 1h 内承担全电流，因新极开始导电很慢）。阳极病变处理后，再通过测量阳极电流分布调整好阳极设置，使之导电均匀，阳极工作。紧接着降低槽温，但降低槽温不可盲目用降低极距来降低槽电压，因为热槽电解质电阻大，槽电压高并不是因为极距大，而是由于电解质电阻大引起的，所以降低槽温应采取清亮电解质，减小电解质电阻，并加强电解槽散热的办法。打开大面结壳，使阳极和电解质裸露，加强电解槽上部散热，同时从液体电解质露出的地方慢慢加入氟化铝和冰晶石粉的混合料（一般两袋冰晶石混入一袋氟化铝），冰晶石熔化需要消耗大量热量，使槽温降低，同时熔体电解质量增加而增大了热容量，可使多余的热量找到去处，混入的氟化铝，可降低电解质摩尔比（因热槽电解质中氟化铝挥发严重，加之高摩尔比的炉帮熔化，导致摩尔比较高），促使炭渣分离，清净电解质，降低其电阻，减少焦耳发热量（注意不能添加氧化铝，否则，可使电解质中悬浮物增多，电解质得不到清洁，失去处理效果）。再就是减少出铝量，增大槽底散热。对于较严重的热槽，处理期间中止出铝，必要时还需适当灌入铝水，降低槽底温度，待槽温降下之后，再根据具体情况，缓缓撤出铝水，消除槽底沉淀，使电解槽稳步恢复正常运行。尤其是槽电压下降要稳妥，以防止转化成冷行程，使槽底沉淀变硬。

对于严重热槽，其特点是电解质严重含碳，阳极不工作，所以在处理过程中，首先应使炭渣与电解质分离，改善电解质性质，让阳极工作起来，处理方法与中期热槽基本相同。但严重热槽电解质大部分以稀糊状沉入了槽底，上部液体电解质很低，所以处理起来极为困难，见效很慢，为了加快处理进程，可从正常槽中抽取新鲜电解质灌入，这样能有效地降低槽温，使炭渣很快分离出来，改善电解质性质，使阳极恢复工作。只要阳极工作起来，在此基础上按照一般热槽的处理过程进行，电解槽便可逐渐恢复过来。

热槽好转后，都会出现槽底沉淀较多的情况，尤其是严重热槽，有些沉淀厚达 200mm 以上，但这种沉淀与冷行程的沉淀不同，它因槽底温度高而疏松不硬，容易溶化。在恢复阶段，只要注意电压下降程度，控制好出铝量，同时控制好物料平衡，电解槽很容易恢复，一般在一周内就可以转入正常，但若控制不好，也很容易反复。所以，恢复阶段必须十分注意槽状况变化，精心做好各项技术条件的调整，使之平稳转入正常运行。

6.5.12.5　阳极工作故障及其处理

A　阳极长包

阳极长包即为阳极底掌消耗不良，以包状突出的现象。一旦突出的包状伸入铝液，电流形成短路，造成电流空耗，电流效率大幅度降低。

电解槽冷行程或热行程，物料平衡遭到破坏，都会引起阳极长包，只是行程不同，阳极长包的部位有所不同，长包后电解槽的状况有所差异。由于冷行程边部肥大，伸腿长，阳极端头易接触边部伸腿，包都长在阳极靠大面端头，而且长包后电解槽不显得太热；热槽都是由于阳极底掌上贴附炭渣块而阻碍消耗，所以包大部分都长在阳极底掌中部，长包后槽温很高，常常长包阳极处都冒白烟。物料平衡遭破坏后引起的阳极长包与热行程相似。

阳极长包的共同点是电解槽不来效应，即使来也是效应电压很低，而且电压不稳定。长包开始时电解槽会有明显的电压波动，一旦包进入铝液，槽电压反而变得稳定，槽底沉淀迅速增加，电解槽逐渐返热，阳极工作无力。

处理阳极长包的方法比较单一，在预焙槽上一般以打包为主。将长包阳极提起来，用铁钻子或钢钎把突出部分尽可能打下来，再放回槽内继续使用，实在打不下来的才进行更换，尽量使用厚残极，因新极导电缓慢，装上会引起阳极导电不均，使其他阳极负荷增大而脱落，同时炭渣会迅速聚集在不导电的新极下面，使之长包。处理过程中应尽量将槽内浮游炭渣捞出，使电解质清洁。处理完后立即进行阳极电流分布测定，调整好阳极设置高度，使电流分布均匀，并用冰晶石-氟化铝混合料覆盖阳极周围，一方面降低槽温，另一方面促使炭渣分离，切不可用氧化铝保温，这样会增加槽底沉淀，恶化电解质性质。如果一次处理彻底，调整好了阳极电流分布，槽温很快会降下来，阳极工作有力，炭渣分离良好，两天内即可恢复正常运行。若处理不彻底，会出现循环长包，而且很容易转化成其他形式的病槽。

B 阳极多组脱落

预焙槽的阳极往往由于其本身质量问题或操作质量问题而出现个别阳极脱落，或掉块（部分脱落），此类情况只要及时发现和处理，一般对电解槽的正常运行影响不大。但是，若一个槽在短时间内（几个小时内）出现多组脱落（三组以上），不仅处理工作量大，而且对电解槽的运行产生极大的破坏，严重者被迫停槽。

阳极多组脱落一般来势凶猛，有些可在 1h 内脱落达数组乃至十数组，实际中曾遇到一台槽一次脱落阳极 15 组，几乎占整个阳极的 2/3。

引起阳极多组脱落的原因主要是阳极电流分布不均，严重偏流。强大的电流集中在某一部分阳极上，短时间内使炭块与钢爪连接处浇注的磷生铁或铝-钢爆炸焊熔化，阳极与钢爪或铝导杆分开，掉入槽内，之后电流又涌向别的阳极，恶性传递。从已发生的情况看，造成阳极偏流主要有下列原因：其一是液体电解质太低（150mm 以下），浸没阳极太浅，阳极底掌稍有不平，使阳极电流分布不均匀，出现局部集中，形成偏流；其二是槽底沉淀较多，厚薄不一，阴极电流集中，引起阳极电流集中，形成偏流。除此之外，抬母线时阳极卡具紧固得不一致，或有阳极下滑情况，未及时调整，也会引起阳极电流偏流，最终造成阳极多组脱落。

处理阳极多组脱落的原则是：第一，必须立即控制住继续脱落；第二，尽快拿出脱落块，装上阳极重新导电。处理时首先测阳极电流分布，调整未脱落阳极，使之导电尽量均匀，不再脱落；之后组织人力尽快拿出脱落块，每拿出一块装上一块，一律使用残极，切不可装新极，最好是从邻槽拔来的红热残极，这样装上就可以承载全电流。若在处理过程中由于电解槽敞开面积大，电解质可能会很快干枯，沉于槽底，铝水上漂，电压自动下降，此时决不可硬抬电压，待脱落块处理完以后，再从其他槽内抽取电解质灌入，边灌边抬电压，使之达到 4.5~5.0V，电解质在 150mm 以上，马上测阳极电流分布，调整好各组极距，使电流分布均匀，阳极处于工作状态，然后加冰晶石粉于阳极上部保温，切断正常加料，待槽温上升后，方可延长下料间隔投入氧化铝，并适当出铝，使槽底沉入的电解质溶化，逐渐恢复正常。

6.5.12.6 滚铝及其处理

滚铝是电解槽可怕的恶性病状。电解槽滚铝时，一股铝液从槽底泛上来，然后沿四周或一定方向沉下去，形成巨大的旋涡，严重时铝液上下翻腾，产生强烈冲击，甚至铝液连同电解质一起被翻到槽外。

热槽和冷槽都可能引起滚铝，但滚铝的根本原因并不在于电解槽冷热，而是由于电解槽理想的电流分布状态遭到破坏，形成不平衡的磁场。对于正常运行的电解槽，槽膛规整，槽底干净，电流可按设计的大小和路径流经电解槽各处，使各个方向上的磁场基本平衡，磁场力较小，铝液以较规律的行为缓慢运动，相对平静。但当电解槽的槽膛被破坏，槽底沉淀后而且厚薄不均时，就会造成阴、阳极电流紊乱，破坏磁场的平衡。不平衡的磁场产生不平衡的磁场力，作用于导电铝液，使铝液加速不规则运动。特别是铝液层中纵向水平电流增加，产生的磁场力将局部铝液推向槽外，使铝液强烈翻滚。因此，发生滚铝的电解槽有3个特点：

(1) 槽膛畸形，槽底沉淀多而且分布不均匀，使铝液运动局部受阻，形成强烈偏流。

(2) 槽内铝液浅，铝液中水平电流密度大（特别在出铝后易产生滚铝）。

(3) 阳极、阴极电流分布极不均匀，尤其是阳极电流分布变化无常，阳极停止工作。

因此，要消除电解槽滚铝，必须减少铝液层中的水平电流，使阴、阳极电流分布均匀，磁场分布平衡，以减少作用于导电铝液上的不平衡磁场力。

处理滚铝槽，通常采用适当提高槽电压（提高极距），并勤调整阳极电流分布（通过测全电流分布后调整阳极设置高度）的处理方法，迫使阴、阳极电流分布均匀而恢复磁场平衡，从而大幅减轻滚铝程度，然后通过热平衡和物料平衡的有效控制使槽膛逐渐恢复正常，沉淀逐渐消除，各项技术条件逐步转入正常而最终消除滚铝。对于严重的滚铝，也可能需要采用一些极端的措施，如采用扎边部来强行规整槽膛；采用灌铝来提高铝液高度，降低铝液中水平电流密度；采用扒沉淀处理槽底局部的大量沉淀。但不到迫不得已，应避免采用这些极端措施。

6.5.12.7 效应异常的分析与处理

A 效应异常的表现形式

效应异常主要分效应状态异常和效应系数异常两类情况。效应状态异常主要表现为效应持续时间过长（效应本身难以熄灭，或操作者未及时处理或处理不当）和效应（峰值）电压过高或过低，此外还有一种称为"闪烁"的非正常效应，即效应电压时隐时现，或出现后持续很短时间又自动消失。效应系数异常主要表现为效应频繁突发所引起的效应系数过高（高于设定值），但目前多数企业依然把效应系数过低（显著低于设定值）也视为不正常状态，这是因为多数企业在计算机控制系统中依然使用了定期等待效应的策略，并将效应等待失败也视为异常。

B 引起效应异常的主要因素

引起效应异常的主要因素包括：

(1) 热平衡因素（"冷"、"热"行程）。电解槽的"冷"行程（冷槽）时，易发生突发效应，且效应电压偏高；电解槽的"热"行程（热槽）时，易发生延时效应（效应等待失败），且效应电压偏低。

(2) 物料平衡因素。氧化铝加料偏小，易发生突发效应；氧化铝加料偏大，易发生延时效应；槽底沉淀多，电解质高度低的非正常槽容易因为效应熄灭的操作不当而成为难灭效应。

（3）设备因素。计算机控制系统故障（如自动下料停止）或下料系统故障。下料系统故障的情形有：打壳头不动作或打击力不够，造成电解槽内缺料，发生突发效应；下料器漏料时，易造成电解槽内氧化铝过剩，发生延时效应；槽上供料系统故障，易造成槽上料箱缺氧化铝料，发生突发效应；氟化铝下料器漏料时，易造成电解槽"冷"行程，进而引起效应异常；氟化铝下料器堵料时，易造成电解槽"热"行程，进而引起效应异常。

（4）阳极因素。阳极质量差时，一方面通过恶化槽电阻的稳定性，进而影响氧化铝浓度控制效果而引起效应系数异常；另一方面因阳极故障和炭渣增多而引起效应系数异常或效应状态异常（如效应电压过低）。

（5）人工操作因素。难灭效应经常是由人工操作不当而引起的。难灭效应常常发生在槽底沉淀多、电解质水平低的非正常运行槽上。当这种槽来效应时，如果熄灭时机掌握不好，液体电解质中氧化铝浓度还未达到熄灭效应的最低值，过早插入木棒，将槽底沉淀大量搅起进入电解质中，立即使电解质发黏，固体悬浮物增多，使得投入的氧化铝难以溶化，同时电解质性质恶化，对阳极的润湿性不能恢复，电阻增大，产生高热量，很快使电解质温度升高而含碳，效应难以熄灭，引起恶性病槽。

（6）其他因素。例如系列电流不正常、氧化铝假密度发生变化或溶解性能发生显著变化等。

C 难灭效应的处理

当在电解槽的某一部位（大型槽通常选在出铝口）进行效应熄灭无效时，变成了难灭效应，应重新选择突破口，新的位置一般选择在两大面低阳极处，用天车扎开壳面，将木棒紧贴阳极底掌插入，不要直插槽底，以免再搅起沉淀。对于严重者可多选一处，同时熄灭，一般都能见效。难灭效应熄灭后，会出现异常电压（达 $5 \sim 6V$），此时千万不能以降低阳极来恢复电压值，否则造成压槽，只能让电压自动恢复，一般在 $1 \sim 2h$ 内电解质会逐渐澄清，电压自动下降。为了加快恢复槽温，促使炭渣分离，同时增加液体电解质，加速溶解悬浮物，加快槽状态恢复。

D 效应分析与处理的基本原则与方法

现场操作与管理者首先必须明了引起效应异常的主要因素。由于引起效应异常有多方面的因素，因此一方面应该通过对效应异常的分析获得关于电解槽状态（热平衡状态、物料平衡状态、阳极工作状态等）、相关设备（下料系统）运行状态以及相关条件（系列电流、氧化铝原料等）正常与否的多方面信息，使效应分析成为槽况综合分析的重要组成部分；另一方面通过分析找出效应异常的原因后及时采取措施，努力使效应系数及其他工艺技术条件保持正常。在分析方法上，应该利用内容丰富的计算机报表，尤其是利用记录有各槽最近数次（如 5 次）效应状况的效应报表，从较长的时间段内分析电解槽的效应发生情况，把握各槽的效应状态变化趋势。鉴于效应信息对槽况分析的重要性以及效应控制好坏对电解技术经济指标和环保指标的重要性，从操作者（操炉工）到管理者都应该参与到效应异常的分析与处理。

对操炉工的要求相对较低些，表 6-44 是采用效应等待控制策略的某企业的"效应异常处置基准表"（有修改），供参考。如果操炉工无法解决问题，则要求管理人员进行全面系统的分析与处理。

表 6-44　效应异常处置基准表（举例）

分类	效应发生状况	检查项目	处置内容	后续处置	备　注
闪烁效应	闪烁连续发生两次	下料自动控制	确认槽控机自动下料正常，否则进行相关处理使其恢复		
	闪烁连续发生三次	（1）下料自动控制；（2）打击头的动作；（3）下料器的下料	（1）确认槽控机自动下料正常，否则进行相关处理使其恢复；（2）抬高电压0.03V；（3）检查打壳、下料电磁阀门是否正常，否则进行相关处理	与值班长联系，检查槽上输料系统	
突发效应	突发效应一次	（1）下料自动控制；（2）打击头的动作；（3）下料器的下料	（1）确认槽控机自动下料正常，否则进行相关处理使其恢复；（2）检查打壳、下料电磁阀门是否正常，否则进行相关处理	与值班长联系，检查槽上输料系统	从上次效应算起8h之内发生的效应一般与加料器有关
	突发效应连续两次	"突发效应一次"中的检查项目	"突发效应一次"中的处置内容	"突发效应一次"中的后续处置	
		设定电压	若设定电压异常，则恢复正常；若效应电压偏高，且设定电压在正常范围，则抬高电压0.03V	（1）若设定电压有异常，则与值班长联系；（2）每班进行设定电压的检查；（3）继续《检查项目》的电解质高度、阳极上氧化铝高度和铝水高度项	"延时效应"后，只连续发生两次突发效应，则不予处置
		电解质高度	若比基准高度低2cm以上，再抬高电压0.02V，并增加电解质；若低于基准高度不到2cm，不需要进行任何处置	使电解质恢复到基准高度，同时使工作电压逐步恢复到设定电压	参考电解质高度管理作业
		阳极上氧化铝高度	若比基准高度低2cm以上，临时加入氧化铝；若低于基准高度不到2cm，不需要进行任何处置	临时加入氧化铝后，工作电压逐步恢复到设定电压	参考阳极覆盖料管理作业
		铝水高度	若比基准高度高2.1cm以上，研究是否增加出铝量，按班长的指示出铝；若超过基准高度不到2.1cm以上，则等待下次效应发生	增加出铝量后，工作电压逐步恢复到设定电压	若采用抬高电压的处置方法，突发效应就停止，恢复到设定电压突发效应又发生，则要讨论设定电压是否正确

续表 6-44

分类	效应发生状况	检查项目	处置内容	后续处置	备　注
突发效应	突发效应连续三次	"突发效应一次、两次"中的检查项目	"突发效应一次、两次"中的处置内容（但不重复进行抬高电压的处理）	"突发效应一次、两次"中的后续处置	
		下料次数及下料量	若确认是氧化铝加入量不足，根据值班长的指示，缩短基准下料间隔	（1）基准下料间隔缩短后，工作电压逐步恢复到设定电压；（2）加工间隔的恢复要与氧化铝假密度的变更相一致	参考下料管理作业
延时效应	延时效应一次	设定电压	若设定电压异常，则恢复正常		计算机程序会自动延长加工间隔
	延时效应连续两次	"延时效应一次"中的检查项目	"延时效应一次"中的处置内容	"延时效应一次"中的后续处置	
		电流分布	若电流分布正常，则进行《检查项目》的设定电压、电解质高度、铝水高度、下料次数及下料量项，否则报告值班长，并接受其指示	从作业日志上研究阳极残极是否异常	参考阳极电流分布测定作业
		设定电压	若比基准电压高，则下降 0.03V；若与基准电压相符，则不进行任何处置	即使效应系数变正常，也不将电压恢复到原来的电压	正在提电解质或其他原因时，即使电压比基准电压高，也不要降下来
		电解质高度	若比基准高度高 2cm 以上，则下降电压 0.03V（如果电压已经下降，则不再下降）；若超过基准高度不到 2cm，则不进行任何处置	即使效应系数变正常，也不将电压恢复到原来的电压	参考电解质高度管理作业
		铝水高度	若比基准高度低 1.6cm 以上，则研究少出铝的问题，按值班长的指示少出铝；若低于基准高度不到 1.6cm，则不进行任何处置	即使效应系数变正常，也不将电压恢复到原来的电压	参考出铝管理作业

分类	效应发生状况	检查项目	处置内容	后续处置	备　注
延时效应	延时效应连续两次	下料次数及下料量	若氧化铝投入量过多，则等待下次效应发生（或等待控制系统启动效应等待）		计算机程序会自动延长加工间隔
	延时效应连续三次	虽然采取了上述各项处置，还是出现了连续三次"延时效应"的情况，此时要遵照值班长的指示来进行处理			
效应电压异常	效应电压过低	(1) 热平衡状态； (2) 阳极工作状态； (3) 炭渣情况	若有热槽特征，则按热槽处理办法进行工艺技术条件的调整；若阳极工作故障（脱极、长包）则清除故障；若炭渣过多则捞出过多的炭渣	再度发生效应时检查效应电压是否恢复正常	
	效应电压过高	(1) 效应中是否抬电压； (2) 热平衡状态	若因效应中抬电压引起，则效应后调整电压至正常；若有冷槽特征，则按冷槽处理办法进行工艺技术条件的调整	再度发生效应时检查效应电压是否恢复正常	

注：效应电压"高"与"低"的标准应根据具体的槽型及运行实际情况确定。

6.5.12.8　异常情况及事故的检查与处理

A　现场巡视作业

企业应设立现场巡视作业，目的是及时发现电解槽及机器设备的异常情况，并进行整理、整顿，创造一个良好的工作场所。

a　日常巡视及作业结束后的巡视（在厂房操作面上进行）

日常巡视一般每半小时进行一次，巡视的主要项目包括：电解槽的打壳下料系统（是否有堵料、漏料、卡打击头等）；槽电压（是否异常、是否电压摆）；设备（是否有损坏、是否运转正常）等。

"操作型"作业（换极、出铝、抬母线、熄灭效应等）结束时的巡视内容主要包括：

(1) 各个电解槽的电压及异常指示灯。槽电压有无摆动现象；异常指示灯有没有亮。

(2) 回转计的读数。将回转计的读数记入作业日志，并检查其下降量是多了还是少了。

(3) 操作面、槽间风格板以及炉盖。检查操作面、槽间风格板以及炉盖有无破损的地方。

(4) 整理、整顿与清扫。作业时使用过的工具，或者电解质散落的情况下，要进行收拾处理，检查通道上有无垃圾等散乱物。

(5) 天车的停放。天车作业终了时，是否停放在指定的位置，天车的总开关是否拉下来了。

(6) 窗户的情况。为了保持车间内的环境，要关上窗户。

一些作业完成后的针对性巡视内容有：

（1）阳极更换后。槽电压（电压是否降下来，有无电压针摆），电解质液的溢出（若有电解质液溢出，则用铁锹将它投入槽子里）。

（2）出铝后。槽电压（电压是否高，是否有电压针摆），回转计的值（下降量多了还是少了）。

（3）抬母线后。电压及槽控机状态（是否处于自动状态）；回转计的读数；铝导杆上的记号（是否有下滑现象、是否划线了）。

b　异常时的巡视

由作业者在厂房操作面上进行巡视，巡视的内容如：对于没有投入电阻自动控制的电解槽，要经常巡视其槽电压；对于对地电压异常的电解槽，要查探出电解槽周围的异物。

由小组长等在操作面下（楼下）进行巡视，巡视的内容包括：漏过铝液的电解槽、金属纯度不良的电解槽、启动后刚灌过铝的电解槽、对地电压异常的电解槽（要查探出槽周围的异物）。

倘若巡视中发现了异常，要记入作业日志，并向值班长报告；需要处理的地方，与相关单位联系。

B　对地电压异常的处理

对地电压发生异常时，所有的工作均要停止。要查出原因，直至对地电压异常排除；倘若发现异物，不能徒手去排除它，要用木棒。

C　槽侧壁或底部发红的处理

倘若发现电解槽侧壁槽壳发红或槽底发红，马上用风管进行吹风冷却；作业人员联系值班长，根据值班长的指示处理。

D　漏炉（漏电解质和铝水）的处理

倘若发现漏电解质的情况，一人马上到槽控机前将槽控机置于手动，下降阳极，使阳极不脱离电解质的液面，同时一人与值班长联系；根据电解质泄漏的地方，用天车打击头将泄漏处对应的结壳面打下，扎实；天车一边扎，人一边往泄漏处的结壳面加入电解质块，好让天车能扎实，直至泄漏停止为止；根据值班长的指示处理。

倘若发现漏铝的情况，采取与上述漏电解质同样的处理。若泄漏不能堵住，则要进行停槽操作。

E　操作严重过失及其处理

最有危险的操作过失有两种，一种是出铝过失，再就是新槽启动抬电压过失。出铝过失可能的情况有全部吸出电解质；出铝实际量大大超过指示量；认错槽号重复吸出等。这些都严重破坏电解槽的正常运行。当出现吸出的是电解质而不是铝水时，应立即倒回槽去，同时适当提高槽工作电压，以增补所损失的热量；出铝时实出量超过指示量太多时（如超过200kg），应将多出的量倒回原槽；若出现重复吸出，必须从其他槽抽取相当的量灌入，以保证铝液高度稳定，防止引起病槽。

新槽启动进行人工效应时，应随电解质灌入慢慢抬高电压，当电压达到40V时，应立即下降阳极，否则电压过高，易击穿短路绝缘板，出现强烈电弧光起火烧毁绝缘板和其他设备，造成短路，严重烧坏短路口，后果不堪设想。新槽启动时，若出现短路口打弧光，应立即降低电压，使效应熄灭，若出现起火，应用冰晶石粉扑灭火焰，并松开短路口螺丝增加一层绝缘板。如果绝缘板被严重破坏，应紧急停电，更换绝缘板，处理好后方可继续开动，严防烧坏短路口。

F　设备引发事故及其处理

最需要防止的是槽控机故障引起的恶性事故。槽控机可能因电气原件质量问题或安装问题，出现电路串线或继电器接点粘接，引起控制失灵或误动作，出现恶性事故。最有危险性的是阳极无限量上升或下降。阳极自动无限量下降，会将电解质、铝水压出槽外，直至顶坏上部阳极提升机构，使整台槽遭毁灭性破坏；阳极自动无限量上升，会使阳极与电解质脱开断路，出现严重击穿短路口和严重爆炸事故。

当发现阳极自动无限量上升或下降时，应立即断开槽控机的动力总电源，切断控制，通知检修部门立即检修，清除设备故障。如果阳极上升到短路口严重打弧光，人已无法进到槽前时，应立即通知紧急停槽，以防止严重爆炸事故。

防止设备引发事故的手段除了选用质量优良的元件和确保安装质量外，还应加强设备管理，做好维护保养，定期检查，保证设备处于正常运行状态，同时加强现场巡视，及时发现问题，及时排除，避免引发事故。

6.5.13　系列通电、停电与停槽作业的管理

6.5.13.1　系列通电与停电联络作业

为了供电车间和电解车间顺利而安全地进行电解槽的通电、停电作业，必须制定和贯彻实施完善的通电与停电联络作业规程。

电解槽系列的停电包括计划停电、紧急停电、电厂停电以及由于事故而停电等情况。

各种停电情况就决定了有关的各种联络方法。停电与通电联系人通常是：供电车间为当班负责人；电解车间为当班值班长或小组长。联络方式一般采用电话，对联络的内容要复述一遍，而且要向对方报告自己的姓名。供电车间得到通电时间、停电时间的通知之后，在通电或停电之前，与计算机的操作员联系，利用广播设备向电解车间内部联络通知电解车间的值班长或者小组长。

（1）计划停电（平常的通电与停电）。考虑到电解槽整个系列的生产，或者设备上的维修方面有必要停的停电，这些停电计划都是事先知道的。为此，向供电车间及有关部门提出，产生"停电月计划表"。在停电的前一天或当天，用电话与他们联络。一般临近停电时要进行多次联络，例如：

1）到停电的前一天为止，停电的时间、目的等，与供电车间联络，并确认下来。

2）在停电前30min，与供电车间联系。

3）在停电前10min，与供电车间联系。

4）在停电前3min，与供电车间联系。

5）从供电车间那里得到"停、送电完毕"的通知。

（2）特殊情况紧急停电。特殊情况是指由于在电解系列发生了刻不容缓的紧急情况而必须紧急停电的情况。例如，由于触电而发生了人身事故的时候；由于电解槽断路，铝水飞溅，打火花等，发生了人身事故，并且还在继续的时候；其他紧急情况。

1）第一种紧急停电。第一种情况是指，根据了解到的事故状态看，在停电之前还可

以有 3min 左右的时间作为余地，对事故进行判断，例如发生漏铝水，漏电解质等情况。第一种紧急停电的联络方法是，由当班值班长或小组长向供电车间控制室当班的负责人提出特殊情况紧急停电要求；从供电车间那里得到"停、送电完毕"的通知。

2）第二种紧急情况停电。第二种情况是指，从事故发生的状态看，虽然有必要停电，但还有 10min 左右的富余时间能进行具体的联络和要求（要求在几分钟之内停电）。第二种紧急停电的联络方法是，按"计划停电操作"做，但停电要求在停电前 10min 通知对方；从供电车间那里得到"停、送电完毕"的通知。

（3）由于供电方面发生了事故而停电。这是由于电厂或电气设备发生事故而停电。联络方法是，询问供电车间恢复送电的预计时间；在供电车间送电之前，必须与他们取得联系。

可能通电时，值班长或小组长要与供电车间联系通电的预定时间；从供电车间那里得到"停、送电完毕"的通知。

把停电的原因、停电的时间及状态都记录下来，并报告值班长。

6.5.13.2　停槽作业

停槽作业包括：

（1）作业准备。所有参加停槽的操作工，都必须明确要停槽的槽号（槽号由车间或厂部确定，特殊情况由值班长确定）；准备好工具和材料（风动扳手、风管、紧固螺栓，大扳手或停槽专用扳手，抬包，天车，大铁箱，撬棍或钢钎、橡皮锤等）。

（2）抽电解质作业。按照电解质吸出与移注作业规程抽取电解质；抽取过程注意观察电解质液面的变化情况，杜绝电解质液面脱离阳极，按相应速度下降阳极。

（3）短路口清灰。用风管接通工作面上的风源；打开风源，吹干净短路口上的积灰。

（4）联系停电。用现场电话与整流所联系停电；确认系列确实停电。

（5）拆除绝缘板。松开短路口螺栓；取出绝缘插板；用风管接通工作面上的风源，打开风，吹干净压接面上的积灰；安装上绝缘垫圈及螺帽，用风动扳手、大扳手（或停槽专用扳手）拧紧紧固螺母，完成一遍后再复紧一遍，复紧时，一边用橡皮锤或铝锤敲打立柱母线与短路口间的压接面交界，一边用扳手复紧。

（6）联系送电。通过现场电话（手机、对讲机）与整流所联系送电；观察送电情况。

（7）测量短路口压接面压降；确认系列电流恢复到正常值；打开万用表，调到测直流电压 200mV 档位；测量短路口压接面压降，大于 30mV 的要再拧紧螺母使压降尽可能降低。

（8）断开槽控机的控制。切断槽控机（包括逻辑箱与动力箱）对该槽的控制，并通知计算机站该槽正式停槽。

（9）切断动力源。把供入该槽的高压风源切断，关住总阀，联系净化车间关闭支烟管阀；关住超浓相输送溜槽上的蝶阀，停止供料。

（10）全部吸出。按照停槽时的全部吸出作业规程吸干净槽内的再产铝；抽出的铝水送铸造或倒大铁箱；对于无法虹吸出来的残铝，取出残极，用大勺瓢取出来，倒入碳渣箱，作为大块铝，用叉车再送到铸造车间。

（11）升阳极排残料。按上升阳极键，使阳极上升，水平母线上升到对应的回转计读数为 50 ~ 54 之间；操作下料电磁阀，使定容下料器动作，排空料箱内的料。

（12）清理现场。把停槽期间所用的工具器归整，放回指定位置；扒干净电解槽上部的积料，清净电解槽上部；用扫把清扫干净大面、小面、风格板、槽沿板。

（13）工作日志的记录。记录停槽的槽号、日期、时间，电解质和铝业的吸出量。将以上事项向有关人员报告。

6.5.14　设备与工具管理

6.5.14.1　设备的管理

设备管理的目的是利用日常的检查以及正常的操作来维持设备的机能及运转率，从而确保正常的生产和安全。

（1）日常的检查。为了维持设备的机能和性能，以确保安全运转，操作工人必须进行：作业前的检查；作业后的检查；运转操作中的检查。检查要按照正确的操作方法进行。

（2）检查的项目。操作前按照设备检查表的要求进行检查；运转操作中靠五官感觉（听响声、闻气味、看运转情况）进行检查，并确认动作状况；操作结束后清扫、维护设备的卫生。

（3）定期的检查。由相关的部门定期进行检查修理。

（4）异常时的处置。包括：

1）当发现异常及故障的时候，要向相关的单位报告异常及故障的位置、状况。

2）当判断异常或故障会引起安全及正常生产上的特殊事故的时候，要立即向相关的单位报告。

3）异常及故障的设备禁止使用（经相关单位确认虽然有异常及故障，但不影响，可以正常使用的除外）。

4）联系修理。当发生异常及故障之后，要联系相关单位进行检查修理。

5）修理结束后的确认。相关单位进行检查修理完成之后要检查、确认修理的内容及结果。

（5）记录与报告。将检查的结果和处置的内容记录到专用的检查记录表上；将联系修理的内容和修理完成的检查与确认记录到专用的工作日志中；按规程将有关事项报告到相关人员。

6.5.14.2　工具的管理

铝电解现场使用的主要工具为：

（1）操炉工具。操炉工具放置在槽前的工具架上。工区应有足够的槽前工具架，并摆放在规定位置，例如，每个工区放置3个工具架，等距放置在厂房大通道侧壁处的位置。工具的放置方法是：最上层放电解质、铝水测定钎（直角、斜钎）、钢钎（长、短）；上段放铝耙、碳渣瓢；中段放大钩、铁耙；下段放炉前滤、炉前耙、清包用半月耙；鼠笼柜中放打壳用的砧子、竹扫把、取样瓢。

（2）取样工具（电解质、铝试样盒，电解质、铝试样模、字模、手锤、取样瓢），一般每个工区1套，由取样负责人负责检查管理。

（3）其他工具，如捞阳极脱落用的夹子、阳极电流分布测定工具、搬运结壳块用的手推车等，这些工具每个工区均有配备，根据现场的情况定置放置，由专门的班组（如运行班）负责检查管理。

复习思考题

6-1　电解槽技术的发展有哪些特点？

6-2　现代预焙铝电解槽的基本结构有哪几部分组成？

6-3　效应管理的目标和应遵循的思路分别是什么？

6-4　停槽作业包括哪几部分？

6-5　论述电解效率和电耗的关系。

6-6　铝电解对环境容易产生哪些影响？

6-7　论述降低极距的方法。

7 镁 冶 炼

学习目标：
(1) 掌握电解法炼镁和真空热还原法炼镁的基本原理。
(2) 了解真空热还原法炼镁的常用还原剂及工艺特点。
(3) 了解影响煅白质量的因素。

7.1 概 述

7.1.1 近代镁冶金发展概况

金属镁从发现到现在经历了 200 多年的历史（即 1808~2016 年），工业生产的年代已有 130 年的历史（即 1886~2016 年）。在这 130 年中镁的发展可分为 3 个阶段。

(1) 第一阶段化学法。19 世纪末（1808 年）英国科学家 H. 戴维从氧化镁中分离出了镁。1829 年法国科学家 A. 布西用钾或钠的蒸气作用于熔融氯化镁得到了金属镁。到了19 世纪 60 年代，英国和美国才开始用化学法得到了镁，此阶段经历了 78 年（1808~1886年），但没有形成工业生产的规模。

(2) 第二阶段熔盐电解法。1830 年英国科学家 M. 法拉第首先用电解熔融氯化镁的方法制得了纯镁。1852 年 P. 本生在实验室范围内对此法进行了较详细的研究，直到 1886 年在德国开始镁的工业生产。1886 年以后镁的需求量增加，1909 年由于"电子"镁基合金（作结构材料）的发明和使用，对镁生产的发展产生了重大的影响，才奠定了电解氯化镁作为工业生产镁的方法。19 世纪 70 年代以来，含水氯化镁在 HCl 气体中脱水—电解法成为当今具有先进水平的工艺方法。

(3) 第三阶段热还原法。由于镁的需求量越来越大，靠电解法生产镁不能满足镁的需求，因此许多化学家在化学法的基础上，研究了热还原法炼镁。氧化镁真空热还原法炼镁从 1913 年开始，到现在已有 97 年的历史，第一次用硅作还原剂还原氧化镁是 1924 年安吉平和阿拉贝舍夫实现的。1932 年安吉平、阿拉贝舍夫用硅铝合金作还原剂还原氧化镁。1941 年加拿大 Toronto 大学教授 L. M. Pidgeon 在渥太华建立了一个以硅铁还原煅烧白云石炼镁的实验工厂，并获得了成功。1942 年加拿大政府在哈雷白云石矿建立了一个年产5000t 金属镁的硅热法炼镁厂。

第二次世界大战以后，1947 年法国着手研究了连续生产的硅热法炼镁工艺流程，1950年建立了扩大实验炉，1959 年第一台日产镁 2.0t 半工业炉投产，经过长期的实验研究，1969 年建立年产 4500t 镁的半连续硅热法镁厂（半连续还原炉日产镁 3.5t）。1971 年扩建到年产 9000t（半连续还原炉日产镁 6.5t）。半连续硅热法炼镁研究的成功，不仅改变了法国镁工业状态，而且使该法成为当今镁工业生产中具有先进水平的工业方法之一。

7.1.2　世界镁工业

第二次世界大战结束前，镁的发展依附于军事工业，20 世纪 60 年代以后，由于许多军事技术逐渐走向民用，推动了镁产量的平稳增长。进入 20 世纪 80 年代以后，随着第三次科技革命的发展，世界进入了信息时代，镁合金在交通电子及通信等领域应用增长，世界消费在逐年上升并增长迅速。世界上主要的镁生产国除中国外还有美国、加拿大、挪威、俄罗斯、法国、意大利、前南斯拉夫、巴西、印度、朝鲜等国家。

进入 20 世纪 90 年代以后，西方国家的镁需求量约为 25 万吨，世界上大规模的镁供应也在西方。在随后的 10 年间，镁的需求量达到了 35 万吨以上，与此同时，世界的镁供应也发生了很大变化。美国、挪威、法国等受到中国、俄罗斯镁锭的冲击，逐步退出原镁生产，取而代之的是中国镁产业的兴起。除了中国、俄罗斯之外，世界原镁的上市量，南美和非洲勉强保持增长，欧洲呈下降趋势，而北美则显著下降。近几年世界及中国原镁产量变化见表 7-1。中国的原镁产量已经超过世界原镁总产量的 90%。在此形势下，西方的纯镁生产企业只能对附加值比纯镁更高的镁合金材料市场寄予希望。

表 7-1　2011～2014 年世界及中国镁产量

年　份	2011	2012	2013	2014
全球原镁产量/万吨	77.1	80.2	87.8	90.7
中国原镁产量/万吨	71.4	73.3	77.0	87.4

7.1.3　中国镁工业

中国的镁工业起步于 1938 年，日本在东北抚顺铝厂建立了一个电解法炼镁车间，抗战胜利后该车间被关闭。直到 1957 年在苏联专家的指导下，再次在抚顺铝厂建立了 3000t 电解法冶炼金属镁的生产车间，即抚顺铝厂镁分厂。当时采用的工艺是将菱镁矿干团炉料氯化生产氯化镁熔体再电解生产金属镁的方法。1963 年后，工艺改为菱镁矿颗粒直接氯化成 $MgCl_2$，再电解 $MgCl_2$ 生产金属镁的方法。20 世纪 80 年代到 90 年代初，我国利用青海盐湖资源，将天然光卤石脱水为无水光卤石，开发了电解无水光卤石制取金属镁的工艺，使青海民和镁厂成为我国重要的金属镁生产基地。

7.1.4　镁及其主要化合物的性质

7.1.4.1　镁的物理化学性质

镁（Mg）是元素周期表第三周期 II_A 族元素。元素符号 Mg，原子序数 12，相对原子质量 24.305。镁原子中电子排列为 $1s^2 2s^2 2p^6 3s^2$，成为离子时一般呈 +2 价，即 Mg^{2+}。

镁是银白色金属，有很好的导热性和导电性。镁比较轻，密度约为铝的 2/3、铁的 1/5，属于轻金属。镁的主要物理性质见表 7-2。

表 7-2　镁的物理性质

物 理 性 质	数 值	物 理 性 质	数 值
原子半径/nm	0.162	熔点/K	924
Mg^{2+} 离子半径/nm	0.0174	沸点（101kPa）/K	1380
标准电位/V	-2.38	热导率（293K）/$J \cdot (cm \cdot s \cdot K)^{-1}$	1.57
电化当量/$g \cdot (A \cdot h)^{-1}$	0.453	电导率（293K）/$\Omega \cdot cm$	4.47×10^{-4}
密度（293K 时）/$g \cdot cm^{-3}$	1.74	结晶收缩率（924～293K）/%	3.97～4.2
密度（973K 时，液态）/$g \cdot cm^{-3}$	1.54		
比热容（298K）/$J \cdot (g \cdot K)^{-1}$	1.04	线膨胀系数（273～474K）/K^{-1}	27.1×10^{-6}

镁的化学性质很活泼。固体镁在常温、干燥空气中比较稳定，不易燃烧，但在熔融状态时，容易燃烧，生成氧化镁（MgO）。300℃时镁与空气中的 N_2 作用生成（Mg_3N_2），使镁表面成为棕黄色，并且温度达600℃时，反应迅速。镁在沸水中可与 H_2O 作用，使水分解放出（H_2）；镁能溶解在无机酸（HCl、H_2SO_4、HNO_3、H_3PO_4）中。镁在 NaOH 和 Na_2CO_3 溶液中稳定，但有机酸能破坏镁。镁能将许多氧化物（TiO_2、UO_2、Li_2O 等）和氯化物（$TiCl_4$、$ZrCl_4$等）还原。镁与铁不形成合金，但铁在镁中的溶解度随温度增高而增大。

7.1.4.2　镁的主要化合物及其性质

大多数镁盐可溶于水，而 $Mg_3(PO_4)_2$、$MgCO_3$、MgF_2 在水中的溶解度却很低。25℃时，水中镁化合物饱和溶液的浓度见表7-3。

表 7-3　镁的几种主要化合物在 25℃时的溶解度

镁化合物	MgF_2	$MgCl_2$	$MgBr_2$	$Mg(NO_3)_2$	$Mg(ClO_4)_2$	$MgSO_4$	$MgCO_3$	$Mg(OH)_2$
每100g 水中溶解度/g	1.3×10^{-3}	5.7	5.6	5.0	4.5	4.8	1.1×10^{-2}	2.0×10^{-4}

Mg^{2+} 水化能较高，水化作用焓变值为 $\Delta H_{水化}^{\ominus} = -1906kJ/mol$，熵 $\Delta S_{水化} = -299kJ/(K \cdot mol)$。由于水化能较高，$Mg^{2+}$ 在水中生成六本位的络合离子 $[Mg(OH)_2]_6^{2+}$。Mg^{2+} 同水的强烈反应，导致了镁盐的水解：

$$Mg^{2+} + H_2O \Longrightarrow MgOH^+ + H^+$$

$MgCl_2$ 整体状态时为无色，分散状态时呈白色，密度为 $2.32kg/cm^3$，熔点为 714℃，熔融状态时导电，强烈吸水。常温条件下极易与空气中的水分子生成结晶水合物 $MgCl_2 \cdot nH_2O$（$n=12$，8，6，4，2，1），在 $-3～117℃$ 的范围内 $MgCl_2 \cdot 6H_2O$ 水合物是稳定的，随着温度的提高，会逐步脱水，且含水量较少的化合物稳定。$MgCl_2$ 易溶于水，30% $MgCl_2$ 溶液和 MgO 的混合物是一种耐酸和碱的，具有聚合的固体物质——镁水泥。

7.1.5　镁及镁合金的应用

镁由于密度小，化学性质活泼，能与铝、锌、锰等金属构成合金，并具有机械度大、化学稳定性高和抗腐蚀等优良性能，在现代工业的许多方面都得到了广泛的应用。其应用领域主要有：

（1）铝镁合金。包括铝合金材、镁合金材、铝镁合金等，铝合金中增加镁的含量，使合金更轻，强度更大，抗腐蚀性能更好，因此它广泛应用于航空、船舶及汽车工业、结构材料工业、电化学工业（电子技术、光学器材）、精密机械工业。铝镁合金目前是国内最主要的镁消费领域，用镁量约占全国镁消费量的34%。在铝门窗的型材中，镁添加量为0.6%，啤酒和饮料用铝罐，镁添加量为1%，其中易拉罐镁的添加量达到4.5%，主要提高铝的热强度，改善铝的力学性能。

（2）压铸件用镁。镁压铸件广泛应用于机械制造部门和汽车行业。随着轿车国产化水平的提高，镁压铸件用量明显增加，其中齿轮箱用压铸件含镁量高达92%。另外摄像机、手机和电脑的框架材料逐渐采用镁压铸件。

（3）军工用镁。镁合金由于质量轻和耐疲劳性能好，广泛用于生产火箭、导弹的外壳及动力装置系统。镁合金是制造导弹信号弹、曳光弹及弹药的原料。镁合金用于生产飞机机翼及动力发动装置。

（4）冶金行业用镁。镁主要应用于炼钢过程脱硫，海绵钛生产用作还原剂，球墨铸铁生产用作球化剂。在钢铁炼制过程中由于镁对硫的亲和力好（1t 低硫钢需镁脱硫剂用量为0.5kg），镁的这种独特性质，使钢铁市场在较低的成本下达到高产量、高质量并能生产出如 HSLA 级的低硫钢，这种优质钢用于汽车、设备和结构体中，很有前途。用于脱硫不仅改善了钢的可铸性、延展性、焊接性和冲韧性，而且降低了结构件的质量，进一步增加了镁在钢铁行业中的需求量。生铁中加镁，可使铁中鳞片状石墨体球化，使铸件强度延展性更高，生铁的机械强度增加 1~3 倍，液体流动性增加 0.5~1.0 倍。

（5）作为高储能材料。镁在常压下大约250℃和 H_2 作用生成 MgH_2，但它在低压或稍高温度下又能释放氢，故具有储氢的作用。MgH_2 较一般金属氢化物储能高，所以镁可以作为高储能材料。

（6）其他行业。建筑用铝合金板及结构件、石油化工管道上的阳极保护，计算机零部件都用镁。

镁合金的密度小于 $2g/cm^3$，因此以镁为基的镁合金比铝合金约轻36%，比锌合金约轻73%，比钢约轻77%，是目前最轻的金属结构材料。其比强度高于铝合金和钢，略低于比强度最高的纤维增强塑料；其力学性能优良，易加工且加工成本低，仅为铝合金的70%；其耐腐蚀性比低碳钢好得多，已超过压铸铝合金 A380；其减振性、磁屏蔽性远优于铝合金，应用范围遍布于汽车、计算机、通信等广阔领域。另外，镁合金的低密度、低熔点、低动力学黏度、低比热容、低相变潜热以及与铁的亲和力小等特点，极适合于采用现代压铸技术进行成型加工，而且镁合金铸件性能优良，在常规使用条件下，替代钢、铝合金、塑料等制件的效果非常好，在实现产品轻量化的同时，还使产品具有了优良的特殊功能，并且在镁合金压铸件报废后，还可以直接回收再利用。另外镁和镁合金还有抗辐射，摩擦时不起火花，热中子捕获截面小，对碱、煤油、汽油和矿物油具有化学稳定性，易回收等优点。

鉴于镁的一系列优良性质，镁被誉为"21世纪的绿色工程材料"。近年来各工业发达国家政府高度重视镁合金的研究与开发，把镁原料作为21世纪的重要战略物资，为了占领镁合金研发战略的制高点，美国、日本、德国、澳大利亚等国相继出台了各自的镁研究计划，加强了镁合金在汽车、计算机、通信及航空航天等领域的应用开发研究。

7.1.6 镁矿资源

镁是 10 种常用有色金属之一，其蕴藏量极其丰富，在地壳中的含量达到 2.1%，在所有元素中排第八位，在金属中仅次于铝、铁、钙、钠和钾。镁在自然界主要以液体矿和固体矿的形式存在。其中液体矿主要为海水、天然盐湖水、地下卤水；固体矿主要包括菱镁石、白云石、蛇纹石、水镁石、橄榄石和滑石等。据估计，全世界的菱镁石资源储量约为 130 亿吨，白云石储量约为 200 亿吨，蛇纹石上百亿吨，水镁石几百万吨等，而海水中的镁含量达到海水质量的 0.13%，高达 6×10^8 亿吨。

目前世界上具有最大镁矿储量的前八个国家分别是澳大利亚、中国、波兰、俄罗斯、美国、印度、希腊和加拿大。中国是世界上镁资源最为丰富的国家之一，中国镁资源矿石类型全、分布广，总储量占世界的 27%。原镁产量居于世界第一位，占世界总产量的 80% 以上。

镁在自然界中以化合物形态存在，在 1500 种矿物中含镁矿石占 200 多种，但能作为提炼金属镁原料的镁矿不多，具有工业应用价值的镁矿资源主要为水氯镁石、菱镁石、蛇纹石、白云石、光卤石、硼镁石、盐湖和海水等，表 7-4 列出了适合提炼镁的镁矿名称及其特征。

表 7-4　含镁主要矿物特性

矿 物 名 称	化学组成	含量（质量分数)/%
水氯镁石	$MgCl_2 \cdot 6H_2O$	41.7
硼镁石	$2MgO \cdot B_2O_3 \cdot H_2O$	46.1
菱镁石	$MgCO_3$	28.8
蛇纹石	$3MgO \cdot 2SiO_2 \cdot 2H_2O$	26.3
白云石	$MgCO_3 \cdot CaCO_3$	13.2
水镁石	$Mg(OH)_2$	41.4
光卤石	$KCl \cdot MgCl_2 \cdot 6H_2O$	8.8
盐 湖	$MgCl_2$、$MgSO_4$	0.8
海 水	$MgCl_2$、$MgSO_4$	0.14

菱镁石（$MgCO_3$）是碳酸盐矿物，理论上 MgO 含量为 47.82%，CO_2 为 52.18%，矿物有结晶型与无定形两种。结晶形菱镁石属于六方晶系，有玻璃光泽，而无定形菱镁石则没有光泽，并有角质断口。菱镁石外观色泽为白色或淡黄色，由于常含有碳酸钙、碳酸铁、碳酸锰、二氧化硅等杂质，因此其颜色各种各样。

许多国家和地区都有菱镁石，世界上储量最大、质量最好的菱镁石矿床位于中国辽宁省大石桥——海城地区。菱镁石主要作为电解法炼镁的原料，能作为炼镁原料的菱镁石，其品位为：MgO 45%~46%，CaO 0.8%~1.0%，SiO₂ 0.5%~1.0%。

白云石（$CaCO_3 \cdot MgCO_3$）是碳酸镁与碳酸钙的复盐。理论上含 21.8% MgO，30.4% CaO，47.68% CO_2。CaO 与 MgO 的质量比为 1.394，摩尔比为 1.0。大多数天然白云石中

CaO 与 MgO 的质量比为 1.4~1.7。白云石是主要的硅热法炼镁的原料，能作为硅热法炼镁的白云石品位为：MgO 19%~21%，CaO 30%~33%，$Fe_2O_3 + Al_2O_3$ 小于 1.0%，SiO_2 小于 0.5%，$Na_2O + K_2O$ 小于 0.01%，Mn 小于 0.0005%，烧失率为 46.5%~47.5%。

蛇纹石矿是具有层状结构的含水镁硅酸盐，纯净的蛇纹石矿物组成为 $6MgO \cdot 4SiO_2 \cdot 4H_2O$，各成分理论含量为：MgO 4.3%，$SiO_2$ 44.1%，H_2O 12.9%。蛇纹石在中国分布广泛，在工业上可以作为耐火材料、水泥原料、Ca-Mg-P 矿物肥料，也可以作为提炼金属镁的原料，作为提炼金属镁原材料的蛇纹石品位为：MgO 38%~44%，SiO_2 42%~45%，Al_2O_3 小于 1.6%，S 小于 0.26%，Ni 小于 0.5，P 小于 0.05%，CaO 小于 0.5%。

水氯镁石（$MgCl_2 \cdot 6H_2O$）与光卤石（$KCl \cdot MgCl_2 \cdot 6H_2O$）是两种含水的氯盐。这两种原料必须经过彻底脱水后成为无水 $MgCl_2$ 或无水光卤石（$KCl \cdot MgCl_2$）后才能按电解法来生产金属镁。$MgCl_2 \cdot 6H_2O$ 与 $KCl \cdot MgCl_2 \cdot 6H_2O$ 在我国青海省盐湖中含量极为丰富，其组分为：$MgCl_2$ 30.75%，KCl 24.98%，NaCl 0.77%，H_2O 34.55%。

海水和盐湖水都含有 $MgCl_2$，经过富集、去除杂质，就成为炼镁原料。$1m^3$ 海水中含 $MgCl_2$ 3.8kg，地球上海水中 $MgCl_2$ 总量约为 7.9×10^{15} t，因此海水是最大的镁资源。中国海岸线 18000km 左右，海水资源非常丰富。盐湖在地球上不多，美国犹他州大盐湖面积 $2890km^2$，Rowley 镁厂以大盐湖湖水为原料炼镁。中东地区死海长 75km、宽 15km、深 390m，湖水含 $MgCl_2$ 10.1%。中国青海柴达木盆地有几十个盐湖，$MgCl_2$ 总储量 36.5 亿吨，其中最大的察尔汉盐湖面积 $5800km^2$，$MgCl_2$ 储量 16.2 亿吨。

我国东北地区储有大量的硼镁石资源，据辽宁省国土资源厅提供的硼矿资源资料，截至 2001 年，仅宽甸二人沟地区高镁低硅硼镁石资源储量（B_2O_3）57.8 万吨，矿石总储量 422.6 万吨。宽甸二人沟硼镁石矿物组成为：以遂安石为主（$2MgO \cdot B_2O_3$），其次是硼镁石（$2MgO \cdot B_2O_3 \cdot H_2O$）和脉石矿物。脉石矿物主要有白云石（$CaMg(CO_3)_2$）、菱镁矿（$MgCO_3$）和硅镁橄榄石等。

总体来说，虽然镁资源非常丰富，但是目前适用于我国皮江法炼镁的镁矿石只有白云石。因为白云石中 CaO/MgO = 1，其中的 CaO 恰好可以满足硅还原镁产生的 SiO_2 所需要的 CaO，不需要再外加 CaO，而且 CaO 和 MgO 在煅烧时一起分解活性较高，所以最适合用于皮江法炼镁。其他原料如菱镁矿、水镁石或者硼镁石等，虽然镁含量比白云石更高，但是因为其中 CaO 含量很低，用于热法炼镁时必须另外配入 CaO，又因为 CaO 和 MgO 不在同时分解，煅烧过程中其熟料的活性不好把握，同时将 CaO 和 MgO 混合的过程也无法做到像白云石中那样一个 CaO 紧邻着一个 MgO，综合这些原因造成采用除白云石以外的镁矿石通过皮江法炼镁时还原率非常不理想。

因此在过去的很长一段时间里，菱镁矿、水镁石等大部分镁资源都只能通过电解法来冶炼金属镁。但是通过研究发现，当用铝热法炼镁时，因为这个反应所需的 CaO 的量少于硅热还原法，可以允许物料中 CaO/MgO < 1，所以可以部分选用菱镁矿或者硼镁石等作原料来替代白云石，并可以降低料镁比（炉料的量和还原得到的镁的量的比值）提高生产效率。此外一些其他矿石，如水化白云石或者水镁石如果其中 CaO/MgO < 1 的话，也可以用于热法炼镁。这样就使热法炼镁的原料更加丰富广泛，促进了热法炼镁的可持续发展，也为镁生产成本的降低创造了条件。

7.2　电解法炼镁

目前世界上生产镁的方法可分为两大类：一类是氯化镁熔盐电解法，就是氯化镁在熔融的电解质中，通直流电使氯化镁分解得到金属镁的方法，通称电解法。另外一类是氧化镁热还原法。但是电解法目前在全世界已经很少有应用，在我国工业炼镁则全部采用皮江法，因此本章也将重点介绍热还原法炼镁工艺，仅在本节对电解法炼镁进行简单介绍。

氯化镁熔盐电解法炼镁包括生产 $MgCl_2$ 和熔盐电解两大过程。不同工艺间的最主要的区别是采用的原料和 $MgCl_2$ 制备工艺的不同，其中生产 $MgCl_2$ 的最大难点是如何去除其中的结晶水。一般来说，采用普通的加热法可以去除部分结晶水，生成 $MgCl_2 \cdot 1.5H_2O$。但是 $MgCl_2 \cdot 1.5H_2O$ 又极易吸收空气中的水分发生水解反应生成不利于电解过程的杂质，如 $Mg(OH)_2$。因此电解法工艺流程比较长，过程复杂，其最大的能耗消费于氯化镁的脱水处理这一环节上。

不同的电解法炼镁工艺，在氯化镁熔盐电解这一过程的基本原理都是相同的，但是根据原料的不同，其电解质和电解槽结构会略有差别。

7.2.1　无水氯化镁的制备工艺

电解法按 $MgCl_2$ 制取的方法不同，可分为以下几种。

7.2.1.1　以菱镁矿为原料的无水氯化镁电解法

以菱镁矿为原料的无水氯化镁电解法最早在德国投入工业化生产，1957 年在苏联专家的指导下，在我国抚顺铝厂，采用菱镁矿干团炉料氯化生产氯化镁熔体再电解生产金属镁的方法建成了年产 3000t 金属镁的车间。1963 年，将该工艺改进为菱镁矿颗粒氯化生产 $MgCl_2$，再电解 $MgCl_2$ 生产金属镁。

在此方法中利用天然菱镁矿，在温度 700~800℃ 条件下煅烧，得到活性较好的轻烧氧化镁。然后破碎磨细至粉末的 80%，粒径小于 0.144mm，并与炭素还原剂混合制团。炭素还原剂可选用褐煤或者石油焦。由于氧化镁的氯化是放热反应，氯化炉只需要补充一定数量的电能，就可维持反应继续进行，氯化产物为无水氯化镁熔体。其主要反应为：

$$MgCO_3 \xrightarrow{} MgO + CO_2 \tag{7-1}$$

$$3MgO + 2C + 3Cl_2 \xrightarrow{} 3MgCl_2 + CO + CO_2 \tag{7-2}$$

图 7-1 所示的流程图便是我国用菱镁矿制取无水氯化镁然后电解产镁的工艺流程，这是一种非常典型的电解法。

团块炉料在竖式电炉中氯化，制取无水氯化镁。因为我国辽宁地区拥有世界上最丰富最优质的菱镁矿资源，所以此方法因地制宜，而且流程简单，物料流量少，电流效率高，电解槽寿命较长。缺点是氯化炉生产能力低，环保条件差。

7.2.1.2　以海水为原料经脱水后制取低水料的电解法

以海水为原料经脱水后制取低水料的电解法最具代表性的就是美国道乌化学公司所发明的道乌法（DOW 法）。流程的特点是海水经过石灰乳处理，盐酸中和后获得 $MgCl_2$ 溶液，再经过浓缩和脱水后制成 $MgCl_2 \cdot 1.5H_2O$，在外加热式电解槽中生产出金属镁。其工

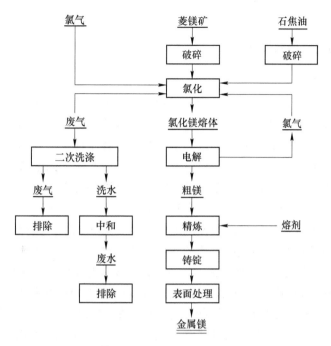

图 7-1　菱镁石氯化生产金属镁的工艺流程

艺流程如图 7-2 所示。

　　此法是以海水、贝壳为原料，用电解镁的副产品盐酸经处理制成氯化镁溶液，再经干燥脱水制成 $MgCl_2 \cdot 1.5H_2O$，在外加热式电解槽中生产出金属镁。该法的缺点是电解中石墨阳极消耗大，电流效率低，电耗高，对环境污染严重。

7.2.1.3　以卤水或盐湖资源经脱水后制取无水氯化镁的电解法

　　以卤水或盐湖资源经脱水后制取无水氯化镁的电解法是将含水原料经蒸发、浓缩，除去其中的钾、钠盐、溴、硼和硫酸等杂质后喷雾干燥脱水处理，得出含水较少的固体氯化镁，再经熔融氯化镁彻底脱水，制取无水氯化镁进行电解生产金属镁。该法对设备和材料要求严格，有许多是专用设备，对技术操作要求高，需要高水平的技术工人进行操作，控制生产。

7.2.1.4　光卤石脱水制取无水光卤石电解法

　　光卤石脱水制取无水光卤石电解法是以光卤石为原料，脱水制取无水 $MgCl_2 \cdot KCl$，电解生产金属镁的方法。该法脱水技术容易，但氯化镁浓度低，

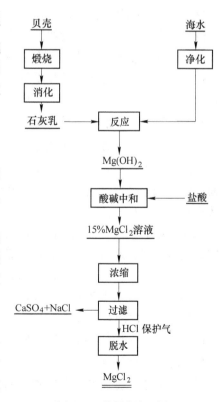

图 7-2　道乌法流程图

物料流量大。

7.2.2 熔盐电解氯化镁制镁工艺

7.2.2.1 基本原理

熔盐是指熔融状态下的盐类，是由阴离子和阳离子组成的离子熔体。熔盐比水溶液具有更好的导电性，熔盐电解所用的电流密度可以比水溶液电解大 100 倍。熔盐电解对所用电解质的物理化学性质有一些特殊的要求。例如要求电解质具有较好的导电性、较低的挥发性，对电解原料有较高的溶解度，而对电解产出的金属有较低的溶解能力，以及具有适当的熔点、黏度、密度和表面性质。单一熔盐很难满足这些要求，因此熔盐电解大都采用混合熔盐电解质。目前工业上使用的熔盐电解质体系主要有两大类：一是氟化物体系，另一种是氯化物体系，氯化物体系电解质使用的电解原料为氧化物。为保证金属产品的质量和获得良好的生产经济指标，组成电解质的各种原始物料的纯度必须满足所规定的要求。

熔盐电解的电解槽形式多样，按电极的相对位置区分有电极水平配置电解槽（如铝电解）和电极垂直配置电解槽（如镁电解）；按电极的极性作用又分为单极性电解槽和双极性电解槽；按阴阳极之间有无隔板分为有隔板电解槽和无隔板电解槽。根据生产金属的不同，工业电解槽的阴极以钢、钼、镍或被生产的同种金属或合金制造，或利用电解槽的坩埚本身作为阴极。

将熔盐加热熔化，变成黏度小，电导率高而离子又容易活动的液体，当选用适当的电极，并施加电压时，由于离子的移动而产生电流，在两极上引起电化学反应，在阳极上析出金属。为了用熔盐电解法制取金属，首先要从原矿中提取金属盐，并要加以提纯，这主要用湿法冶金进行。熔盐电解提取生产金属时的主要经济指标为电解槽的生产率、电流效率和电能消耗。生产过程中控制的技术条件有电解温度、电流密度、极间距、电解质组成、被电解物质的浓度等。熔盐电解由于在高温下进行，金属溶解损失比较严重，热损失也较大，故电流效率及电能效率一般比水溶液电解的低。

7.2.2.2 熔盐电解法制备金属镁工艺

A 死海镁业（DSM）炼镁工艺

死海镁厂以光卤石为原料，将光卤石在严格控制的工艺条件下脱水，脱水过程为：海水通过流化床干燥器加热，温度从 130℃ 升高到 200℃，在此过程中 95% 的海水脱除同时释放出少量的酸性气体。

光卤石和磨细的石油焦按比例加入熔化室，物料熔化并脱出大部分水分，熔体流入氯化室，送入氯气将水解产生的氧化镁氯化成氯化镁，反应如下：

$$2MgO + 2Cl_2 + C \xrightarrow{\quad\quad} 2MgCl_2 + CO_2 \qquad\qquad (7-3)$$

在电解槽中大约 1/3 的氯气被用掉，剩余 2/3 的氯气被回收。

氯化镁送至沉降室，大部分未氯化的 MgO 和其他不溶物质沉降到沉降室底部，溶解的氯化镁被送到电解槽中，这一阶段氯化温度 700~750℃，MgO 含量减低到 0.2%~0.6%。

B 道乌（DOW）炼镁工艺

道乌工艺生产金属镁是美国独有的炼镁工艺，输入电解槽中海水氯化镁溶液含有大约 27% 的水分，在电解槽中进行喷雾干燥并与天然气等可燃气体直接接触。

该法电解中石墨阳极消耗大，每吨镁消耗石墨电极 100kg，是无水氯化镁电解阳极消耗量的 5 倍，电流效率为 75% ~ 80%，电耗高，每吨镁直流电耗 16500kW·h，对环境污染严重。

C 美国镁厂（Magcorp）盐湖水炼镁工艺

美国镁厂用盐湖水炼镁工艺流程，流程的工艺特点是除 SO_4^{2-} 和 B 后的 $MgCl_2$ 溶液经一次喷雾脱水，二次熔融氯化脱水后获得无水氯化镁熔体，然后在 110kA（I. G.）槽和无隔板槽中电解，获商品镁。

D Norsk-Hydro 炼镁工艺

Norsk-Hydro 炼镁工艺氯化过程将海水与经煅烧过的白云石混合以沉淀出 $Mg(OH)_2$，把 $Mg(OH)_2$ 煅烧成 MgO，以 $MgCl_2$ 盐卤作为黏结剂，用褐煤焦炭制团进行氯化，生产出熔融 $MgCl_2$，将熔融 $MgCl_2$ 加入 I. G. 型电解槽中，在 700℃和 80000A 下运行的诺斯克、希德罗电解槽，镁自动排入捞镁井，氯气循环至氯化炉。氯化炉反应区温度为 1100 ~ 1200℃，炉底 800 ~ 850℃，从炉底排放熔融氯化镁。

E Magnola 炼镁工艺

Magnola 炼镁工艺利用蛇纹石中的氯化镁进行电解来生产镁。采用浓盐酸浸泡石棉尾矿渣制备氯化镁溶液，通过调节 pH 值和离子交换技术生产浓缩超高纯度 $MgCl_2$ 溶液，然后进行脱水和电解。

F 熔盐电解法工艺比较

将各种电解工艺的工艺参数进行对比，见表 7-5。

表 7-5 熔盐电解法技术比较

冶炼厂	DSM	DOW	Magcorp	Hydro Magnesium	Magnola
槽技术	VAMI 无隔板电解槽	DOW 电解槽	Alcan 无隔板电解槽	Hydro 无隔板电解槽	Alcan MPC-EX
电流/kA	200	200	180	400	160
电压/V	4. 8	7. 0	4. 5	5. 3	17
每千克镁耗电量 /kW·h	13 ~ 14	18 ~ 19	13 ~ 15	12 ~ 13	10. 5 ~ 11. 5
电极	单极	单极	单极	单极	多极
使用年限/年	3 ~ 6	2	4 ~ 5	6	2
槽温/℃	680 ~ 700	710 ~ 720	680 ~ 700	700 ~ 720	655 ~ 665
进料状态	熔融光卤石	固体 $MgCl_2 \cdot 2H_2O$ 27% H_2O	熔融 $MgCl_2$	固体 $MgCl_2$	熔融 $MgCl_2$
进料中 MgO 含量/%	0. 2 ~ 0. 6		0. 1 ~ 0. 3	<0. 1	0. 03 ~ 0. 1

虽然熔盐电解法炼镁工艺曾经很繁荣，但是目前在全世界范围内，该方法已经逐渐被淘汰。主要原因为：

（1）电解过程中产生的 Cl_2 或者 HCl 气体，严重腐蚀生产设备，造成设备维护更新费用较高。

（2）电解产生的腐蚀性气体很容易泄漏，严重污染环境，而且危害工人和周边居民的身体健康。

（3）因为熔盐电解法炼镁工艺过程复杂，所以建厂前期设备和成本投入较高，并且工人的培训周期较长，设备投入正常运行的周期也较长。

综合以上这些因素，造成熔盐电解法生产金属镁的成本较高，随着成本较低，工艺简单的真空热还原法在全球的兴起，尤其是皮江法炼镁在中国的推广，世界上多家主要的电解镁厂纷纷关停或者减产。

7.3 真空热还原法制取金属镁

真空热还原法制取金属镁是将氧化镁用金属或非金属还原剂，在真空条件下还原成金属镁的方法，也可简称为热法。热还原法炼镁按还原剂的种类又可分为硅热还原法、碳化物还原法、碳热还原法和铝热法等，但是目前工业上应用最广泛的就是硅热法之中的皮江法。

自从1941年加拿大人Pidgeon博士发明皮江法炼镁工艺以来，在初期这种方法并没有得到重视。但是这种方法非常适合在我国发展，我国的白云石和菱镁石等资源储量大、分布广，煤炭资源性价比相对其他国家更高，劳动力资源充足等都为皮江法制取金属镁创造了有利条件；同时皮江法相对电解法具有工艺流程简单、生产规模灵活可变、初期投资少、镁的质量等级优于电解镁等优点，使得皮江法在进入20世纪90年代以后，在我国迅速推广，并代替了原有的电解法炼镁。由于我国西北地区拥有丰富的能源优势，所以皮江法炼镁在我国主要集中于山西、陕西北部和宁夏等省，据2013年的数据统计，山西、陕西和宁夏3省的原镁总产量超过全国总产量的90%。

目前全世界有接近90%以上的原镁是由我国生产的，而我国的炼镁工艺几乎全部为皮江法。

7.3.1 真空热还原基本原理

为了将镁从氧化镁中还原出来，从热力学角度讲，只有对氧的亲和力高于镁对氧的亲和力的物质才能充当还原剂，或者说还原剂的氧化物的稳定性高于氧化镁的稳定性。所谓氧化物的稳定性，是指加热时它离解为金属和氧的难易程度。氧化物的标准吉布斯自由能 $\Delta G^{\ominus}$ 是氧化物化学稳定性的量度，也是其中与氧化合元素对氧亲和力大小的度量。$\Delta G^{\ominus}$ 值越负，其氧化物越稳定，其对氧的亲和力越大。因此可以通过标准吉布斯自由能变化 $\Delta G^{\ominus}$ 的大小来预判某种氧化物的还原反应能否进行。

图7-3所示为部分金属氧化物的标准吉布斯自由能变化与温度的关系，其中纵坐标为氧化物的吉布斯自由能，可以看出越往下的位置吉布斯自由能越负，即位置越靠下的氧化物越稳定，这样用该图中位于下方的金属即可还原上方的金属。横坐标为温度，随着温度升高大部分物质趋于不稳定状态，在其相变点曲线有拐点。可以看出，用 CO、H_2 作还原剂只能还原一部分氧化物，用 C 作还原剂时，随着温度的升高可以还原更多的氧化物，但高温受到能耗和耐火材料的限制。因而对于吉布斯自由能图中位置低的稳定性很高的氧化物，只能用在 Y 轴方向上位置比其更低的金属来还原。而如果被还原的 MeO 和还原剂氧化物 Me^*O 的吉布斯自由能曲线相交，则只有在交点温度以下才能用 Me^* 还原 MeO，而在交点温度以上，用 Me 也可还原 Me^*O。

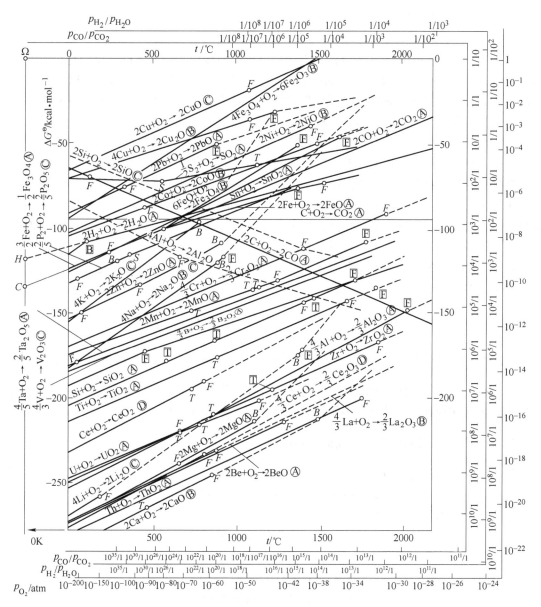

图 7-3 氧化物的吉布斯自由能与温度的关系

（准确度符号：Ⓐ ±4kJ，Ⓑ ±12kJ， ±4kJ，Ⓒ ±20kJ，Ⓓ ±40kJ；相态变化符号：相变点 T，

熔点 F，沸点 B，升华点 S（不加方框为元素，加方框为氧化物）；

1cal = 4.184J；1atm = 101325Pa）

在图 7-3 中，当温度较高时，还原得到的金属 Me（如锂、镁、钙等）为气态时，其氧化物的 $\Delta G^{\ominus}$-t 曲线将由 Me 的沸点开始发生转折，斜率增大。这样即使在一般温度下氧化物生成吉布斯自由能比较大的金属 Me*（如硅、铝等），由于其斜率较小，也可在高温作用下用来还原前一种氧化物 MeO。那么在高温状态下，MeO 与用作还原剂的金属 Me* 的氧化物的曲线相交，在交点温度时，发生反应。

$$MeO + Me^* \Longrightarrow Me^*O + Me(g) \qquad (7-4)$$

此时，$\Delta G^{\ominus} = 0$，反应平衡，该温度为最低还原温度，高于该温度即可用 Me* 还原 MeO。

从图 7-3 中，还可以发现 MgO 的标准生成自由能曲线位于图的下部，特别是在温度较低的区域，MgO 的标准生成自由能曲线位于 SiO_2、Al_2O_3、H_2O、CO、CO_2 的标准生成自由能曲线下方，说明在较低温度下氧化镁的稳定性很强，以上物质作为还原剂不能获得金属镁；但是随着温度的不断升高，各种氧化物的 $\Delta G^{\ominus}$ 随着温度的不同而发生变化，但变化的方向和幅度却不尽相同，特别是在氧化物或金属元素的熔点和沸点处常常会出现曲线斜率的改变，导致某些氧化物的标准自由能曲线的相对位置发生变化，即氧化物之间的相对稳定性发生变化。从图中可见当温度高于金属镁的沸点后，氧化镁的标准生成自由能曲线出现了较为明显的拐点，而后与氧化铝、CO、H_2O 和氧化硅的曲线相交，在此温度之上，即可用铝、氢气、碳和硅还原氧化镁获得金属镁。通过以上分析，以铝、硅、氢气、碳为还原剂来还原氧化镁在理论上是可以实现的。

如果采用真空的方法降低体系内还原产物 Me 蒸气的分压，则可使理论初始还原温度继续降低。对于反应式（7-4）则有：

$$\Delta G = \Delta G^{\ominus} + RT\ln\frac{p_{Me}}{p^{\ominus}} = A + BT + RT\ln\frac{p_{Me}}{p^{\ominus}} \tag{7-5}$$

当还原产物 Me 蒸气的分压逐步降低时 $\ln\dfrac{p_{Me}}{p^{\ominus}}$ 越负，该反应的临界反应温度也随着 Me 蒸气的分压的降低而降低。同时真空环境还能有效地防止还原剂和镁蒸气在高温下被空气所氧化。因此这种真空热还原法多用于碱金属和碱土金属的生产。

7.3.2　硅热还原氧化镁制取金属镁的基本原理

用硅还原氧化镁的反应为：

$$2MgO(s) + Si(s) === SiO_2(s) + 2Mg(g) \tag{7-6}$$

该反应的热力学计算过程如下：

$$2MgO(s) === 2Mg(g) + O_2(g) \tag{7-7}$$
$$\Delta G^{\ominus}_{(7-7)} = 1465400 - 411.98T$$
$$Si(s) + O_2(g) === SiO_2(s) \tag{7-8}$$
$$\Delta G^{\ominus}_{(7-8)} = -907100 + 175.73T$$

则　　　　　　$\Delta G^{\ominus}_{(7-6)} = \Delta G^{\ominus}_{(7-7)} + \Delta G^{\ominus}_{(7-8)} = 558300 - 236.25T$

令 $\Delta G^{\ominus}_{(7-6)} = 0$，可得式（7-8）的临界反应温度为 2090℃，即系统温度至少要高于 2090℃时反应才能进行。用硅来直接还原氧化镁的另一个产物为 SiO_2，其为酸性氧化物，必定会与系统中存在的碱性氧化物 MgO 结合生成 $2MgO \cdot SiO_2$，使其中的 MgO 难以被还原。

$$4MgO(s) + Si(s) === 2Mg(g) + 2MgO \cdot SiO_2(s) \tag{7-9}$$
$$\Delta G^{\ominus}_{(7-9)} = 491100 - 231.94T$$

可得式（7-9）的临界反应温度为 1844℃，因此 MgO 和 SiO_2 造渣反应的存在可以在一定程度上降低还原温度，但是这个反应会使物料中一半的镁无法被还原出来，因此需加入 CaO，以生成更为稳定的 $2CaO \cdot SiO_2$，使 MgO 保持游离状态，并顺利被还原。CaO 和 SiO_2 造渣反应为：

$$2CaO(s) + SiO_2(s) =\!\!=\!\!= 2CaO \cdot SiO_2(s) \tag{7-10}$$

根据热力学原理中吉布斯自由能越低越易反应的原理，在同样条件下 SiO_2 会优先与 CaO 化合，CaO 不足的情况下 SiO_2 会与 MgO 化合造成镁还原率降低。这就是皮江法炼镁采用白云石而不用其他镁含量更高的矿石的原因，而且用其他镁矿石如菱镁矿和硼镁石在进行金属热还原法炼镁时也必须添加足量的 CaO。

添加 CaO 后还原过程的总反应式为：

$$2MgO(s) + 2CaO(s) + Si(s) =\!\!=\!\!= 2CaO \cdot SiO_2(s) + 2Mg(g) \tag{7-11}$$

该反应的热力学计算如下：

$$\Delta G^{\ominus}_{(7\text{-}11)} = 439500 - 247.55T$$

当 $\Delta G^{\ominus}_{(7\text{-}11)} = 0$ 时，$T = 1502℃$。即在常压下温度高于 1502℃ 时，可以用硅还原氧化镁，可见添加氧化钙可大大降低还原温度。但是根据皮江法炼镁工业的经验，一般用于外加热反应罐体的耐高温钢铁材料的极限工作温度不超过 1300℃，所以还需要采用真空的方法来降低还原温度。

当体系通过抽真空，降低体系压强，反应处于非标准状态，由于该反应中只有金属镁处于气态，其余全部为凝聚态，活度为 1。当体系内压强较低时，由于固态活度为 1，真空条件下镁的蒸气压可近似为系统压强，故式（7-11）的吉布斯自由能为：

$$\Delta G_{(7\text{-}11)} = \Delta G^{\ominus}_{(7\text{-}11)} + 2RT\ln(p_{Mg}/p^{\ominus}) \tag{7-12}$$

当系统压强为 1500Pa 时有：

$$\Delta G_{(7\text{-}11)} = 439500 - 317.6T \tag{7-13}$$

可计算出在 1500Pa 的条件下，式（7-11）的临界反应温度为 1111℃，这个温度在实验和工业条件下均可以实现，并且如果继续降低系统压强还可以进一步降低反应温度。

7.3.3 CaC_2 热还原制取金属镁的基本理论

用 CaC_2 还原氧化镁的反应为：

$$MgO(s) + CaC_2(s) =\!\!=\!\!= CaO(s) + Mg(g) + 2C(s) \tag{7-14}$$

该反应的热力学计算过程如下：

$$CaC_2(s) =\!\!=\!\!= Ca(l) + 2C(s) \tag{7-15}$$

$$\Delta G^{\ominus}_{(7\text{-}15)} = 60250 + 26.28T$$

$$Ca(l) + 0.5O_2(g) =\!\!=\!\!= CaO(s) \tag{7-16}$$

$$\Delta G^{\ominus}_{(7\text{-}16)} = -640150 + 108.57T$$

则

$$\Delta G^{\ominus}_{(7\text{-}14)} = 152800 - 74.14T$$

令 $\Delta G^{\ominus}_{(7\text{-}14)} = 0$ 可得临界反应温度为 1875℃，这个反应温度在真空还原过程中仍然太高。另外 CaC_2 做还原剂的一个很大的优点就是，它在反应过程中会产生 CaO，同时不生成其他金属氧化物，不需要添加氧化镁或者氧化钙进行造渣反应降低临界反应温度，这样就可以减少还原物料，降低料镁比，即同样的一炉物料里，增加了镁元素的含量，这样就可以提高生产效率。但是这个反应就不能通过添加 CaO 来降低反应温度了，只能抽真空降低反应温度：

$$\Delta G_{(7\text{-}14)} = \Delta G^{\ominus}_{(7\text{-}14)} + RT\ln(p_{Mg}/p^{\ominus}) \tag{7-17}$$

根据式（7-17）可得，当系统压强为 1013.25Pa 时有：

$$\Delta G_{(7\text{-}14)} = 152800 - 109.43T \tag{7-18}$$

由式（7-18）可计算出在 1013.25Pa 的条件下，反应的临界反应温度为 1123℃，这个温度在实验和工业条件下均可以实现。并且如果继续降低系统压强还可以进一步降低反应温度。

7.3.4　铝热还原制取金属镁的基本原理

Al 的熔点为 660.5℃，沸点为 2467℃，实验中还原温度为 1200℃，该条件下铝为液态。Al 还原 MgO 的基本反应方程式为：

$$3MgO(s) + 2Al(l) == Al_2O_3(s) + 3Mg(g) \tag{7-19}$$

式（7-19）的热力学计算过程如下：

$$3MgO(s) == 3Mg(g) + 1.5O_2(g) \tag{7-20}$$
$$\Delta G^{\ominus} = 2198100 - 617.97T$$
$$2Al(l) + 1.5O_2(g) == Al_2O_3(s) \tag{7-21}$$
$$\Delta G^{\ominus} = -1682900 + 323.24T$$
$$\Delta G^{\ominus}_{(7\text{-}19)} = 515200 - 294.73T$$

式（7-19）在标准状态下的临界反应温度为 1475℃，虽然和前两种还原剂相比这个温度已经大大降低，但工业生产中仍不易实现。另外和硅作还原剂一样，铝还原时生成的 Al_2O_3 也会结合一部分 MgO 进行造渣反应生成 $MgO \cdot Al_2O_3$。和前文介绍的硅热法相同，为使原料中的镁能够被顺利地还原出来，并且进一步降低还原温度，用铝做还原剂时也需要添加 CaO，使 CaO 和 Al_2O_3 生成更稳定的化合物。CaO 和 Al_2O_3 产生的化合物比较常见的有 $12CaO \cdot 7Al_2O_3$、$CaO \cdot Al_2O_3$、$CaO \cdot 2Al_2O_3$、$CaO \cdot 6Al_2O_3$ 和 $3CaO \cdot Al_2O_3$，表 7-6 为常见的几种钙铝化合物的标准吉布斯自由能。

表 7-6　常见钙铝化合物的标准吉布斯自由能

反　应	$A/J \cdot mol^{-1}$	$B/J \cdot (mol \cdot K)^{-1}$	温度范围/℃	公式编号
$3CaO(s) + Al_2O_3(s) == 3CaO \cdot Al_2O_3(s)$	-12600	-24.69	500~1535	(7-22)
$CaO(s) + Al_2O_3(s) == CaO \cdot Al_2O_3(s)$	-18000	-18.83	500~1605	(7-23)
$CaO(s) + 6Al_2O_3(s) == CaO \cdot 6Al_2O_3(s)$	-16380	-37.58	1100~1600	(7-24)
$CaO(s) + 2Al_2O_3(s) == CaO \cdot 2Al_2O_3(s)$	-16700	-25.52	500~1750	(7-25)
$12CaO(s) + 7Al_2O_3(s) == 12CaO \cdot 7Al_2O_3(s)$	-38585	-202.44	800~1800	(7-26)

（表头上方：$\Delta G_T^{\ominus} = A + BT$）

因此，铝热还原氧化镁可能发生的化学反应如下：

$$3CaO(s) + 3MgO(s) + 2Al(l) == 3Mg(g) + 3CaO \cdot Al_2O_3(s) \tag{7-27}$$
$$CaO(s) + 3MgO(s) + 2Al(l) == 3Mg(g) + CaO \cdot Al_2O_3(s) \tag{7-28}$$
$$CaO(s) + 18MgO(s) + 12Al(l) == 18Mg(g) + CaO \cdot 6Al_2O_3(s) \tag{7-29}$$
$$CaO(s) + 6MgO(s) + 4Al(l) == 6Mg(g) + CaO \cdot 2Al_2O_3(s) \tag{7-30}$$

$$12CaO(s) + 21MgO(s) + 14Al(l) = 21Mg(g) + 12CaO \cdot 7Al_2O_3(s) \qquad (7\text{-}31)$$

热力学计算可得：

$$\Delta G^{\ominus}_{(7\text{-}27)} = 502600 - 319.42T$$
$$\Delta G^{\ominus}_{(7\text{-}28)} = 497200 - 313.56T$$
$$\Delta G^{\ominus}_{(7\text{-}29)} = 3074820 - 1805.96T$$
$$\Delta G^{\ominus}_{(7\text{-}30)} = 1013700 - 614.98T$$
$$\Delta G^{\ominus}_{(7\text{-}31)} = 3567815 - 2265.55T$$

由以上热力学计算可得，反应式（7-27）~式（7-31）在常压条件下的临界反应温度为 1300℃、1313℃、1430℃、1375℃和1302℃。当系统压强为 10132.5Pa 时，式（7-27）~式（7-31）的自由能变为：

$$\Delta G_{(7\text{-}27)} = 502600 - 376.85T$$
$$\Delta G_{(7\text{-}28)} = 497200 - 370.99T$$
$$\Delta G_{(7\text{-}29)} = 3074820 - 2150.55T$$
$$\Delta G_{(7\text{-}30)} = 1013700 - 729.84T$$
$$\Delta G_{(7\text{-}31)} = 3567815 - 2667.57T$$

则反应式（7-27）~式（7-31）的临界反应温度降至 1061℃、1067℃、1157℃、1116℃和1064℃，这个温度在实验和工业条件下均可以实现，而且在实验中系统压强通常为 4Pa 甚至更低，还原实验时炉温通常为 1200℃，因此可以满足还原反应所需的热力学条件。

由于反应式（7-27）~式（7-31）中各种物料的系数不一致，所以无法通过反应式自由能的大小来衡量哪个反应更容易发生，但是通过实验发现，在各种物料充足的条件下产物中总是 $12CaO \cdot 7Al_2O_3$ 的量最多。对此也有人做过研究认为 CaO 和 Al_2O_3 化合时是先生成的 $12CaO \cdot 7Al_2O_3$ 然后再向其他形式过渡。通过对计算结果的对比可以发现各反应式的反应温度相差并不多，但是在实验过程中还原渣中的主要产物总是 $12CaO \cdot 7Al_2O_3$，除非是在 CaO 的添加量不足的情况下才会有其他形式的铝钙化合物出现。

7.3.5 金属镁蒸气的冷凝与结晶

7.3.5.1 温度对镁结晶的影响

镁蒸气冷凝的条件是冷凝区要维持适宜的温度，使在该温度下镁的饱和蒸气压低于来自反应区的镁蒸气的实际分压：$p_{饱和} < p_{冷凝}$。表 7-7 列出了一些温度下镁的饱和蒸气压数值。

表 7-7 镁的饱和蒸气压

温度/℃	327	427	527	627	651
p_{Mg}/Pa	1.38×10^{-3}	1.04	19.73	221.31	350.64
温度/℃	727	827	927	1027	1107
p_{Mg}/Pa	1161.23	5306.22	17990	54320	1013240

从表 7-7 数据看出，当镁的熔点在 651℃以下时，其饱和蒸气压值很低，651℃时饱和蒸气压为 350.64Pa。随着温度继续升高，镁的饱和蒸气压急剧增大，这说明降低温度可以

将镁蒸气有效地凝结下来。当冷凝区的温度高于镁的熔点，镁蒸气的实际分压又高于该冷凝温度下镁的饱和蒸气压时，镁冷凝为液态；如冷凝温度低于镁的熔点，镁蒸气冷凝为固态。

7.3.5.2 剩余压力对镁结晶的影响

当系统中剩余压力高时，其中的气体分子或原子的浓度增大，镁蒸气原子与它们相互碰撞的频率高，镁原子的平均自由行程短，使向结晶表面扩散运动变得困难，促使蒸气态镁原子就近在镁晶体的突出部位处凝结下来，越是结晶突出的部位，结晶生长得越快，便造成了树枝状的结晶。若此时冷凝区的温度低，镁蒸气的能量散失得也快，使镁原子运动速度降低得快，同样会促使镁原子在结晶突出的部位就近结晶。当冷凝区温度过低时，镁蒸气进入冷凝区后被急速冷却下来，得到的便是粉末状的镁。实践证明当冷凝区的剩余压力低于 13.3Pa 时，可以得到外观平整、致密的纤维状的结晶镁，此时温度的影响作用不大；如果剩余压力超过 26.7Pa，则会形成疏松的树枝状的结晶。

7.3.5.3 设备气密性对镁结晶的影响

当还原设备密闭性不好，有外界空气漏入冷凝区，或者还原用炉料中残留有水分或二氧化碳时，对镁结晶的质量也会产生不良的影响。在还原炉内的高温条件下，镁极易与氧、水分和二氧化碳作用生成氧化镁，与空气中的氮气作用生成氮化镁，这不仅直接消耗与污染了镁，同时如果这些氧化物和氮化物生成在结晶镁的表面，它们所形成的薄膜将会阻碍镁继续结晶，导致结晶疏松，失去金属光泽。

7.3.5.4 杂质对镁结晶的影响

还原过程的炉料，含有少量的杂质金属和氧化物等，因而还原得到的镁蒸气中可能相应的含有一些金属原子。由于在同一温度下不同金属的饱和蒸气压不同，因此它们在冷凝时的行为也有所不同，不同金属蒸气压与温度关系如图 7-4 所示。

同一温度下，饱和蒸气压由小到大排列顺序：Ca、Mg、Na、K。还原过程中，饱和蒸气压较小的金属蒸气先冷凝，且易在冷凝区中靠近反应区的部位冷凝；而饱和蒸气压比较高的 K、Na

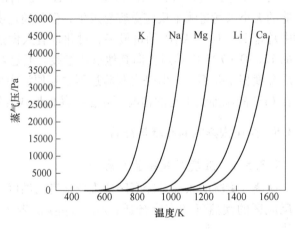

图 7-4 不同金属蒸气压与平衡温度关系

金属则在离反应区比较远的部位冷凝。在实际生产中正好利用这一特性设法使易燃而相对挥发度高的碱金属钾、钠与镁分开在不同的部位结晶，这样既避免了钾、钠金属对镁金属的污染，又防止钾、钠金属引燃金属镁。

7.3.6 真空热还原法工艺

真空热还原法根据还原剂的不同，也可分为许多种方法，但是目前工业应用的只有硅热法中的皮江法（Pidgeon），以下分别对不同的工艺进行简单介绍。

7.3.6.1 硅热还原法

硅热法主要是以白云石为原料，硅铁为还原剂，在高温下进行还原生产金属镁。此法是目前世界上广泛被采用的一种较成熟的炼镁方法，我国大多数炼镁企业采用此种方法生产。

用硅还原氧化镁的反应为：

$$2(CaO \cdot MgO)(s) + Si(Fe)(s) = 2Mg(g) + 2CaO \cdot SiO_2(s) + (Fe)(s) \tag{7-32}$$

按加热方式的不同可以将硅热还原法分为皮江法、半连续热还原法和波尔加诺法等。

皮江法的特点是：反应物与还原剂的配料置于金属制的真空罐内，靠外部热源进行加热来实现还原反应所需要的温度，其工艺流程如图 7-5 所示。

皮江法是用硅铁（Si ≥ 75%）还原煅烧的白云石。典型工艺是将料磨细，在一定压强下压制成一定形状及大小的球团后加入由耐热钢制成的真空罐中，抽真空并加热至一定温度将镁蒸气还原出来，在真空罐的冷端设有一个筒形冷凝器，析出的

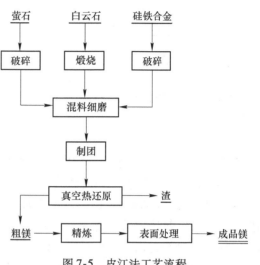

图 7-5 皮江法工艺流程

镁蒸气就会在其中冷凝成冠状晶体，再经过精炼即可得到成品镁。反应温度一般控制在 1200℃ 以下。皮江法炼镁的还原过程镁的还原率高，约 85%~87%。目前世界上 80% 以上的金属镁是在我国用皮江法生产的，经过几十年的发展，我国的皮江法炼镁技术取得了很大的进步，在炼镁能耗、硅铁损耗、还原过程料镁比等方面大幅度降低，还原罐的使用寿命大大延长，能耗及生产成本有了很大的降低，但皮江法炼镁技术仍是一个高能耗、高污染、高 CO_2 排放的冶金行业。相对于电解法其主要缺点是间断生产，生产能力和劳动生产率低，从而使镁的成本增加。

半连续热还原法（Magnetherm）是第二次世界大战后不久由法国发展起来的一种炼镁工艺，它是热法炼镁的一大改进。与皮江法相比，该工艺的反应温度高，生成的熔渣为液态，可以直接抽出而不破坏设备内的真空环境。半连续热还原工艺采用一个钢外壳内砌有保温材料及炭素内衬的密封还原炉，热源源自原料和反应产物在还原过程中所生成的熔液的电阻所产生的焦耳热。炉料中除煅烧白云石和硅铁外，还有煅烧铝土矿，在配制炉料时，应使熔渣的摩尔比为：$CaO/SiO_2 \leq 1.8$，$Al_2O_3/SiO_2 \geq 0.26$。加入铝土矿的目的是为了降低熔渣的熔点，利用熔渣通电产生的热量来加热炉料并保持炉内温度为 1450~1500℃。生产过程中，连续加料、间歇排渣和出镁，为半连续生产，故称为半连续热还原法，产品为液态，可直接铸锭。

工艺流程及还原设备如图 7-6 和图 7-7 所示。

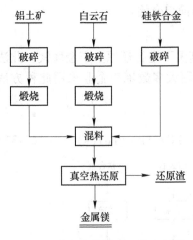

图 7-6　半连续热还原工艺流程图

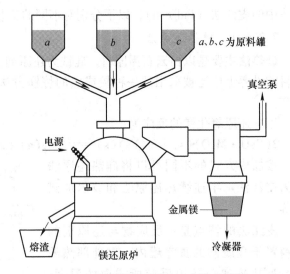

图 7-7　半连续热还原法生产设备简图

　　该工艺的缺点是反应炉炭素内衬的寿命太短，致使产品成本较高。另外由于高温促使副反应增加，使产品纯度不如皮江法，因此 30 年来一直没能被推广。

　　波尔加诺法（Bolzano）也称内电阻加热法。这也是一种以硅铁为还原剂还原煅烧过的白云石的真空热还原炼镁方法。与皮江法不同在于：原料制成砖状，还原炉尺寸约为 $\phi 2\mathrm{m} \times 5\mathrm{m}$，钢外壳，内砌耐火材料。内部有若干串联的电阻环，砖形料放在电阻环上直接加热，镁结晶器在还原炉上部。精炼工艺与皮江法相同。

　　它与皮江法相比的优点是热效率高、电耗低、还原过程镁还原率高，还原渣中未反应的 MgO 残留量少。但是该工艺只能采用电流加热，因此限制了其推广。在我国很多镁厂是利用价格较低的煤炭或者重油燃烧为还原反应提供热量，也有很多镁厂利用的是余热或者是高炉煤气，或者如在陕北地区，可以利用油田里可燃的伴生气。这些都可以用来当做皮江法的热源，但是波尔加诺法中无法利用。

7.3.6.2　碳化钙还原法

　　用碳化钙还原氧化镁的反应为：

$$\mathrm{MgO(s) + CaC_2(s) = Mg(g) + CaO(s) + 2C(s)} \tag{7-33}$$

　　还原过程在耐热合金钢制的还原罐内于 900 ~ 1100℃ 及小于 100Pa 的压强下进行。还原出来的镁蒸气经冷凝后得到结晶镁，再熔化铸成镁锭。由于此法生产成本较高，且碳化钙的活性较低，又易吸湿，物料流量大等，此法在第二次世界大战后也停止使用。但是因为用碳化钙还原菱镁矿或者水镁石时不用添加氧化钙，因此可以在有限的还原罐容积内增加含镁原料的添加量，有利于提高镁的生产效率。因为具有这一优点，引起许多专家学者的兴趣，不断有学者对其进行研究。

7.3.6.3　碳热还原法

　　用碳还原氧化镁的反应为：

$$\mathrm{MgO(s) + C(s) = Mg(g) + CO(g)} \tag{7-34}$$

采用活性炭作还原剂，但是还原出来的气态镁和还原产生的 CO 混合，镁很容易又被氧化，甚至发生剧烈爆炸。只有将反应产物迅速冷却，使镁的饱和压急剧降低到反应所得的镁蒸气压力之下，或者是在高温下将反应产出的 CO 与镁蒸气分离开来，才有可能使镁成为金属产出。然而前一种做法难度很大并且很不安全，后一种做法则是根本不可能的。所以 20 世纪 30 年代先后建立了四家工厂，第二次世界大战结束前也都先后关停。

7.3.6.4　铝热还原法

铝热还原法很早就有研究，但是从理论上计算其经济成本太高，而且在实际操作中也会遇到其他的困难。首先在理论上，一个 Si（相对原子质量 28）可以还原出两个 Mg（相对原子质量 24），即还原生产 1t 金属镁，理论需要硅还原剂 0.58t，而以铝为还原剂，一个铝（相对原子质量 27）还原得到 1.5 个金属镁，即还原生产 1t 镁，对铝的理论需求量为 0.75t，实际上，在还原时的高温条件下铝有一定的蒸气压，所以会有一定量的挥发损失。并且因为铝的化学性质活泼，容易被氧化，所以铝真正的需求量可能要比此值高一些。其次，在实际实验操作中，在高温还原反应温度下与还原罐内壁接触的物料中的铝容易与内壁的铁元素生成 Fe-Al 合金，从而降低罐的寿命。另外由于硅铁的价格比硅铝合金要便宜。综合这些原因导致长期以来铝热还原一直没有受到重视。

近年来随着我国热法炼镁技术的发展，还原罐等设备质量不断提高，铝和铝硅合金生产工艺的改进，以及废铝的再生利用技术的发展，使得铝热法的成本可以大幅度降低，为铝热法炼镁的发展创造了基础。

东北大学冯乃祥教授领导的课题组经过实验研究发现用硅铝合金作还原剂比用硅铁合金作还原剂有较好的优势，即反应温度降低；反应速度快，由于铝硅合金比硅铁合金活泼，并且铝硅合金与氧化镁之间发生的是固-液反应，可以缩短反应时间，提高生产效率；降低料镁比（炉料中的镁元素质量/炉料的总质量），因为用铝还原最终生成了 $12CaO \cdot 7Al_2O_3$ 等物质，这个反应所需的 CaO 的量少于硅作还原剂，可以允许物料中 CaO 和 MgO 的摩尔比 $CaO/MgO < 1$，这样相对于皮江法可以大大提高生产效率。

用铝热还原氧化镁的主要的反应式为：

$$12CaO(s) + 21MgO(s) + 14Al(l) = 12CaO \cdot 7Al_2O_3(s) + 21Mg(g) \qquad (7-35)$$

另外如果控制好还原条件，也可以使 CaO 和 Al_2O_3 生成 $CaO \cdot Al_2O_3$ 或者 $CaO \cdot 2Al_2O_3$ 等物质，这就将更大地降低料镁比，提高生产效率。由于铝还原氧化镁之后被氧化成了 Al_2O_3，而且热法炼镁一般选用低硅原料，所以还原渣还可以作为碱浸氧化铝的原料。其主要的工艺流程如图 7-8 所示。

东北大学冯乃祥教授领导的课题组，发明并实验成功了一种新的炼镁技术，该技术以白云石和菱镁石混合矿物为原料或以高镁白云石（高镁白云石为我国辽宁特有的一种矿物，含 CaO 8%~12%，MgO 36%~41%，储量超过 3 亿吨）为原料，以回收的废铝加工的铝粉为还原剂真空热还原制取金属镁，同时利用炼镁后排出的渣料生产特种氢氧化铝或氧化铝。目前该工艺正在进行工业化实验。

7.3.7　几种炼镁方法的比较

根据几种炼镁方法的特点，可以从能耗与环境方面对各方法进行比较，见表 7-8。

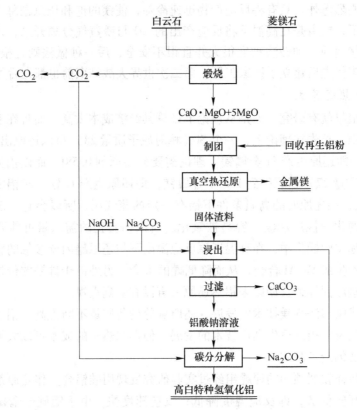

图 7-8 新法炼镁工艺流程

表 7-8 几种炼镁方法的能耗和对环境影响的对比（生产 1t 金属镁）

炼镁方法	原料/t	能耗/kW·h	共计 /kW·h	废气/t	废渣/t	辅助材料/kg
熔盐电解法（菱镁矿）	菱镁矿：4.84；石油焦：0.57；$MgCl_2$：4.4	电解：11000；精炼：1000；石油焦：1600；"三废"治理：1500	15100	>15（其中阳极气体可返回氯化炉循环利用）	0.29	石墨阴极：30~50
熔盐电解法（水氯镁石）	水氯镁石：10；无水氯化镁：4.6	电解：11000；精炼：1000；脱水：6900；"三废"治理：1300	20200	>5（阳极气体压缩后可做商品出售）	0.29	石墨阴极：80~100
皮江法（煤加热）	白云石：10~12；硅铁：1.1	生产还原剂：9000；燃料：24000~30000；精炼：1000	34000~40000	5tCO_2（烟尘可以净化）	炉渣可做水泥原料	反应罐：150
皮江法（电加热）	白云石：10~12；硅铁：1.1	生产还原剂：9000；还原：12000~15000；精炼：1000	22000~25000	无	炉渣可做水泥原料	反应罐：150

炼镁方法	原料/t	能耗/kW·h	共计/kW·h	废气/t	废渣/t	辅助材料/kg
半连续法	白云石+菱镁矿+铝土矿（煅后）：6.4；硅铁：1.02	生产还原剂：9000；还原：8850；精炼：1000	18850	无	炉渣可做水泥原料	石墨电极
热元件内电阻加热法	白云石：11；硅铁：1.1	生产还原剂：9000；还原：8000；精炼：1000	18000	无	炉渣可做水泥原料	无

由表 7-8 的数据可以得出以下结论：

（1）从环保角度，电解法产生的大量 HCl 废气和氯气对设备密封性能要求很高。也会产生数量较大的以氯化物为主的电解质废渣，处理这些废电解质和废渣成本很高。而热法炼镁中只有用燃煤或重油加热的皮江法会有部分烟尘和因燃料中含硫而产生 SO_2 等，另外热法炼镁的炉渣又可用于生产水泥，基本可做到无废物排入环境。因此，从环保角度，硅热法炼镁具有绝对优势。

（2）从能耗角度来看，菱镁矿氯化电解法是能耗最小的，其氯化过程几乎不消耗热能。其次是内电阻加热法，但如果不考虑生产硅铁的能耗的话，内电阻加热法是能耗最小的。

（3）从矿石资源消耗角度来看，电解法和皮江法在消耗矿石资源吨位方面也是基本相当，卤水、白云石、硅石在我国的储量非常大，都不属于稀缺资源。从地域分布上看，用于电解法的卤水主要集中在青海柴达木盆地盐湖区域。而用于皮江法的白云石几乎遍布全国各地，建设皮江法镁厂不受矿石资源限制。

另外还有一个方面的因素表 7-8 中没有反映出来，电解法炼镁相对于热法来说工艺比较复杂，对工人技术水平要求比较高，工厂建厂投资比较大，因此我国几乎所有的原镁都是由中小企业用皮江法生产出来的。

表 7-8 中也没有体现出新的铝热还原的能耗，用铝热还原不仅具有皮江法的优势，而且对皮江法效率低下的缺点进行了改进。因为铝热法的炉料中 CaO/MgO < 1，这样炉料中 MgO 的含量就会大大提高，相应地提高了镁的生产效率。经计算皮江法炼镁吨镁需 11t 白云石，而新的铝热法，吨镁只需 4.9t 菱镁石和白云石，同时菱镁矿的煅烧温度也低于白云石，这样就大大提高了热法炼镁的生产效率，并使生产单位原镁的能耗降至皮江法的一半以下。如果这种方法再结合内电阻加热，那将会给镁冶炼工业带来一场革命性的飞跃。

7.4 煅烧白云石

目前我国几乎所有的镁冶炼厂都是采用皮江法工艺，而皮江法最主要的原料就是白云石。行业上一般将白云石煅烧熟料称为煅白，煅白活性的高低直接影响到镁的还原率。

7.4.1 白云石的性质

硅热还原过程中,每还原 1mol 的 MgO 就需要 1mol 的 CaO 参与造渣反应,而白云石正好是镁和钙的天然混合物。白云石的主要成分是 $CaCO_3 \cdot MgCO_3$,其中 CaO 与 MgO 的质量比为 1.394,摩尔比为 1.0,镁元素的理论含量为 13.2%。

实际上也有人尝试用镁含量更高的菱镁石($MgCO_3$)或者其他镁矿石为原料,煅烧成 MgO 熟料后,配入等摩尔的刚煅烧好的 CaO,混合制团还原,但是镁还原率一般为 60% 左右。而且由于白云石在我国分布很广,价格低廉,因此工业热法炼镁均采用白云石为原料。这主要是因为白云石天然成分即是一个 MgO 旁边就有一个 CaO,MgO 和 CaO 成分混合均匀,而且混合细密至分子级。与之相比菱镁石煅烧熟料和人工配入的 CaO 不可能混合均匀细密如白云石天然形成的一样,而且在混合过程中,煅烧熟料会吸水吸 CO_2 而降低活性。白云石和菱镁石的晶体结构如图 7-9 和图 7-10 所示。

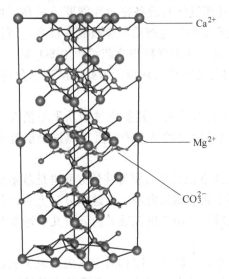
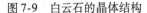
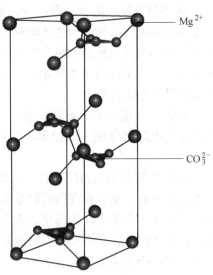

图 7-9 白云石的晶体结构   图 7-10 菱镁石的晶体结构

由图 7-9 可知,白云石的晶体结构为三方晶系,菱面体晶胞:$a_{rh} = 0.601$nm,$\alpha = 47°37'$,$z = 1$;六方晶胞:$a_h = 0.481$nm,$c_h = 1.601$nm,$z = 3$。与方解石型结构相似,不同之处在于 Ca 八面体和 Mg、Fe、Mn 八面体层沿三次轴做有规律的交替排列。由于存在 Mg 八面体层,故白云石的对称低于方解石。Fe、Mn 代替 Mg,导致白云石晶胞增大。白云石以其弯曲的晶面(马鞍形晶体)为特征。与方解石、菱镁石的区别在于晶形和双晶纹总是平行于菱面体解理的长、短对角线方向;与冷盐酸作用起泡不剧烈、加热则剧烈起泡。铁白云石氧化后变深褐色,易与菱铁矿混淆,需用差热分析等方法区别。

白云石的理论组成为:CaO 30.41%,MgO 21.86%,CO_2 47.73%。常见的类质同象有 Fe、Mn、Co、Zn 代替 Mg,Pb 代替 Ca。其中 Fe 与 Mg 可形成 $CaMg(CO_3)_2$、$CaFe(CO_3)_2$ 完全类质同象系列;当 Fe > Mg 时称铁白云石。Mn 与 Mg 的替代则有限,Mn 替代称锰白云石。其他变种有铅白云石、锌白云石、钴白云石等。

白云石颜色为无色或白色,随着 Fe 含量增高而变为黄褐色或褐色,含 Mn 者可显浅红色；玻璃光泽；硬度为 3.5~4；相对密度为 2.85，随 Fe、Mn、Pb、Zn 含量增高而增大。折射率和重折率均随 Fe、Mn 增高而增大。

表 7-9 中列举了辽宁省不同地区得到的白云石的化学成分，白云石在我国分布很广泛，我国其他地区的白云石的主要成分也基本相同。

表 7-9 辽宁地区白云石化学成分

矿 名	营口县阵家堡子	凌源县哈拉海	大连市南山岭	本溪市朴家湾
MgO	21.72	21.3	19.0	17.44
CaO	29.42		34.0	31.76
SiO$_2$	0.52	1.4	1.5	4.5
Al$_2$O$_3$ + Fe$_2$O$_3$		0.7		

图 7-11 所示为辽宁丹东地区采集到的白云石 X 射线衍射物相分析（XRD 分析）结果。

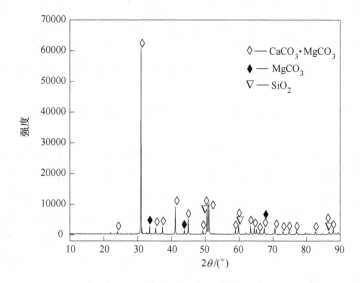

图 7-11 白云石的主要物相组成

图 7-11 所示结果是采用德国 Bruker 公司 X 射线衍射仪对实验所用的白云石进行的 XRD 分析，XRD 分析时扫描速度为 2.4°/min，角度范围为 20°~70°，步长为 0.02°。从图 7-11 可以看出，CaCO$_3$·MgCO$_3$ 的峰特别突出，说明其中的主要物相结构为 CaCO$_3$·MgCO$_3$，同时掺杂有少量 MgCO$_3$，杂质相主要为 SiO$_2$。

7.4.2 白云石的煅烧

对白云石进行差热与热重的分析测定。采用德国耐驰仪器制造有限公司 STA 44TC 综合热分析仪，差热与热重同时测定，样品气氛为：氧气、氮气混合气，氧气 6mL/min、氮气 30mL/min，升温速度 10℃/min，实验温度范围 0~1000℃，Al$_2$O$_3$ 坩埚。测定结果如图 7-12 所示。

图 7-12 为白云石的 DSC-TG 曲线，测试温度从 0℃开始，在图中有两个失重台阶，第

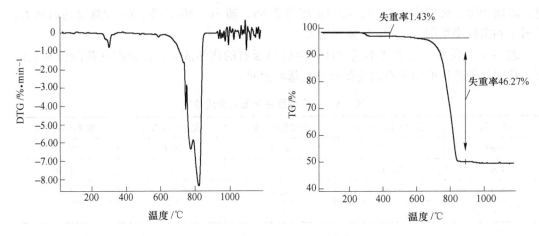

图 7-12　白云石的 DSC-TG 曲线

一阶段与 $MgCO_3$ 的分解相似，在 280℃ 左右开始失重，但出现明显失重突变点却在 650℃，失重率 1.43%，对应的 TG 曲线上在 770℃ 左右有一个吸热峰，$MgCO_3$ 初步分解，第二阶段 780℃ 开始失重，失重区间为 780~820℃，对应的 DTA 曲线上在 810℃ 左右有一个吸热峰，失重率 46.27%，主要为 $CaCO_3$ 分解。表明白云石的热分解主要是通过两个过程来实现的，即

镁质化分解反应：
$$CaMg(CO_3)_2 = CaCO_3 + MgO + CO_2 \qquad (7\text{-}36)$$

钙质化分解反应：
$$CaCO_3 = CaO + CO_2 \qquad (7\text{-}37)$$

但是与上述测量结果不同的是，工业中白云石的煅烧温度通常会略高于 1000℃，其实这种行为和差热热重的测量结果不相矛盾。因为工业上煅烧的白云石是大块的矿石原料，在煅烧过程中外界要有一个高于矿石内部的温度梯度，这样才能保证热量快速传递到矿石内部，从而使矿石分解。与之相比的差热热重测试的是粒径极小的粉末，在接近理想情况下进行高温分解，所以测量的结果更接近于碳酸盐矿物分子的理论分解温度。

有学者研究认为煅烧白云石时添加少量萤石（主要成分为 CaF_2）可以加速碳酸根的分解过程，并降低分解温度。实验证明，白云石的分解温度随萤石粉添加量增加而下降。但是实际生产中在煅烧阶段并不添加萤石粉，或者一般添加不超过总质量的 3%。这主要是根据 X 射线衍射分析，加萤石煅烧的白云石，其矿物结构与标准的 CaO、MgO、CaF_2 完全相同，因此认为 CaF_2 可促进 CaO 与 MgO 晶粒的长大。而晶粒长大的后果就是降低了煅烧熟料的冶金活性。另外有些小型工厂的白云石煅烧是大块的矿石堆放在竖窑中进行，萤石粉对粒径较大的物料作用不大。

需要注意的是，煅白在空气中的吸水性非常强，存放时间稍长煅白活性就会大大降低，所以煅烧好的煅白要尽快用于还原，一般不能等到第二天。实在需要存放一两天的情况下，要用塑料袋密封存放于干燥处。有些还原厂没有自己的煅烧车间，所用的煅白是从别的工厂买来的，所以要注意测量煅白的活性。

7.4.3　白云石煅烧后活性测定方法

煅白的活性是指氧化镁参与化学或物理化学过程的能力。氧化镁的活性很难用一个普遍的，绝对的定量指标来比较和评价，实质是雏晶表面价键的不饱和性，晶格的畸变和缺陷加剧了键的不饱和性，因此氧化镁的活性是氧化镁的一种本能属性，而活性的差异主要来源于氧化镁雏晶的大小及结构不完整等因素。若结构松弛、晶格畸变、缺陷较多，则表面吸附一定数量带有不同极性的基团，它是一种不饱和价键，易于进行物理化学反应，表现为氧化镁的活性高。反之氧化镁晶粒较大、结构紧密、晶格完整，其活性较低。因此实际生产中，品质最好的煅白是碳酸根刚刚分解，而氧化镁晶粒还没有来得及形成，或者氧化镁没有吸水形成其他化合物。

7.4.3.1 测定方法

实验中通常采用烧损率、灼减量、水化活性度和柠檬酸活性度这几个指标来综合评价煅烧白云石中氧化镁的活性。

A 烧损率

烧损是为了衡量白云石的分解程度，数值越大，矿石分解越彻底。对于白云石，分解彻底即 $CaCO_3 \cdot MgCO_3$ 中 CO_2 完全放出，因此可以计算理论烧损率。

烧损率对后续还原影响很大，如果烧损过小，则 CO_2 分解不彻底，影响参与反应的 MgO 的量，并且，在还原升温过程中放出 CO_2，重新氧化还原出的镁蒸气，生成氧化镁。

实际烧损率计算如下：

$$烧损率 = \frac{W_1 - W_2}{W_1} \times 100\% \qquad (7\text{-}38)$$

式中，W_1 为煅烧前白云石的质量，g；W_2 为煅烧后的质量，g。

白云石在 1200℃ 条件下煅烧 0.5h 以后，其烧损率一般可达到 46.5%~47.5%。如果没有达到，说明白云石没有分解完全。

B 灼减量

灼减量指煅烧后的白云石中残存的物质和吸收空气中的 H_2O 和 CO_2 的量。灼减量越小越好。

灼减量按如下方式计算：

$$灼减量 = \frac{G_1 - G_2}{G_1} \times 100\% \qquad (7\text{-}39)$$

式中，G_1 为灼烧前煅烧白云石的质量，g；G_2 为灼烧后的质量，g。

对于硅热法炼镁用的煅白，理论上其灼减量要求不大于 0.5%，即煅烧后所获得的煅白基本上不含有 H_2O 和 CO_2。但是在实际生产中，煅白在存放过程中不可能完全隔绝空气中的 H_2O 和 CO_2，而其中的 CaO 与 MgO 又极易重新吸收 H_2O 和 CO_2，所以煅白的灼减量都会偏高。

C 水化活性度

水化活性度是指白云石分解后与水的结合能力和煅白的活性。从侧面反应白云石的分解程度，并且可以检查分解的白云石是否因过烧而导致煅白失活。因为这种方法简便实用，所以被广泛使用，一般水化活性度越高说明煅白活性越好。

活性度按如下方式计算：

$$水化活性度 = \frac{m_1 - m_2}{m_1} \times 100\% \qquad (7\text{-}40)$$

式中，m_2 为煅白质量，g；m_1 为吸湿烘干后的质量，g。

煅烧后白云石在煅烧条件（温度、时间或白云石块度）较好的情况下可达 35% 以上。按照理论进行计算，如果煅白所含全部为 CaO 和 MgO，吸水后全部转化为 $Ca(OH)_2$ 和 $Mg(OH)_2$，按照式（7-40）计算的水化活性度理论最大值为 37.5%。

D 柠檬酸活性度

MgO 是二元碱，它在水中的溶解度小，当 MgO 微粒悬浮在水中进行水化形成 $Mg(OH)_2$。

$$MgO + H_2O \longrightarrow Mg(OH)_2 \longrightarrow Mg^{2+} + 2OH^- \tag{7-41}$$

当加入酸后，OH^- 被中和：

$$Mg(OH)_2 + 2H^+ \longrightarrow Mg^{2+} + 2H_2O \tag{7-42}$$

由于中和反应的进行，可以使 MgO 不断水化成 $Mg(OH)_2$，弱酸又与 $Mg(OH)_2$ 继续作用，反应式（7-41）迅速，反应式（7-42）是决定反应速度的方程式。

用柠檬酸溶液浸取氧化镁速度的快慢与氧化镁的活性有关，活性氧化镁含量越高，则其溶解活化能越低，反应时间越短。所以在相同的条件下用弱酸反应快慢来表征氧化镁的活性。

测量方法为：称取 1.7g 试样，精确至 0.0003g，置于干燥的 300mL 烧杯中，在恒温 40℃ 的磁力搅拌器上，滴加两滴酚酞指示剂，迅速加入 40℃、200mL（0.07mol/L）的柠檬酸水溶液，开动磁力搅拌器（500r/s），同时打开秒表，试液呈红色立即停秒表，以秒表表示煅白的活性。

7.4.3.2 实验测量煅白活性的步骤

实验测量煅白活性的步骤为：

（1）取坩埚若干，记录坩埚质量 W_1，称取白云石少许，记录质量 W_2，加入 CaF_2（或者也可不加，视实验需要），称重，记录数据 W_3。

（2）将称好的白云石放入电阻炉中，因为白云石 640℃ 开始分解，所以炉中起始温度不应大于 600℃，升温 3h 至实验温度后，开始恒温。

（3）取出坩埚称取质量 W_4，计算烧损。

（4）将坩埚内煅白分两份，其中一份 3.00g 左右放入坩埚中，称取质量 W_5，加入过量水，放入烘箱中 120℃ 恒温，2h 后取出，称取质量 W_6，计算水化活性度。如果需要测量柠檬酸活性度，则需要将坩埚内煅白分成三份，多取的一份用来测量柠檬酸活性度。

（5）将另一份煅白继续放入炉中，恒温 2h 后，取出称重 W_7，计算灼减。

7.4.4 煅烧白云石的设备

7.4.4.1 回转窑

我国硅热法炼镁厂，部分采用回转窑煅烧白云石。图 7-13 所示为我国辽宁金晶镁厂回转窑煅烧炉。

用回转窑煅烧白云石，生产能力大、机械化程度高、维护操作简单、煅白活性

图 7-13 煅烧白云石所用回转窑

高、灼减量低，并且无论白云石是何种结构，只要控制好工艺条件，其煅烧效果均很好。

回转窑要求白云石粒度小（5~25mm），窑内物料随着窑的旋转，充分翻滚，强化了辐射传热过程。物料加热均匀，煅烧完全，煅烧温度容易控制。其原料利用率是竖窑的两倍，高达90%以上。生产实践表明，回转窑生产出的煅白活性度高，镁的提取率和硅的利用率也比较高。

回转窑所用燃料种类很多，气体燃料有发生炉煤气、半水煤气、焦炉煤气；液体燃料有柴油、重油、原油；固体燃料有煤粉、冶金焦粉等。

回转窑常用窑弄包括：直筒型、窑头扩大型、窑尾扩大型、两端扩大型等。

7.4.4.2 竖窑

竖窑是一种不转运的立式煅烧设备。我国过去的一些工艺较老的冶金厂常采用这种煅烧设备。其特点是结构简单、一次性投资小，但是与回转窑相比产量低、损耗大、煅白活性低。因此属于淘汰设备。

7.4.4.3 沸腾炉

沸腾焙烧是我国近年来发明的一种煅烧白云石的新技术。这种设备产能大，能耗比回转窑更低，而且分解反应迅速。但是煅烧前需将白云石破碎磨细至粒径十分细小的粉末。

7.4.4.4 隧道窑

隧道窑将物料装入坩埚，推入煅烧用的隧道内。坩埚从一端进入，依次经过预热带、高温带、冷却带，然后从窑的另一端出来。这种窑热效率低、热耗大、劳动生产率低、劳动条件差，但是适合小规模生产用。

7.5 还原剂和添加剂的选择

7.5.1 还原剂

热法炼镁的还原剂通常有：硅、铝、钙、碳化钙及碳质材料等。因为钙还原的成本较高，所以目前工业上最常用的还原剂只有硅铁，少量工厂有实验性地用铝硅合金。

7.5.1.1 硅铁

在工业生产中，一般采用含硅量75%的硅铁做还原剂。有研究表明，当其他因素不变时，镁的还原率随着硅铁中硅含量的提高而提高，但是当硅铁中硅含量超过75%以后，镁的还原率提高不明显。而与此同时，硅含量超过75%硅铁价格较高，导致炼镁的成本提高。另一个方面硅含量较高时，硅铁被磨细后硅极容易被空气氧化成SiO_2，而起不到还原作用。综合这两个方面的因素，硅热法炼镁采用75%的硅铁做还原剂。

7.5.1.2 铝系还原剂（铝硅合金、废铝）

铝因为价格较高，长期以来工业上没有作为还原剂使用过，但是铝的还原能力较强，因此不断有学者开发用铝做还原剂的炼镁新方法。

7.5.2 添加剂

为了加速还原反应的速度，炉料中要配入一定量的矿化剂。用于硅热法炼镁用的矿化剂，有 MgF_2、CaF_2、AlF_3、NaF、$3NaF \cdot AlF_3$ 等，这些氟化物的加入对反应平衡没有影响，只是起着矿化剂的作用，使物料间的相互作用加速。在硅热法炼镁中是使 SiO_2 与 CaO 之间的相互作用加速。这些矿化剂中，MgF_2 效果最好，其次是 CaF_2。由于 MgF_2 价格昂贵，而自然界存在主成分为 CaF_2 的萤石。所以，工业生产中采用品位较高的萤石做矿化剂。

CaF_2 在还原过程中是一种非表面活性物质，它能增大氧化物表面的反应能，促使还原反应加速。当 MgO 被 Si 还原时，能增大 MgO 表面活性，增大还原反应速度，所以炉料中必须添加萤石粉。

由于萤石的添加量很小，故其纯度要求较高，其中 CaF_2 含量应大于 94% 为宜。

7.6 配料磨细制团

7.6.1 磨细

真空热还原法炼镁的炉料主要为煅白、还原剂和添加剂，这些物料在反应过程中都是固体，因此还原反应属于固-固相反应过程，在这个过程中为了缩短反应物和还原剂之间的距离，要求炉料要有较小的粒度，有较大的比表面积，并且要将炉料压制成团块，这样才能使反应物料充分接触，提高 MgO 的还原率。但是，如果炉料太细制团时压缩比小，又难于成型，因此炉料的粒度必须控制在一定的范围内。对于不同的物料其粒度和其他性质的要求一般也是不同的。

白云石非常坚硬，但是在煅烧时随着分解的 CO_2 向外排出，使煅烧熟料中形成了许多孔隙，因此煅白就变得很松软，容易被破碎磨细。所以，大部分厂家都是先将白云石初步破碎，煅烧后再磨细。

炉料的破碎磨细和混料有两种工艺：一种是将 3 种原料分别磨细，再进行混合；另一种工艺是将 3 种原料先进行粗碎，再按比例配好混合后，一起进行混合磨。这两种工艺各有好处。

第一种工艺可以使物料磨得更精细些，因为这 3 种物料的性质不同，对它们的粒度要求也是不同的。一般情况下，硅铁比较硬脆，所以比较好磨，粒度要求 80% 达到小于 $80\mu m$（180 目），萤石粉要求 100% 通过 $75\mu m$（200 目）筛孔。而煅白在磨细时很多会出现黏磨的现象，而且煅白如果磨得时间太长，会使它吸收空气中的水分和 CO_2 而降低活性，所以煅白粒度无法要求特别严格，一般要求达到小于 $120\mu m$（120 目）即可。

第二种工艺，即混料后再一起磨细，通常用球磨，这样可以达到既混料均匀，又将物料磨细的效果，缩短了磨料混料的时间。

7.6.2 配料

硅热还原反应按照以下反应式来配料：

$$2(CaO \cdot MgO)(s) + Si(Fe)(s) = 2Mg(g) + 2CaO \cdot SiO_2(s) + (Fe)(s)$$

$$(7-43)$$

需要注意的情况有：

（1）在硅热还原工艺中，必须保证炉料中 CaO 和 MgO 的摩尔比为 1:1。如果炉料中 CaO 的量较多的话，需要补充等物质的量的煅烧菱镁石熟料，如果炉料中 MgO 的量较多的话，需要补充等物质的量的生石灰。但是在铝热还原过程中，可以少加入 CaO，或者是多配入一些 MgO。

（2）硅铁中硅的物质的量，应过量 10%~30%，即炉料中 Si/2MgO（摩尔比）= 1.1~1.3。这是因为，过量添加还原剂可以增大 Si 和 MgO 碰撞的机会，从而增大还原率。并且硅铁中的 Si 在磨细和配料等过程总要有一部分损失掉，或者被空气氧化成 SiO_2 而失去还原能力，所以还原剂要适当过量。

（3）萤石（CaF_2）的添加量必须控制在一定范围内，实验研究表明，其添加量以煅白与硅铁质量和的 3% 为宜。添加量过小，效果不明显，添加量超过 4%，其效果反而变坏，它阻止硅原子扩散，并使炉渣发软，增加扒渣的困难。

7.6.3 制团

由于还原反应是固-固相反应，所以炉料必须制团，来增大物料之间的相互接触，以缩短硅原子还原 MgO 时的自由行程。物料粒径越小，制团压力越大，颗粒间的接触越好，越有利于还原反应的进行。另外，炉料制团后还可以提高还原罐中的装料量，提高单罐产能。但是制团压力也不能过大，因为制团压力太大后会降低团块的孔隙率，阻碍球团内部还原出来的镁蒸气向球团外溢出。对于不同的原料，其制团压力是不太相同的，工业上炉料制团压力一般为 150~200MPa，球团密度一般为 $2g/cm^3$ 左右。

炉料制成球团后要具有一定的形状，要求不能有棱角，不易被碰碎。球团成型后，表面不能有裂纹，否则这种球团在受热时易崩裂。合理的形状还能保证炉料装入还原罐内有一定的空隙，有利于镁蒸气从炉料中向外扩散。很多学者研究过炉料的形状，普遍认为，图 7-14 所示这种类似杏仁状的团块效果最好。

图 7-14 压制好的杏仁状团块

制好团后在运输和装料过程中所产生的破碎的团块或者粉料，不能装入炉中，因为这些粉料几乎不能发生反应，而且会降低炉料孔隙率，降低镁的还原率。所以这些粉料最好重新破碎制团。制团设备一般采用对辊式压球机。

7.7　真空热还原

7.7.1　真空热还原设备

经典的皮江法炼镁是将压制好的球团放入真空还原罐中，然后将还原罐横向插入还原炉中，还原炉对还原罐外部进行加热，还原罐内抽真空。这些过程中所用到的设备主要包括还原炉、还原罐和真空系统。

7.7.1.1　还原炉

一般还原炉的结构如图 7-15 所示。多数情况下采用燃气、重油、高炉煤气或者煤等作为燃料，要能够将还原罐中心温度加热到 1200℃以上。

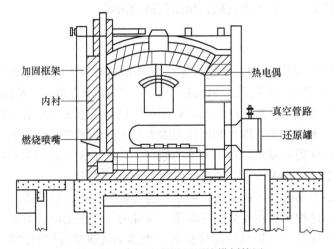

图 7-15　皮江法所用还原炉横剖简图

一般情况下还原炉会在左右两侧双向对插入多排还原罐，这样可以提高热效率。图 7-16 所示为工厂还原车间里插满还原罐的还原炉。

图 7-16　双排罐还原炉

为了节能降耗，也有许多工厂采用蓄热式火焰加热炉工艺，即在火焰炉两侧通风处各加装一个蓄热室，内部填充蓄热砖块。这样蓄热室即可回收利用燃烧烟气中大量的热量，实现节能的目的，如图 7-17 所示的蓄热系统。

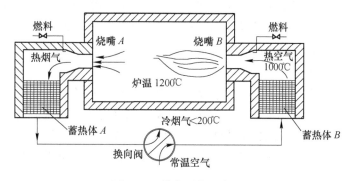

图 7-17　蓄热系统示意图

也有学者提出"竖式模块化"炼镁工艺，"竖式"是将本来横卧放置的还原罐，竖着从炉顶插入还原炉中。"模块化"即是采用几个还原罐组装在一起装入还原炉中。该工艺的优点是，还原罐内受热均匀，热传递迅速，还原罐扒渣方便，直接将还原罐底部打开即可，大大减轻了工人的劳动强度。目前该工艺在陕北和宁夏多家工厂已经推广，得到了较好的效果。

7.7.1.2　还原罐

真空热还原炼镁的工作环境恶劣，要求还原罐能耐 1200℃ 的高温，还能抵抗一定的烟气腐蚀，同时其内部的压强只有 10Pa 左右，所以它又要具有较高的抗高温蠕变能力，以抵抗因抽真空而带来的罐体变形。通常还原罐主体采用优质的耐高温不锈钢的无缝钢管。图 7-18 所示为还原罐的设备简图。

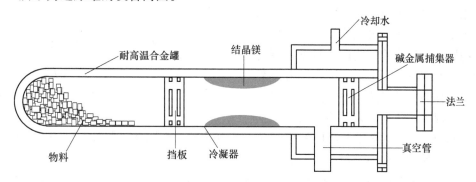

图 7-18　皮江法生产中所用还原罐的设备简图

由图 7-18 可以看出，还原罐主体结构由球形端底、筒体、冷却水套组成，筒体材质是耐高温不锈钢的无缝钢管，冷却水套是普通碳素钢即可。工作时将筒体插入炉内加热，冷却端露在炉墙外，冷却水套的作用一方面使镁蒸气迅速降温，并在还原罐内部的这个位置凝结，另一方面可保护还原罐口用来保持真空的密封胶圈。工业上还原罐外径一般为320mm，钢管壁厚为30mm，长度按照还原炉炉膛尺寸设计。还原罐内在图 7-18 位置要套一个钢筒做的冷凝器，作用是使镁在这个钢筒上冷凝，这样冷凝的镁就容易取出，便于工人用刀具将上面冷凝的镁片取下。冷凝器的外径要尽量接近还原罐的内径，即冷凝器和还

220

原罐中间要尽量没有缝隙，防止镁在冷凝和还原罐间的缝隙内结晶。

还原罐的价格是比较昂贵的，过去一段时间，每个用坏的还原罐无法修复再利用，只能当作废钢处理。但是，随着还原罐钢材料的改进，可以将损坏部分切割掉，并焊接上新的钢管，这样就大大降低了镁的生产成本。

7.7.1.3 真空设备

还原罐需要配套大型的真空系统，包括真空泵和真空管道等。真空泵机组要看有多少台还原罐而定，主泵一般采用罗茨泵，但是罗茨泵不能直接在大气压下工作，需要一个前级泵将气压抽到1.3×10^4Pa的预真空才能工作。目前我国镁厂大部分采用蒸气射流泵或者大型滑阀泵作为前级泵。在实际工作中，将一套前级泵和罗茨泵机组串联同时工作，可以达到比较好的效果。

需要注意的是，工业生产过程中，真空罐需要先插入炉中固定好以后，再开始抽真空，因为炉温较高，炉内空气会迅速被加热，因此刚开始抽出的气体是比较热的，所以在真空泵前要加装冷却设备。另外在还原过程中，会有一些球团上脱落下来的粉料，或者反应完全后，碎裂开的还原渣（粉状），被气体裹携着进入真空管道，因此真空泵前要加装过滤除尘装置。

7.7.2 热还原过程

7.7.2.1 真空热还原的特点

从热力学分析表明，还原反应为吸热反应，但是因为还原罐内部是真空条件，所以无对流传热，另外球团热导率很小，因此外部环境对球团的传热非常困难，即传热速率对总反应速率的影响不可忽视。

还原反应是从球团外部逐步向内推进；还原反应发生在一个区域当中，该区域位于固态产物层和未反应物层之间，且该区域的厚度相比球团半径小很多，可看作为一界面，反应在该界面上发生。综合以上分析，还原反应过程可用收缩性未反应核模型来描述。图7-19所示为收缩性未反应核模型示意图，其中r_0为颗粒初始半径；r为未反应核半径。

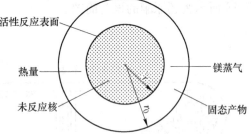

图7-19 还原过程的收缩性未反应核模型

Si-Fe与煅白在反应界面发生反应，生成镁和$2CaO \cdot SiO_2$，生成的金属镁呈气态，并在反应界面发生解吸，同时通过固体产物层向球团表面的空隙扩散，镁蒸气经上述过程后脱离球团表面，向冷凝器移动，最终在冷凝器上进行结晶。但是随着反应的进行，反应越来越向核心进行，因此传热变得更加困难，镁蒸气向外扩散时穿过产物层的阻力也增大。所以，还原率比较低时，经常会留下球团中心部位的一些残核。通过对收缩性未反应核模型的分析和对实验数据的总结发现，皮江法炼镁工艺的控制因素主要为热量传递和镁蒸气向外的扩散过程。

反应产生的残渣主成分为$2CaO \cdot SiO_2$，这种物质在冷却降温时会剧烈膨胀，最终碎裂成细粉末。

7.7.2.2　影响因素

还原过程的影响因素有很多，除了炉料品质的影响外，还原温度和还原时间等工艺控制对还原过程也有较大影响。

（1）还原温度。理论上还原温度越高越有利于还原反应的进行，但是考虑到还原罐罐体的使用寿命，一般温度不能高于1200℃。

（2）还原时间。在真空环境中，由于热量的扩散和对流作用较弱，传递速度较慢，延长反应时间，将有利于热量传递至球团核心，也有利于反应彻底进行。

7.7.2.3　操作工艺

在实验室中，将压制好的团块装入还原罐中，然后将还原罐密封好，打开冷却水，然后先开前级真空泵，紧接着还原炉可以缓慢升温。等到罐内压强降到 $1.3 \times 10^4 Pa$ 以下时，或者温度即将达到预设的反应温度时打开罗茨泵。这样做防止炉内热空气迅速进入真空泵将泵烧坏，另外缓慢升温也是为了保护还原罐不被烧坏。有时，实验室情况下，如果真空管路密封比较好，实验用的还原罐容积也比较小的时候，只用一台旋片式机械泵就能达到想要的真空度。

等反应结束后，先将炉温缓慢降下，等还原罐内温度降至反应温度下再关闭罗茨泵。再等还原罐内温度降到镁的燃点下，关闭前级泵。最后等炉温降至室温后，关闭冷却水。在降温过程中保持真空是为了保护还原出来的镁不被再次氧化。保持冷却水是为了保护真空垫圈和真空泵。

在工业生产过程中，还原炉内温度和真空压力始终保持不变，因此程序简单很多。还原罐装好料后直接插入炉内，罐口也不用特意用螺栓锁紧，用罐盖放在罐口处，罐内真空自然将盖板吸住。一般一个生产周期为8h，工人劳动强度最大的环节是在扒渣阶段，因为扒渣过程中渣料非常热，而且还原渣都是粒径较小的硅酸盐粉末，所以扒渣车间的工作环境飞灰较大。

7.8　精　炼

7.8.1　粗镁中的杂质

从还原罐中取出的镁称为粗镁，其中含有一些杂质，包括非金属杂质和金属杂质两类。金属杂质主要来自于原料，当原料中的 MgO 被还原出来的同时，其中的其他一些金属氧化物也会被 Si 还原出来并在结晶器附近结晶，如 K、Na、Mn、Si 等。其中的 Fe 也有很大一部分来自于还原罐等其他设备，在工作时粘在镁块上，而 Si 是还原剂直接挥发冷凝的。

非金属杂质主要来自于两个方面：一个方面是刚开始抽真空时，气流裹挟来的物料中的一些粉料；另一方面是冷凝出来的金属，在开罐时被重新氧化，主要是碱金属（K、Na），在室温下就能够被氧化，甚至点燃结晶镁。

7.8.2　熔炼剂

粗镁杂质种类不多，而且总含量较少，这也是真空热还原工艺优点之一，因此粗镁精炼的除杂工艺也比较简单。简单地说，镁的精炼就是选取一种适合的熔炼剂，在熔融的状态下将其中的杂质溶入熔炼剂中即可。因此，这种熔炼剂要满足如下条件：

（1）熔炼剂和镁互不相溶，并且在熔炼过程形成的熔盐和镁液间要有较强的界面张力，能够和镁液很好地分离。

（2）在熔融状态下，熔炼剂和镁要有密度差，能和镁液分层。

（3）熔炼剂能够和镁中的杂质发生物理或者化学的反应，并生成镁不溶渣，以去除镁中的各种杂质。

（4）在熔炼过程中熔炼剂所形成的熔盐要有较小的黏度，使镁液在精炼过程中能够澄清。

（5）熔炼剂熔点不能比镁高。

（6）熔炼剂不能二次污染镁。

按照以上这些条件，许多生产厂家都开发出了适合自己的熔炼剂，我国根据皮江法炼镁的特点，大部分厂家采用2号熔炼剂。另外因为熔炼过程中镁容易燃烧，要在熔体上面撒上覆盖剂，使熔体尽量隔绝空气。表7-10为2号熔炼剂、精炼剂和覆盖剂的成分和配比。

表7-10　2号熔炼剂、精炼剂和覆盖剂的成分和配比（质量分数）

项　目	成分和配比
熔炼剂	$MgCl_2$ 38%、KCl 37%、NaCl 8%、$CaCl_2$ 8%、$BaCl_2$ 9%,
精炼剂	2号熔炼剂（90%~94%）+ CaF_2（10%~6%）
覆盖剂	熔炼剂（75%~80%）+ 硫黄粉（20%~25%）

在熔炼过程中，金属氧化物会和$MgCl_2$发生化合反应，如：

$$MgO(CaO) + MgCl_2 \!=\!=\!= MgO(CaO) \cdot MgCl_2 \tag{7-44}$$

粗镁中的金属杂质会和$MgCl_2$发生置换反应而被去除，如：

$$2Na + MgCl_2 \!=\!=\!= 2NaCl + Mg \tag{7-45}$$

其中的杂质铁比较难除，需要加入硼砂或者海绵钛去除。但是皮江法炼出的粗镁中，一般铁的含量较低。

表7-10中所示的精炼剂主要成分和熔炼剂相同，只是添加了少量的CaF_2。其作用是增大镁液和熔炼剂之间的界面张力，另外氟化物能够增强对氧化物杂质的溶解性。

7.8.3　精炼工艺

首先要在坩埚内加入粗镁总质量15%的熔炼剂，然后放入结晶镁片，将坩埚放在750℃的炉内加热熔化，期间不断添加结晶镁并不断在上面覆盖熔炼剂，添加速度不能过快，坩埚内保持熔融状态，待达到坩埚有效容积后降温至710℃。同时按每吨镁20kg精炼剂的比例添加精炼剂，整个过程中要不断搅拌使精炼剂和镁液充分混合。熔炼一段时间以后，要再保持温度并静置一段时间，让镁液和熔炼剂分层并澄清，然后倒出镁液铸锭。

在整个过程中，镁液遇到空气会燃烧，此时可在液面上撒上覆盖剂以使熔体隔绝空气，阻止其燃烧。

复习思考题

7-1　镁及镁合金主要应用于哪些领域？

7-2　无水氯化镁制备工艺方法有哪些？

7-3　熔盐电解氯化镁制镁工艺的基本原理是什么？

7-4　真空热还原法制取金属镁的基本原理是什么？

7-5　常见的热还原制取金属镁的方法有哪些？

7-6　金属镁蒸气冷凝与结晶的影响因素主要有哪些？

7-7　论述提升皮江法炼镁反应速率的途径。

7-8　煅烧白云石的设备有哪些？

7-9　分析比较熔盐电解法和皮江法炼镁的生产优势。

参 考 文 献

[1] 邱竹贤. 冶金学（下卷）有色金属冶金 [M]. 沈阳：东北大学出版社，2001.

[2] 翟秀静. 重金属冶金学 [M]. 北京：冶金工业出版社，2011.

[3] 彭容秋. 重金属冶金学 [M]. 长沙：中南大学出版社，2004.

[4] 华一新. 有色冶金概论 [M]. 北京：冶金工业出版社，1986.

[5] 彭容秋. 铜冶金 [M]. 长沙：中南大学出版社，2004.

[6] 袁明华，李德，普创凤. 低品位硫化铜矿的细菌冶金 [M]. 北京：冶金工业出版社，2008.

[7] 《有色金属提取冶金手册》编辑委员会. 有色金属提取冶金手册：铜镍 [M]. 北京：冶金工业出版社，2000.

[8] 朱屯. 现代铜湿法冶金 [M]. 北京：冶金工业出版社，2002.

[9] 赵从天. 重金属冶金学 [M]. 北京：冶金工业出版社，1981.

[10] 李维群. 诺兰达富氧熔池熔炼技术在大冶冶炼厂的改进 [J]. 有色冶炼，1999（5）：1~5.

[11] 陈新民. 火法冶金过程物理化学 [M]. 北京：冶金工业出版社，1993.

[12] 刘纯鹏. 铜冶金物理化学 [M]. 上海：上海科学技术出版社，1990.

[13] 彭容秋. 铅冶金 [M]. 长沙：中南大学出版社，2010.

[14] 雷霆，余宇楠，李永佳，等. 铅冶金 [M]. 北京：冶金工业出版社，2012.

[15] 中国有色金属工业协会专家委员会. 有色金属系列丛书：中国铅业 [M]. 北京：冶金工业出版社，2013.

[16] 张乐如. 现代铅冶金 [M]. 长沙：中南大学出版社，2013.

[17] 何启贤，陆望争. 铅锑冶金生产技术 [M]. 北京：冶金工业出版社，2005.

[18] 东北工学院有色重金属冶炼教研室. 铅冶金 [M]. 北京：冶金工业出版社，1976.

[19] 傅崇说. 有色冶金原理（修订版）[M]. 北京：冶金工业出版社，1993.

[20] 杨大锦，朱华山，陈加希. 湿法提锌工艺与技术 [M]. 北京：冶金工业出版社，2006.

[21] 彭容秋. 锌冶金 [M]. 长沙：中南大学出版社，2005.

[22] 郭天立，徐红江. 现代竖罐炼锌技术 [M]. 长沙：中南大学出版社，2010.

[23] 夏昌祥，刘洪萍，徐征. 湿法炼锌 [M]. 北京：冶金工业出版社，2013.

[24] 高仑. 锌与锌合金及应用 [M]. 北京：化学工业出版社，2011.

[25] 孙连超，田荣璋. 锌及锌合金物理冶金学 [M]. 长沙：中南工业大学出版社，1994.

[26] 魏昶，李存兄. 锌提取冶金学 [M]. 北京：冶金工业出版社，2013.

[27] 雷霆，陈利生，余宇楠. 锌冶金 [M]. 北京：冶金工业出版社，2013.

[28] 彭容秋. 镍冶金 [M]. 长沙：中南大学出版社，2005.

[29] 陈自江. 镍冶金技术问答 [M]. 长沙：中南大学出版社，2013.

[30] 何焕华，蔡乔方. 中国镍钴冶金 [M]. 北京：冶金工业出版社，2000.

[31] 陈浩琉. 镍矿床 [M]. 北京：地质出版社，1993.

[32] 罗庆文. 有色冶金概论 [M]. 北京：冶金工业出版社，2007.

[33] 莫畏，邓国珠，罗方承. 钛冶金 [M]. 北京：冶金工业出版社，1998.

[34] 苏鸿英. 原钛的提取冶金 [J]. 世界有色金属，2004（7）：42~45.

[35] 大连理工大学无机化学教研室. 无机化学 [M]. 北京：高等教育出版社，2006.

[36] 周芝骏，宁崇德. 钛的性质及其应用 [M]. 北京：高等教育出版社，1993.

[37] 王向东，郝斌，逯福生，等. 钛的基本性质、应用及我国钛工业概况 [J]. 钛工业进展，2004，21（1）：6~9.

[38] 泽列克曼. 稀有金属冶金学 [M]. 北京：冶金工业出版社，1982.

[39] Martin R, Evans D. Reducing cost in aircraft [J]. Journal of Metals, 2000 (52): 24 ~ 29.

[40] Boyer R R. An overview on the use of titanium in aerospace industry [J]. Materials Science and Engineering, 1996, A (213): 103 ~ 114.

[41] Loria E A. Gamma titanium aluminides as prospective structural materials [J]. Intermetallics, 2000 (8): 1339 ~ 1345.

[42] 孙康. 钛提取冶金物理化学 [M]. 北京: 冶金工业出版社, 2001.

[43] Okabe T H, Nikami K, Ono K. Recent topics on titanium refining process [J]. Bulletin of the Ironand Steel Institute of Japan, 2002, 7 (1): 39 ~ 45.

[44] 刘美凤, 郭占成. 金属钛制备方法的新进展 [J]. 中国有色金属学报, 2003, 13 (5): 1238 ~ 1245.

[45] 徐君莉, 石忠宁, 邱竹贤. 二氧化钛直接制取金属钛工艺简介 [J]. 有色矿冶, 2004, 20 (3): 44, 45.

[46] 邓国珠. 连续化制钛方法 [J]. 钛工业进展, 2007, 24 (1): 10, 11.

[47] 冯乃祥. 铝电解 [M]. 北京: 化学工业出版社, 2006.

[48] 刘业翔, 李劼. 现代铝电解 [M]. 北京: 冶金工业出版社, 2008.

[49] 杨升, 杨冠群. 铝电解技术问答 [M]. 北京: 冶金工业出版社, 2009.

[50] 何允平, 段继文. 铝电解槽寿命的研究 [M]. 北京: 冶金工业出版社, 1998.

[51] 郎光辉, 姜玉敬. 铝电解用碳素材料技术与工艺 [M]. 北京: 冶金工艺出版社, 2012.

[52] 戴小平, 吴智明. 200kA 预焙铝电解槽生产技术与实践 [M]. 长沙: 中南大学出版社, 2006.

[53] 刘凤琴. 铝电解生成技术 [M]. 长沙: 中南大学出版社, 2010.

[54] 曹晓舟. 铝电解用惰性阳极 [M]. 沈阳: 辽宁科学技术出版社, 2012.

[55] 方钊, 赖延清. 铝电解用阴极材料抗渗透行为 [M]. 长沙: 中南大学出版社, 2016.

[56] 杨重愚. 轻金属冶金学 [M]. 北京: 冶金工业出版社, 1991.

[57] 徐日瑶. 金属镁生产工艺学 [M]. 长沙: 中南大学出版社, 2003.

[58] 孟树昆. 中国镁工业进展 [M]. 北京: 冶金工业出版社, 2012.

[59] 徐日瑶. 镁冶金学 [M]. 北京: 冶金工业出版社, 1981.

[60] 张永健. 镁电解生成工艺学 [M]. 长沙: 中南大学出版社, 2006.

[61] 云正宽. 冶金工程设计 第 2 册 工艺设计 [M]. 北京: 冶金工业出版社, 2006.

[62] 杨志强. 镍市场中长期投资价值及逻辑 [J]. 中国有色金属, 2016 (17): 40, 41.